太阳能建筑

——被动式采暖和降温

[美] 丹尼尔·D·希拉 著
薛一冰 管振忠 等 译

中国建筑工业出版社

著作权合同登记图字：01-2007-6087号

图书在版编目（CIP）数据

太阳能建筑——被动式采暖和降温/(美) 丹尼尔·D·希拉（Chiras,D.D.）著；薛一冰等译．—北京：中国建筑工业出版社，2008

ISBN 978-7-112-08159-2

I.太... II.①丹...②薛... III.太阳能住宅-建筑设计 IV.TU241.91

中国版本图书馆CIP数据核字（2008）第006069号

This edition published by arrangement with Chelsea Green Publishing Co,White River Junction, VT 05001, USA
www.chelseagreen.com

本书由美国切尔西·格林出版公司授权我社翻译、出版、发行本书中文版
The Solar House / Passive Heating and Cooling / DANIEL D. CHIRAS

责任编辑：于　莉　姚荣华　戚琳琳
责任设计：董建平
责任校对：李志立　刘　钰

太阳能建筑
——被动式采暖和降温
[美] 丹尼尔·D·希拉　著
薛一冰　管振忠　等　译
*
中国建筑工业出版社出版、发行（北京西郊百万庄）
各地新华书店、建筑书店经销
北京嘉泰利德公司制版
北京二二〇七工厂印刷
*
开本：787×1092毫米　1/16　印张：16¼　字数：390千字
2008年9月第一版　2008年9月第一次印刷
定价：45.00元
ISBN 978-7-112-08159-2
(14113)

译者序

随着技术和经济的发展，人们对建筑的需求标准也越来越高。能不能用可再生的能源、用尽可能少的消耗来满足人类的需求？能不能使我们重归自然、亲和自然、适应自然，而不是试图征服自然、战胜自然，这些都是当今建筑界亟待解决的问题。

中国在近二十年取得了突飞猛进的经济发展，在我们基本解决了居民的住房问题和迅速地改变城市面貌的同时也带来了能耗剧增、耕地锐减、污染加重和资源破坏的严重后果。当前国家正在倡导坚持科学的发展观和建设和谐社会的伟大议题，用可持续的发展理念进行建筑的设计、建造、施工、运行、管理就是建筑行业对这个伟大议题的最好诠释。

本书从综合被动式设计的基本原理、节能设计与施工、被动式太阳能采暖、辅助热源的可持续设计、被动式降温致凉、被动式建筑中室内空气品质的优化设计、被动式建筑的设计与评价及多种生态技术综合应用等八个方面展开论述。其设计理念、原理与方法对开发商、设计师、建造商、管理者以及建筑院校的学生来说都是有价值的参考，相信他们都能从中获益。

本书由山东建筑大学的老师及研究生译著，分工如下：

薛一冰、鞠晓磊、王艳（前言、第1章），管振忠、毕晓云、温超（第2章），管振忠、吕明霞、王军伟（第3章），何文晶、房涛、张蓓、夏金萍（第4章），何文晶、荆惠霖、张振兴、薛彩霞（第5章），管振忠、张乐、陈刚、韩卫萍（第6章），薛一冰、孟光、韩卫萍、郭清华（第7章），谢涛（济南大学）、黄晓曼、王刚（第8章），全书由薛一冰组织翻译，管振忠统稿，赵晖博士校审。

本书在翻译过程中得到了我国著名的太阳能建筑专家、博士生导师王崇杰教授的悉心指导，在此表示衷心的感谢。张玲、曹峰、王新彬、王晓光等也参与了部分校核工作，在此一并感谢！

由于时间仓促及译者的水平所限，本书中肯定还存在许多疏漏和不足，敬请读者批评指正。

译　者

致 谢

本书在准备过程中得到了很多人的帮助。在此表示我深深地感谢那些对我频繁的提问予以耐心解答并且提供其他信息的人们，他们为这本全面而准确的书的问世提供了宝贵的帮助，包括Ron Judkoff 和 Chuck Kutscher (NREL)，Doug Hargrave (SBIC)，Alex Wilson (BuildingGreen)，Bill Eckert (Friendly Fire)，Niko Horster (Chelsea Green)，Bruce Brownell (Adirondak Alternate Energy)，Heinz Fluter (Biofire)，Vashek Berka (Bohemia International)，Randy Udall (CORE)，James Plagmann (HumanNature)，David Adamson (EcoBuild)，and Professor Murray Milne (UCLA)。另外，对为本书提供照片的个人和公司也深表谢意。

还要特别感谢在本书编写的早期阶段，帮助校对草稿并提出宝贵意见的Niko Horster，Jim Schley，Ron Judkoff以及 Bill Eckert，同时也要感谢CHELSEA GREEN出版公司的朋友们，包括编辑Jim Schley and Alan Berolzheimer，他们帮我塑造并且精炼了这本书，另外还要感谢插图画家David Smith，感谢他对本书的大力支持。

最后，感谢我两个亲爱的儿子，Forrest 和 Skyler，谢谢他们的远见卓识，幽默快乐，勤勉负责；感谢我的太太Linda，感谢她的耐心和理解，以及永不动摇的爱和支持。

目录

引言
在任何气候下都能获得舒适的居住环境

几年前，笔者的一位准备购房的朋友向其征求意见。她看中的是一栋被动式太阳能建筑——即直接由南向的窗户吸热加热房子。由于笔者一直在从事被动式太阳能建筑设计研究，而且曾经在被动式采暖的房子中居住过（图 I–1），因此很想去参观一下这栋建筑。

次日上午，笔者一行参观了这栋位于洛基山脉丘陵地区的建筑，毗邻一条曲折的砂砾路，离笔者住宅大约半小时车程。那是一个阳光明媚的秋日，比较适宜参观太阳能建筑。

该建筑设计紧凑合理，位于海拔 14000ft 的洛基山脉，风景如画。

该建筑的主要太阳能采暖措施为太阳能集热蓄热墙（特隆布墙，将在第 3 章中详述）。特隆布墙的特点是设置于住宅南向，由混凝土

图 I–1
笔者的第一栋被动式太阳能建筑采用了许多典型的被动式太阳能技术，如集热蓄热墙，附加阳光间，直接受益窗等。虽然较好地解决了采暖问题，但由于窗墙比过大，导致房间过热问题严重，尤其到了夏天，大量的天窗和西向玻璃门使得室内炎热难耐。

图 I-2
特隆布墙是该建筑的太阳能采暖措施之一，图示为其工作原理。

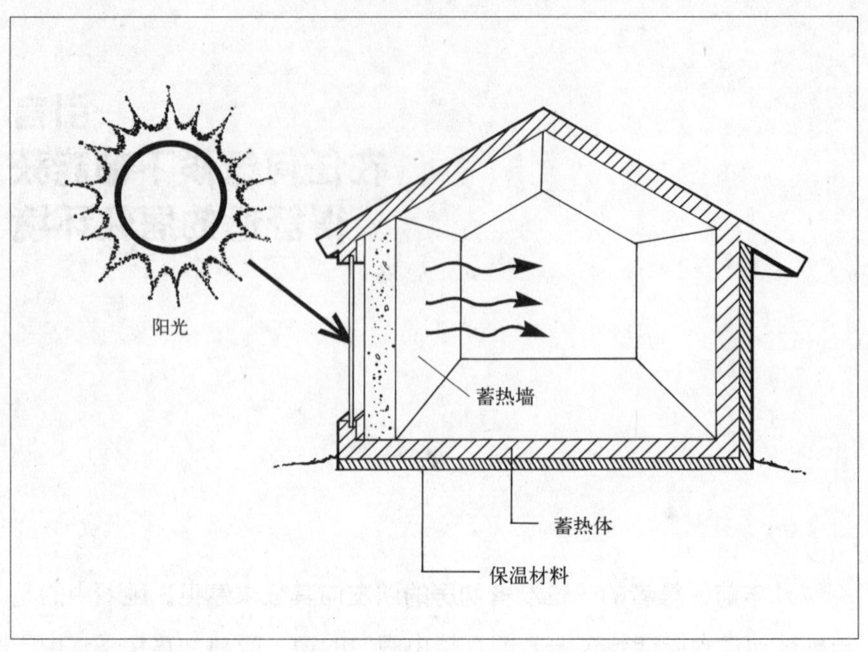

块砌筑，表面覆盖一层玻璃。冬季，太阳高度角较低，阳光透过玻璃加热墙体，热量储存在墙体中，并逐渐传入整个房间（图 I-2）。

笔者一行参观了整个建筑，并同房主进行了交流，房主提到：早晨必须使用火炉来提高室内温度，夜间室内温度会下降 60 多度（华氏度 °F），事实上，整个采暖季节，包括秋季、冬季和春季的大部分时间，都需要在早晨为房间加温。

图 I-3
像许多早期的被动式太阳能建筑一样，这座建筑同样存在着窗墙比过大的问题。早期的设计师认为直接受益窗的面积越大、采暖效果越好。然而，如果窗户面积与建筑的蓄热性能搭配不当的话，过多的南向窗会导致室内温度过高和暴晒的问题，这些问题将在后面的章节中加以详述。

对笔者来说，这种情况是非常奇怪的，因为笔者居住的被动式太阳能住宅不需要任何辅助采暖设施，而且还时常受房间过热的困扰。

在对该建筑进一步的调研中笔者发现该建筑具有很好的保温性能，而且从外观上看蓄热墙的设计也没有问题。但是，建筑师将房子设计为坐东朝西，集热蓄热墙面向西而不是南，无法保证在采暖季节获得足够的太阳能，造成了采暖季早晨室温过低的问题。

由于将集热蓄热墙布置在建筑的西侧，限制了整个建筑吸收太阳能。集热墙直到下午才能吸收太阳能并产生热量，而此时已经错过了最佳时间。更糟的是，房子的南向是普通的木板墙没有一扇外窗，而冬季太阳主要的照射方向恰恰是南向，因此在使用中造成了诸多问题。

自 20 世纪 70 年代中期至今，笔者参观和研究了许多太阳能建筑，大部分太阳能建筑的使用效果还是很不错的，但也有部分建筑由于朝向、窗墙比、保温、蓄热等设计问题严重影响了建筑的热工性能和舒适性。

这本书是笔者多年来对被动式太阳能建筑设计研究经验的一个总结，概述了典型的太阳能建筑设计手法，强调因地制宜，希望能够加速被动式太阳能建筑的推广和普及。

为了有效减少因追求住宅舒适度而付出的庞大家庭财政开支也是编著本书的主要目的之一。我们生活开支的相当一部分都是用于维持住宅舒适度的，美国人每年花费约 54 亿美元用于住宅的采暖和降温。一对年收入 $60000 的夫妇，将花费 $3000 的能源费用，这相当于每个月所有工作时间中有 8 个小时是为了支付其能源账单。我们为了舒适的生活而辛苦的工作，但事实上，住宅本身就应该为我们提供免费而舒适的环境。

建筑采暖和降温所消耗的能量约占国家矿物质燃料发电总量的五分之一，是导致环境污染的主要原因之一。因此，住宅也要对当地生态环境的破坏和污染负相应的责任。人们往往把污染归因于汽车和工业生产等“看得见”的污染，却忽略了住宅也同样是巨大的污染源，全球环境的恶化在一定程度上就是源于人类对住宅舒适度的过分要求。据估计，在美国住宅采暖和降温所产生的二氧化碳大约占全国每年总排放量的五分之一。这种污染，虽然无毒，但却是导致全球气候变暖和气候异常的主要因素。综合考虑过度污染和物种灭绝等因素，全球性气候变化将带来一场巨大的生态灾难。

人类总是无视道德伦理的约束一味地追求舒适，却没有意识到由此而导致的危险。

人类总是只追求自身的舒适，却从不考虑地球其他物种的舒适和健康。许多物种因为人类对舒适生活的追求而灭绝。然而具有讽刺意味的是，随着住宅舒适度的提高，最终损害的是人类未来的生存环境。为了获得当前的舒适生活，人类消耗了大量矿物燃料，污染了空气和水，毁坏了自然风景，破坏了生态系统——即一切生命赖以生存的地球。更可怕的是，人类为了追求舒适度而从未意识到这种危及社会、经济和生态的行为正在加速蔓延。

自然调节：实用、简单、经济

幸运的是，我们完全可以通过简便易行、高效经济的方法，既保证居住空间的舒适度，又保护人类赖以生存的地球生态系统。其中人类为了适应自然而总结出的传统做法却长期被忽视。

自然调节就是不依赖外部能源而实现建筑的采暖、降温、采光、通风的艺术和科学。它通常包括四个紧密关联的基本策略：(1) 被动式太阳能采暖，(2) 被动式降温，(3) 天然采光，(4) 自然通风。

依靠传统技术的自然调节，在任何气候地区都能创造良好的人类居住环境。

无论是哪种能够提供舒适环境的现代技术手段，都无一例外地依靠核能或矿物燃料以及成熟的技术和设备。自然调节依靠的是清洁、可再生的能源，将日光和被动式措施与建筑紧密结合，设计成可自我调节的建筑模式。与传统的采暖、制冷方式不同，自然调节是基于当地气候和地理环境进行合理设计，利用自然元素来提供我们需要的——阳光、新鲜空气、舒适度——而非破坏自然环境。简而言之，自然调节是针对特定的气候类型，适应气候变化的设计模式（图 I–4）。

你会很快发现，大多数自然调节措施性能优越、构造简单。这些措施造价较低、效果明显。事实上，在建筑的使用周期内，这种自然调节的被动式设计模式能够节省数万美元。并且，该设计模式在设计、材料等方面投资较少却能带来持久的较为舒适的环境，从而可以大大缓解社会对矿物燃料的需求。

成功的被动式太阳能采暖和降温设计不需要高深的专业知识。Anasazi 印第安人一千年前就采用过这种设计模式，他们利用石头和泥土在北美西南沙漠陡峭的大峡谷深处建造了自然调节式住宅。住宅位于山谷向阳面的自然突出物下方，夏天可以遮挡强烈的阳光，冬天低角度的阳光可从遮挡物的下面照射进来提供采暖（图 I–5）。

早在 Anasazi 印第安人从被动式采暖中受益之前，在大西洋彼岸，

图 I—4
笔者现在居住的太阳能住宅较好地平衡了南向玻璃窗面积和蓄热体蓄热能力的关系，大大提高了效果（见图 I-1）。本图中的建筑用压实的土坯、草泥以及其他可再生的建筑材料建造。基本上依靠被动式太阳能采暖和降温措施，屋顶采用了太阳能光电组件。

图 I—5
Anasazi 印第安人在北美西南沙漠陡峭的大峡谷深处建造的住宅。

古希腊人就发展利用了太阳能采暖技术。古希腊人对太阳能重要性的认识如此前瞻，以至于将太阳能作为一种热源进行立法。在公元前 5 世纪，至少有一个城市——Olynthus 城已经开始大规模利用太阳能采暖。

古希腊人不仅认为利用被动式太阳能采暖是一个法定的权利，还认为这是人类文明的重要标志之一。他们甚至认为“不使用被动式太阳能采暖”的人是野蛮人！

在矿物燃料时代，设计精巧的采暖和空调设备逐渐成为了建筑的标准配置，那些经过验证切实有效的自然调节设计方式却被逐渐的忽

被动式太阳能的经济性

美国太阳能协会出版的《Solar Today》和《Buildings for a Sustainable America》中大量的案例都证明了被动式太阳能建筑具有良好的经济性。很多案例研究可通过 www. even. doe.gov/buildings/case_study/. 在线获得。

略。但是自然调节方法在全世界范围内仍然广泛使用，并且有着数千个相当成功的建筑实例。在美国和其他工业国家，许多建筑物包括住宅、银行、办公、学校等也是通过自然方式来采暖、降温、采光和通风的。这些建筑不仅减少了矿物燃料的使用量，降低了能源消费，同时也使建筑物的舒适度达到比传统建筑更高的水平。例如，在自然调节的住宅中，没有风机等机械设备运行所发出的噪声，同时也没有空调装置产生的令人不舒服的冷热气流。取而代之的是，热量随气流通过热压在室内流动或者从墙体等，其他结构中辐射出来，创造了一个更加舒适的环境。建筑师和工程师可以使用加入了建筑智能化设计的被动式自然调节方式替换传统的高能耗采暖空调设备，从而实现轻松舒适的生活。

本书着重叙述了自然调节的两个基本元素，主要针对居住建筑的被动式太阳能采暖和降温。“被动式”是指无机械装置的采暖和降温，它依靠自然调节，比如被动式采暖中的阳光间、被动式降温中的通风组织（在以后的章节中将会介绍更多的关于这些系统的详细内容）。

太阳能利用方式分类

太阳能系统有很多不同的利用形式，每种形式都有其特定的功能。三种最常见的系统是：(1) 被动式太阳能采暖系统；(2) 太阳能热水系统；(3) 太阳能发电系统。

被动式太阳能采暖系统是通过直接受益窗收集阳光为室内空间提供热量。太阳能转化为热能，从而加热室内空间。

太阳能热水系统提供的生活用水可以用来洗刷、淋浴或加热室内空间。设置在屋顶的太阳能集热器将太阳能转化为热能并传递给液体。

太阳能发电系统由太阳能光伏发电板组成，当阳光照射到光伏发电板中的半导体材料时会产生电流。这也是我们通常所说的光电系统。

因为自然通风是被动式降温的关键组成部分，笔者也将对此进行深入的探讨，同时对自然采光进行介绍。

本书的结构组织

本书以被动式太阳能建筑设计概述为开篇，引入了若干建造被动式采暖、降温住宅的实例。第 2 章论述了建筑节能设计的主要方面，重点是被动式采暖和降温。第 3 章主要解决不同区域被动式太阳能设计，问题探索每个主要设计策略的利与弊，以及如何对每一种设计方法进行优化，即关于气候和太阳（阳光）的可利用性。第 4 章主要讨论被动式太阳能设计中一个重要的却易被忽视的方面：如何尽可能环保的提供辅助采暖。第 5 章主要讨论被动式降温，列举其基本技术，讨论适用于不同气候区的有效设计策略。在这一部分中会发现许多被动式采暖措施同样适用于被动式降温。

通过科学的预测、详细的规划、一定的专业知识和基本常识，设计师就可以在任何自然气候条件下利用阳光、遮阴、覆土、保温和天然采光等措施创造舒适的环境。

第 6 章详细概述了建造一个被动式太阳能住宅所需要的设计工作，并关注了另一个极其重要的主题：在一个气密性良好，高效节能，被动式调节的住宅中如何保持室内的空气质量。第 7 章对被动式太阳能住宅设计和建造过程提供了一个循序渐进的概述。笔者也会讨论一些可以实施整合设计的辅助设计工具，它们对成功的设计和建造自然调节住宅非常重要。

建造一栋真正的可持续建筑除了考虑被动式调节之外，还需要考虑许多其他方面的问题，只有这样才能创造出永恒的可持续建筑，在第 8 章中对这些方面的问题进行概述，主要介绍太阳能发电、中水系统、雨水收集、自然建筑技术，绿色建材等重要知识。

第1章

被动式建筑一体化设计基本原理

被动式建筑设计的关键是综合设计，也称一体化设计，即把建筑的空间、功能、构件、立面等作为一个整体来进行设计。一体化设计的目的是以对环境最小的影响、最低的投资和运行费用来达到最理想的效果。

一体化设计要求充分了解建筑各组成部分之间的关系，例如建筑南向窗面积与蓄热体体积之间的平衡关系。同时，还要对各种建筑设计手法与建筑材料在整个建筑中起到的积极和消极作用有一个清晰的认识。新技术、新方法的应用要充分考虑到对建筑整体性能可能造成的影响。例如，在采暖季节，天窗可以争取到更多的太阳辐射热进入室内，对被动式太阳能采暖系统的运行非常有利；然而，在非采暖季节（如夏季），天窗同样会使过多的太阳辐射热进入室内，造成室内过热，对被动式降温系统的运行产生不利影响。在冬季，天窗还可能在夜间造成过多的热量损失，降低了建筑的整体性能，这样就使得建筑师不得不放弃对天窗等设计元素的应用。

一体化设计

一体化设计要求对建筑各部分之间的关系充分地理解，以使各部分的功能可以完美结合。最重要的两点是提高建筑的舒适性和降低能耗。

一体化设计应从各种各样的建筑设计实例中吸取经验。举例来说，南向窗不仅可以将太阳辐射热引入室内，同时也能在白天提供天然采光，减少了对人工照明的需求。除此之外，南向窗能为用户提供开阔的视野、美化建筑立面、提高居住者的生活品质，提升住宅的升值潜力。

被动式设计成功的关键是在建筑设计中，对一系列设计手法和建筑构件进行优化组合。从而使建筑冬暖夏凉，并为实现舒适、健康、高效的室内环境提供天然采光和新鲜空气，同时降低建筑能耗。

一体化设计通常需要业主、施工单位、建筑师、设备工程师和设

被动式设计成功的关键

被动式设计成功的关键在于把建筑设计考虑成一系列设计手法和建筑构件的优化组合，在任何季节都能够提供新鲜空气，满足冬季采暖、夏季降温和室内采光的要求，实现舒适的室内环境。

备供应商共同完成。在工程策划和实施过程中应经常就工程设计和施工中的各种问题召开协调会，在会议中参与工程的各方应各抒己见，这对设计意图的有效落实并最终达到预期的效果很有帮助。

相对于传统的设计和建造模式来说，这种工作方法可能会花费更多时间和费用，但有利于保证建筑设计意图的实现。在传统工作方式中，建筑项目通常根据专业进行分工，建筑师进行设计；施工单位根据设计图纸施工；设备供应商根据设计安装供热、通风和空调系统。各单位之间的交流仅仅局限于施工进度方面，其结果往往导致建筑无法充分发挥被动式太阳能系统的性能，最终，业主仍然要消耗大量的能源、支付额外的费用、安装复杂的系统来维持室内舒适度。相比之下，新的工作方式有助于确保团队的密切协作以及设计意图的实现，也更加有利于提高被动式太阳能设计措施的性能，减少太阳能供热量通过围护结构的散失。

这种一体化的设计过程不仅适合专业的设计施工单位，也同样适用于由家庭成员或亲朋好友组成的建房团队。不管是与专业团队还是个人建房团队合作，都需要对被动式一体化设计的关键原则有充分的理解。在这一章中提出了 14 条被动式一体化设计原则，这些原则将贯穿整个设计建造过程的始终。在学习过程中，一定要明确这些原则是相互关联的，它们相辅相成组成了被动式采暖降温系统。本章将详细介绍被动式太阳能建筑设计中的原则性问题，其他细节将在后面的章节中详述。

1.1 原则 1：合理的选址与朝向

被动式太阳能采暖需要足够的阳光，在采暖季节日照理想的情况下，每天能够获得 4 ~ 6 小时（上午 9 点到下午 3 点或至少上午 10 点到下午 2 点）的有效日照（完全无遮挡）。在寒冷地区，采暖季通常是深秋、冬季和早春。在温和地区，采暖季较短，在佛罗里达州南部，可能持续一个月左右。

就像这些基本原则一样，很多重要因素的运用并不复杂。首先，要考虑当地的太阳辐射量，图 1–1 所示为不同地区的太阳辐射量。一般来说，太阳辐射量越大，被动式太阳能采暖效果越好。

传统观念认为：被动式太阳能采暖仅限于日照充足地区，事实并非如此。

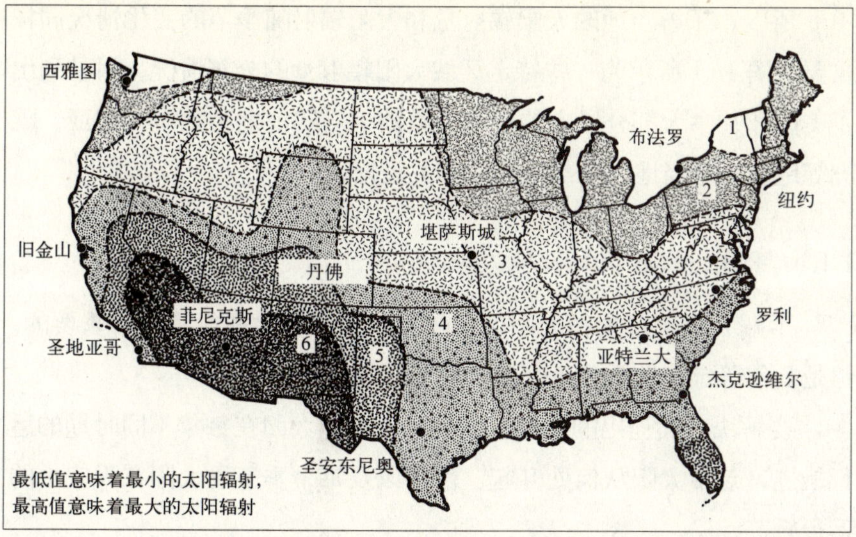

最低值意味着最小的太阳辐射，
最高值意味着最大的太阳辐射

图 1–1
各地年平均日太阳辐射量以及月平均有效日照时间占全部日照时数的百分比。

	1月	2月	3月	4月	5月	6月	7月	8月	9月	10月	11月	12月
布法罗	32	41	49	51	59	67	70	67	60	51	31	28
纽约	49	56	57	59	62	65	66	64	64	61	53	50
罗利	50	56	59	64	67	65	62	62	63	64	62	52
亚特兰大	48	53	57	65	68	68	62	63	65	67	60	47
杰克逊维尔	58	59	66	71	71	63	62	63	58	58	61	53
堪萨斯城	55	57	59	60	64	70	76	73	70	67	59	52
丹佛	67	67	65	63	61	69	68	68	71	71	67	65
圣安东尼奥	48	51	56	58	60	69	74	75	69	67	55	49
菲尼克斯	76	79	83	88	93	94	84	84	89	88	84	77
圣地亚哥	68	67	68	66	60	60	67	70	70	70	76	71
旧金山	53	57	63	69	70	75	68	63	70	70	62	54
西雅图	27	34	42	48	53	48	62	56	53	36	28	24

美国的大多数地区在采暖季节都可以获得充足的日照用于采暖，应用潜力巨大。

被动式太阳能采暖甚至可以在复杂的气候条件下工作，在多云多雪的美国东北部，被动式太阳能采暖系统仍能够提供相当数量的热量，只是在最冷的一段时间需要辅助采暖。在布法罗、纽约等被建筑师称为“阴暗地带”的地区，冬季仅能获得很少的阳光，在 12 月份，有效日照时间仅占全部日照时数的 26%，1 月份也只有 32%，2 月份为 38%。在这段时间内，太阳能提供的热量有限，然而，在 9 ~ 11 月和 3 ~ 5 月（所谓的过渡季节），丰富的太阳能完全能够满足一个家庭采暖所需的热量。通过精心设计，建筑师在布法罗完全能够设计出太阳能采暖保证率超过 50%的建筑。

传统观念认为：被动式太阳能采暖仅限于日照充足地区，事实并非如此。

所以，了解当地的太阳辐射量和太阳辐射随季节的变化情况同样重要。图 1–1 所示为一些特定区域太阳辐射量的分布情况。附录列出了美国和加拿大部分城市的月辐射量数据（其他地区如澳大利亚、欧洲等地，可从当地气象部门获取相关数据）。

1.1.1 日出、日落：太阳方位角

了解太阳辐射量和太阳辐射随季节的年变化规律是非常重要的。但是如何确定基地是否适合被动式太阳能采暖呢？

要解决上面提出的问题，首先必须掌握太阳在每年不同时期的运行轨迹，包括太阳从何处升起、落下以及每个季节里太阳在天空中的运行轨迹。

众所周知太阳是东升西落的。然而，如果研究过太阳轨迹的话，你就会发现日出日落的方位每天都是在变化的。例如，在科罗拉多州冬季的几个月里，太阳从东南方升起在西南方落下，随着白天变长，日出方位向北移动，日落方位也随之向北移动。而在夏季到来之前，太阳从东北方向升起，在西北方向落下，到了夏至日——一年中白天最长的一天，太阳运行轨迹到达了最靠北的位置，然后，再接下来的六个月里，日出位置不断向东南方向移动，日落也越来越接近西南方向。

方位角

方位角是太阳在一天中不同时刻相对于真北方向的位置。真北方向是和南极与北极连线相重合的位置。真北方向不同于磁北方向，磁北方向取决于指南针，因为磁场很少与真北、真南重合。

图 1–2 显示了科罗拉多州丹佛市在一年的不同时期时太阳日出和日落的位置。图中虚线表示的是太阳方位角，仔细观察本图，查找下列几天太阳在哪里升起和落下：12 月 22 日（冬至），3 月 22（春分），6 月 22 日（夏至）和 9 月 22 日（秋分）。

太阳方位角在一天中随着太阳在天空中的运动而变化（实际是地球自转的缘故）。图中圆圈内的数字所示为一天内的各个时刻。

掌握太阳方位角的概念是非常有用的，因为它能帮助建筑师正确选择最佳的方位和朝向。例如当前的选址被一片树林遮挡了上午 10 点到中午 12 点间的阳光，由于这是太阳能采暖的主要时段，因此我们需要对选址进行调整；如果遮挡时间为下午 4 点以后，就能够取得较好的太阳能采暖效果。

为了确定基地的方位角，需要知道当地的纬度。图 1–3 是美国的纬度地图。找到基地所在的位置，然后查询该区域的方位角即可。

图 1–3 中的图表列出了北纬 40° 地区 6 月 22 日、3 月 21 日、9 月 22 日和 12 月 21 日各个时刻的高度角与方位角。根据该表能够看

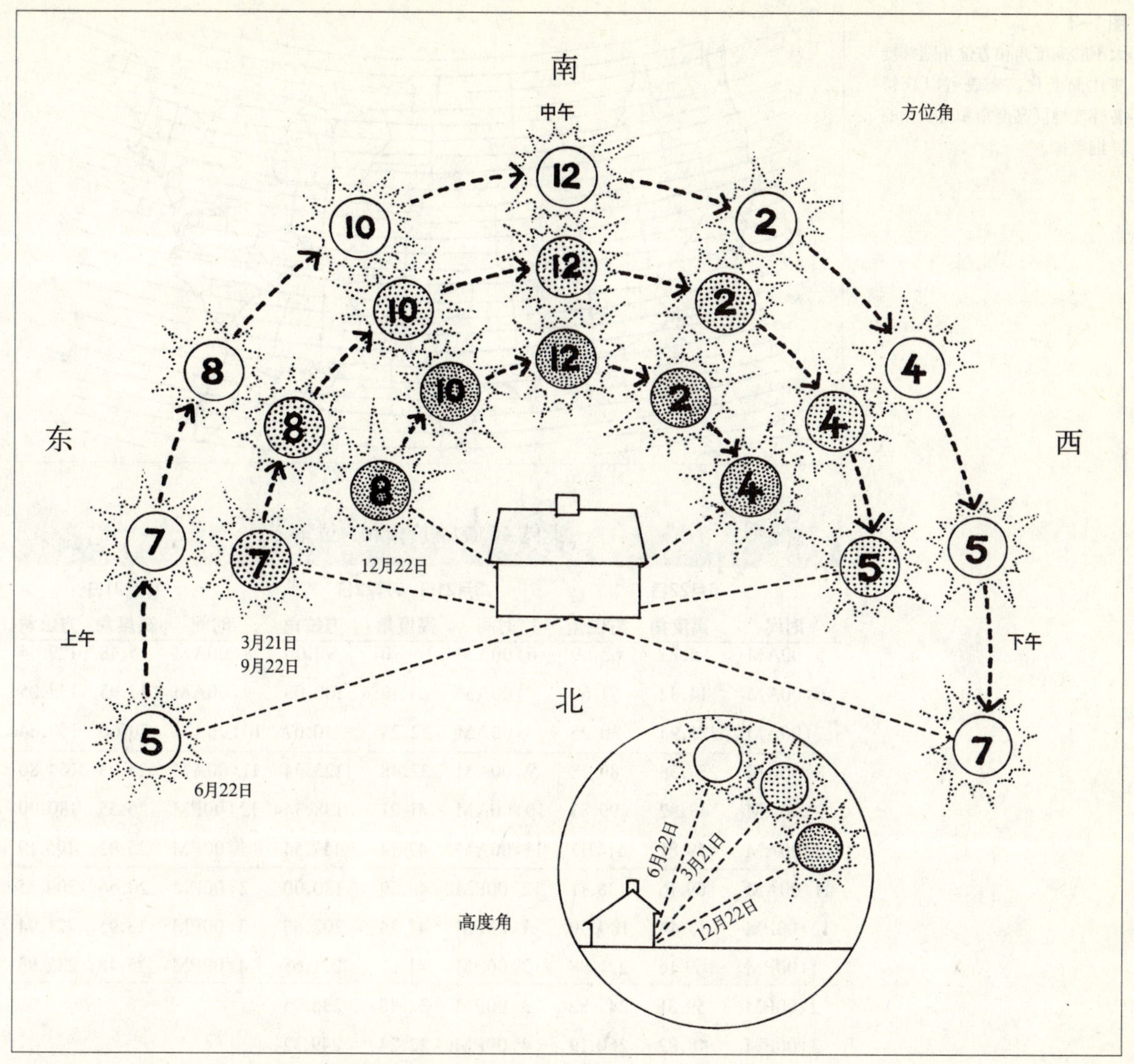

图 1–2
这个图显示了太阳方位角在一年内不同时间和一天内不同时间的变化情况。小插图显示的是太阳高度角（太阳光线与地面的夹角）的变化情况。

出太阳高度角和方位角随季节变化的情况。

在笔者的网站上可以找到各纬度的方位角和高度角信息，网站地址可在资源索引中查到。如果没有你所在的地区，也可以通过太阳能设备供应商、当地图书馆、气象部门找到所需信息。太阳方位角数据也可以在 www. sundesign.com/ sunangle 上查找，它提供了在线计算程序，只要提供要查询地点的坐标，就可以计算出该地点一年内不同时期和一天内不同时刻的方位角。

1.1.2 太阳高度角

太阳高度角

太阳高度角指的是太阳光线与水平面的夹角。

当确定了所在地点太阳方位角变化范围之后，需要进一步确定太阳高度角（图 1–2）的变化规律以确定选址，避免不利遮挡。太阳高

图 1–3
太阳的高度角和方位角随纬度变化而变化。查表可以获得各纬度地区高度角和方位角的详细数据。

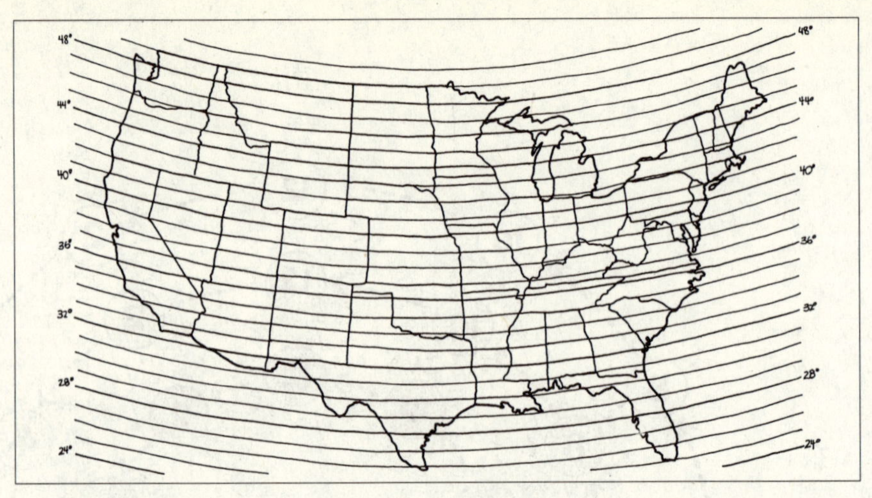

北纬 40° 的高度角和方位角

6月22日			3月21日, 9月22日			12月21日		
时间	高度角	方位角	时间	高度角	方位角	时间	高度角	方位角
5:00AM	4.23	62.69	6:00AM	0	90.00	8:00AM	5.48	127.04
6:00AM	14.82	71.62	7:00AM	11.17	100.08	9:00AM	13.95	138.05
7:00AM	25.95	80.25	8:00AM	22.24	110.67	10:00AM	20.66	150.64
8:00AM	37.38	89.28	9:00AM	32.48	123.04	11:00AM	25.03	164.80
9:00AM	48.82	99.81	10:00AM	41.21	138.34	12:00PM	26.55	180.00
10:00AM	59.81	114.17	11:00AM	47.34	157.54	1:00PM	25.03	195.19
11:00AM	69.16	138.11	12:00PM	49.59	180.00	2:00PM	20.66	209.35
12:00PM	73.44	180.00	1:00PM	47.34	202.45	3:00PM	13.95	221.94
1:00PM	69.16	221.88	2:00PM	41.21	221.65	4:00PM	5.48	232.95
2:00PM	59.81	245.82	3:00PM	32.48	236.95			
3:00PM	48.82	260.19	4:00PM	22.24	249.32			
4:00PM	37.38	270.71	5:00PM	11.17	259.91			
5:00PM	25.95	279.74	6:00PM	0	270.00			
6:00PM	14.82	288.37						
7:00PM	4.23	297.30						

度角的变化规律对建筑设计也有较大的影响，如挑檐长度的确定、蓄热体的布置等，这些问题都要以保证被动式可调节住宅全年最佳运行效果为出发点来考虑。

像方位角一样，高度角也是随时间不断变化的。冬至日，太阳的运行轨迹最低。低角度的阳光透过南向的窗户射入室内，转变为热量（图 1–4）。

六个月以后，6 月 22 日那一天是夏至日；太阳运行轨迹最高（图 1–4），屋顶的辐射量最大，南立面辐射量较小，仅获得很少的日照。

适宜利用太阳能采暖的季节

在寒冷地区，从 9 月 23 日到 3 月 22 日太阳能建筑都应能够获得充足的日照。在温和地区，如美国东南部或者南部的亚利桑那州，仅在每年的 11 月到 2 月间需要太阳能采暖，因此并不需要过多的太阳辐射。

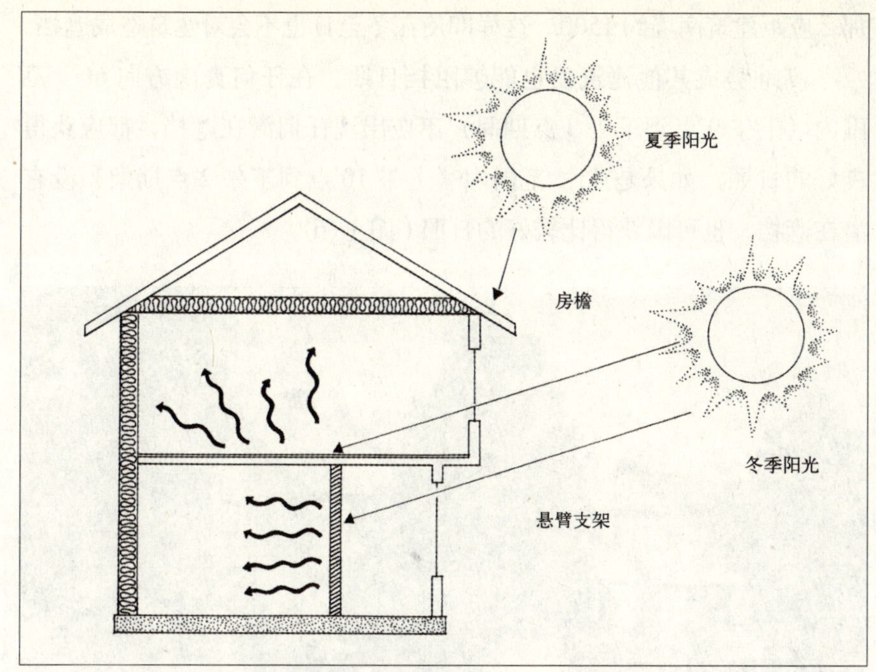

图 1–4
深秋、冬季和早春的太阳高度角较低，阳光可以直射入室内。当采暖季结束后，随着天气转暖，太阳高度角增加，进入室内的直射阳光不断减少，太阳能采暖系统的供热量也随之减少。

一年内白昼最短的一天是 12 月 22 日，而最长的一天是 6 月 22 日，昼夜平分的日子称为秋分和春分。春分是 3 月 22 日，秋分是 9 月 23 日。在昼夜平分点上，太阳在一个中间的位置，能够提供太阳能。

1.1.3　最大限度获得日照的途径

为了最大限度的获得日照，必须仔细选择基地，基地最好开敞，避免周围植被的过度遮挡。

这并不是说太阳能建筑的周围不能种树，在建筑周围种植落叶树，夏季可以为住宅遮阴，有利于被动式降温。建筑周围树木的位置和种类需精心选择。首先考虑位置：东、西、北三个方向的树木不但不会影响日照，而且还可以阻挡冬季冷风渗透，南向的落叶树由于冬季没有树叶，也不会对日照产生遮挡。不同落叶树的落叶期有所不同，例如橡树，在整个秋冬季节都挂着枯叶，这样就减少了采暖季的日照得热。有些落叶树甚至比橡树保留枯叶的时间更长，能把冬天的阳光完全遮挡。一般来说，被动式太阳能建筑南侧的树木应进行一定的修剪，确保采暖季能够获得充足的阳光。

建筑南侧的常绿树对日照影响更大（图 1–5），如果距离建筑太近，冬季能完全遮挡低角度的阳光。根据可持续建筑工业委员会的规定，常绿植物与建筑南墙的距离应大于 3 倍树高。如果常绿树高 50ft，

通过树木为东西向窗户遮阴

在被动式太阳能建筑设计中，种植树木是非常有效的辅助设计手段。在建筑物的东西两侧种植树木，能够阻挡低角度的阳光从而防止夏季室内空气过热，甚至一些果树也能取得良好的遮阳效果。

被动式太阳能建筑选址的主要目标是保证在整个采暖季南向尽可能多的获得直射阳光。

那么应距建筑南墙约 150ft，这样即使在冬至日也不会对建筑造成遮挡。

高地势或其他建筑物也能够阻挡日照。在任何真南方向 60° 范围内（上午 9 点到下午 3 点期间）不应出现任何潜在遮挡，都应获得良好的日照。如果是 45° 范围内（上午 10 点到下午 2 点期间）没有潜在遮挡，也可以获得比较好的日照（图 1–6）。

图 1–5
20 多年前这栋住宅建成的时候，图中的树还很小，现在枝叶繁茂，过多地遮挡了阳光，影响了建筑的采暖效果。

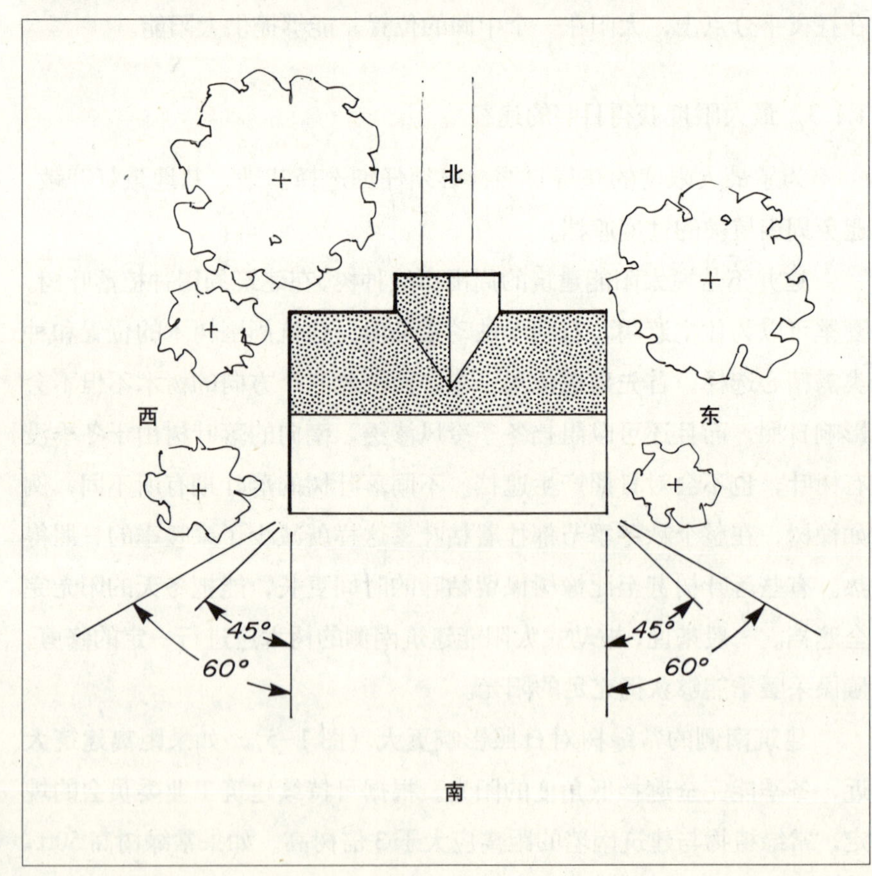

图 1–6
被动式太阳能采暖应保证从上午 9 点到下午 3 点（北纬 60° 区域）或上午 9 点到 2 点（北纬 45° 区域）都能获得无遮挡的阳光。东西北三个方向的树木不但不会影响日照，而且还可以阻挡冬季冷风渗透。东西两个方向的树木可以在夏季为建筑提供遮阴。

栅栏和建筑物也会遮挡太阳辐射。栅栏和其他建筑物对太阳能建筑的遮挡间距随着纬度变化而变化，纬度越高，遮挡间距越大。丹佛位于北纬 40° 左右，建筑物间距离不能小于 13ft，栅栏距离建筑的间距应控制在 13 ~ 23ft 范围内，单层建筑的间距可以在 13 ~ 23ft 之间，两层的建筑物距离至少应为 53ft。

尽量延伸建筑东西向的轴线长度，冬季可以获得较多的热量，夏季可以减少过多热辐射。

引自《Designing Low-Energy Buildings》，可持续建筑工业委员会出版

1.1.4 对基地太阳能利用条件进行评估

利用指南针和图表，能够确定太阳在冬至日、夏至日和春、秋分的运行轨迹，结合太阳高度角的变化规律就能够确定一年中任何一天内太阳的运行轨迹。

知道在一年内不同的时期太阳的运行轨迹，有助于对基地的太阳能利用条件进行分析——也就是说，一个基地是否可以获得足够的日照时数。利用太阳的运行轨迹来分析基地是否存在潜在的遮挡，以保证在采暖季建筑南向获得尽可能多的直射阳光。

1.1.5 聘请专业人士或者使用太阳轨迹追踪器

如果对基地的太阳能利用条件不确定，可以聘请专业人士来对基地进行评估，尽管会增加部分费用，但相对于建成后取得的良好使用效果来说是微乎其微的。

另一个方法是使用太阳轨迹追踪器（图 1–7），它可以迅速测试出任何地点全年的太阳运行轨迹。

利用太阳轨迹追踪器可以分析出基地所有的潜在遮挡。根据它提供的太阳方位角和高度角的数据来制定方案，可以最大限度地利用太阳能，减少因遮挡造成的热量损失，对于基地的选址是非常有用的。

图 1–7
这个设备称为太阳轨迹追踪器，可以迅速准确地评估基地的潜在遮挡情况，判断是否适宜采用被动式太阳能采暖系统。

1.1.6 基地风环境的影响和地形选择

在分析基地太阳运行轨迹的同时，也应注意分析风环境的影响。在寒冷地区，要防止冬季冷风造成的热量损失。首先，要确定当地的主导风向，一般来说，风向与主导风向是一致的，但有时也会受到季节和地形等因素的影响。

在南向坡地上建造被动式太阳能建筑可以提高

太阳能采暖的效果，因为南向坡地可以接受更多的太阳辐射，相对比较暖和，而且有利于抵御北向冷风对建筑的侵袭，为太阳能建筑提供了更好的微气候环境。

1.2 原则 2：被动式太阳能建筑的朝向应位于正南方向 ±10° 以内

太阳能建筑需要设置合理的朝向以争取最大限度的日照，从而获得最佳的运行效果。在北半球，最佳的朝向范围是正南方向 ±10° 以内（图 1–8），南向大面积的开窗在冬季可以获得大量的阳光，为建筑提供采暖。

图 1–8
在北半球，坐北朝南的建筑可以获得更多的太阳能。

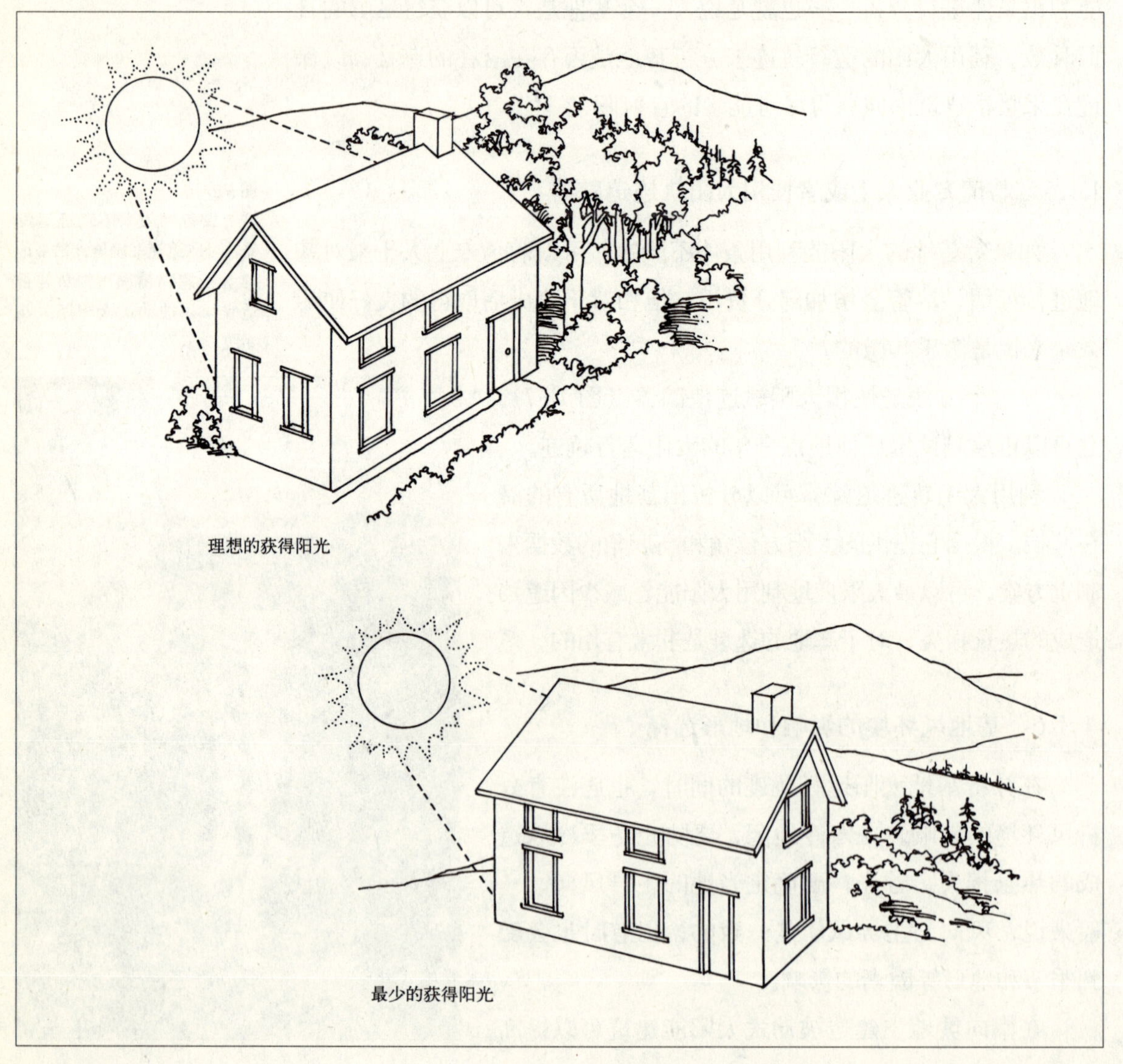

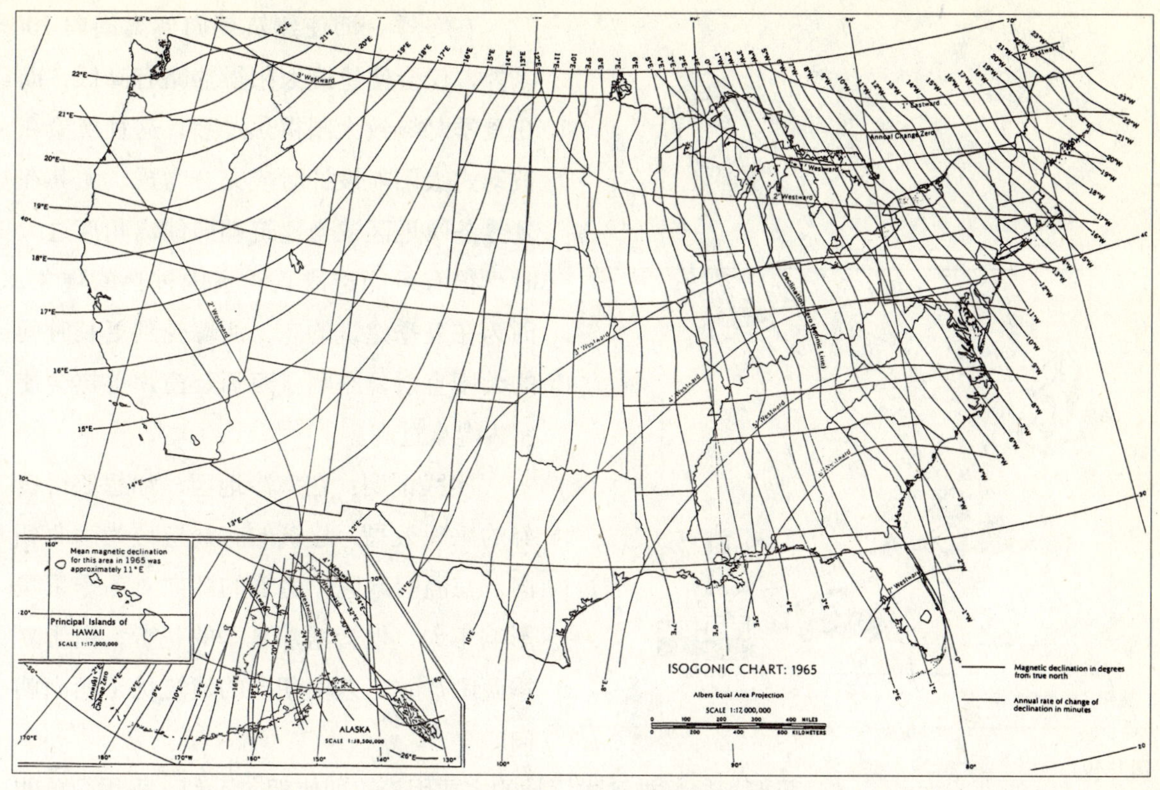

图 1–9
除非位于国家的中部，正南和正北与磁南磁北方向均不同。

上述朝向都是相对于正南正北来说的，正南正北方向是地球南北极的连线，而磁南磁北方向则是指北针所指示的由地球磁场所确定的方向。在大多数地区正南正北和磁南磁北方向并不一致（图 1–9）。例如，在德克萨斯西部的埃尔帕索城，正南方向实际上是磁南方向偏东 12°。如果你在那儿居住，指南针指的是磁南，该方向偏东 12° 就是正南方向。

图 1–9 所示为美国磁南与正南方向的关系。在美国西部，磁北磁南与正北正南出现了明显的偏差。

1.2.1 设计原则：冬季尽量增加得热，夏季尽量减少得热

太阳能建筑不一定都能建造在南偏东或偏西 10° 的范围内。建筑的布局应综合考虑到与街区的关系，可能设计出其他的排列方式。虽然建筑布局偏离南向 10° 以外，在采暖期得热会有所减少，但只要偏离的角度不大，太阳辐射热的减少量并不明显。如图 1–10 所示，位于正南方向的房屋可以吸收 100% 的太阳辐射热；在南偏东、偏西 22.5° 的房屋，对太阳辐射热的吸收有所下降，吸收率减少为 92%；然而当偏离角度为 45° 时，房屋对太阳辐射热的吸收率就会下降为 70%。

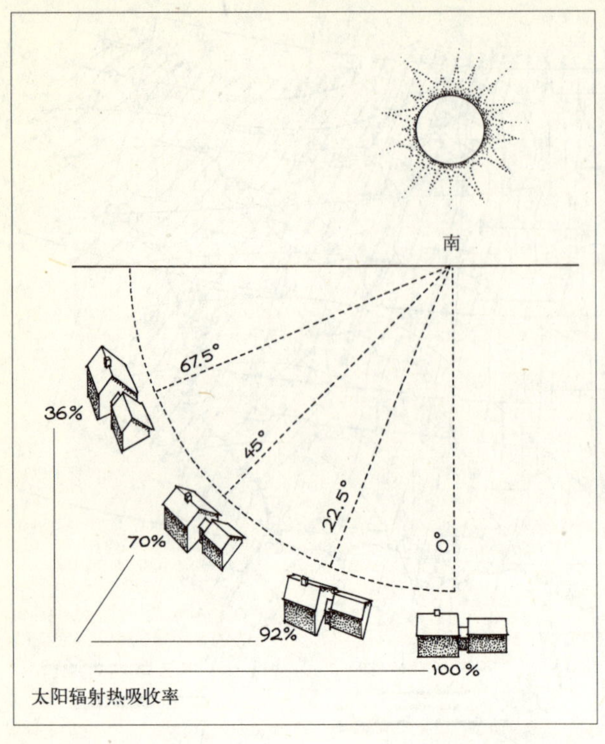

在冬季，即使建筑朝向偏离南向10°以外，仅会使建筑太阳得热略有降低；而在夏季却导致太阳得热过多，这种现象在被动式太阳能设计时应充分考虑。尤其在夏热冬暖地区或当建筑朝向偏离角度过大时，很有可能造成夏季室内过热的现象。因为在夏季建筑的东、西墙受到更长时间的太阳直射，东晒、西晒及窗户得热会使室内温度过高。

实践证明：在寒冷地区，如想取得良好的采暖效果，建筑的布局应该为南北朝向，在温暖地区，建筑的朝向对冬季采暖影响不大，但会增加夏季的花费。由于夏季西晒严重，东南朝向的建筑优于西南朝向。

图 1–10
被动式太阳能建筑的理想朝向应该使其长轴与正南向垂直（图中0°所示）。

图 1–11
当建筑东西朝向时，在临街面布局会更为合理和取得更好的视觉效果，但这样会减少太阳能得热，增加冷负荷。平面为L形的建筑设计除了布局合理、视野良好外，还扩大了南向的受光面，进而增加了太阳能得热。

只要把握好被动式设计的主要因素，即使朝向不利，采用简单的技术措施也能获得良好的效果。例如，如果一个建筑的主视野是东向的话，那么这个房屋的长轴方向可以设计为正南方向来获取太阳辐射热，而在卧室或起居室等需要有良好视野的房间只要有足够面积的窗户就可以了。房屋可以设计成L形，L形的短边直接朝向街景，L形的长边朝南以最大限度的获取太阳辐射热（图1–11）。当建筑的布局受到街区的制约时，往往不利于太阳能得热，被动式太阳能采暖系统可以与建筑结合起来作为建筑的一部分（图1–12）。

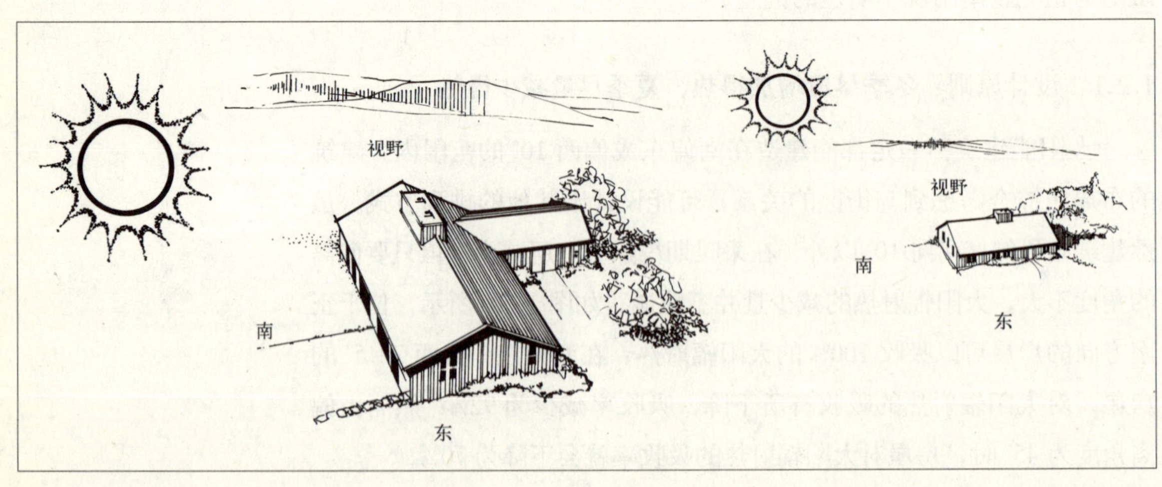

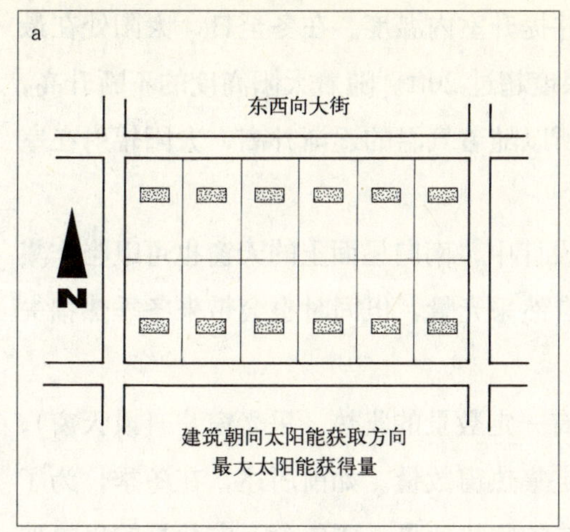

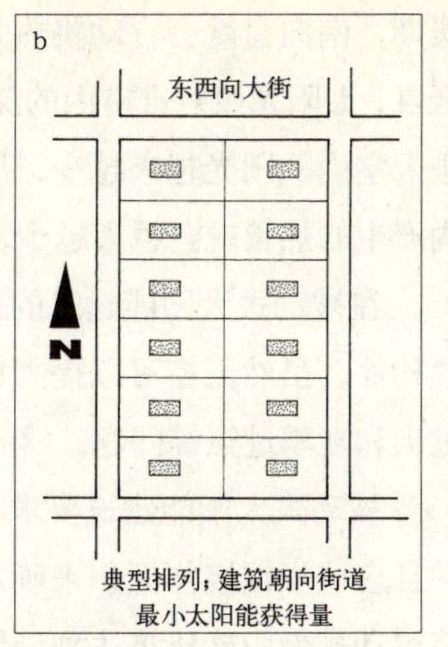

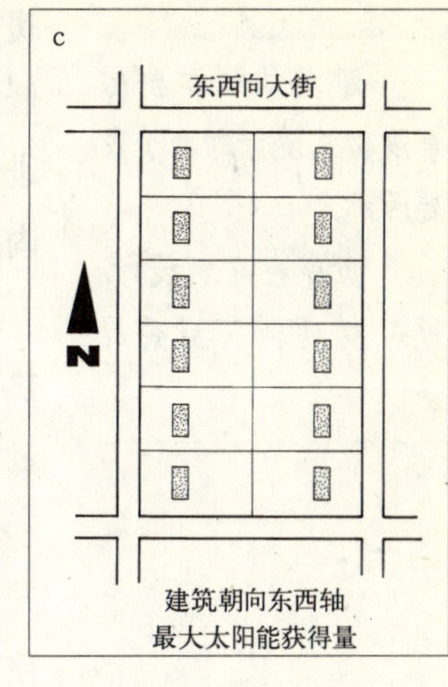

图 1–12

在设计时，可以通过建筑的合理定位来获得更多的太阳辐射热。开发商们的实践也证明被动式太阳能建筑有广泛的适应性：(a) 东西向的街道上，房屋的长轴为东西方向时，窗户集中在南墙上。(b) 南北向的街道上，房屋的长轴为南北方向时，同样可以采用被动式太阳能设计，窗户可集中设置在南墙上。(c) 另一种选择是在南北向的街道上，房屋的长轴为东西方向，依然可以部分采用被动式太阳能设计。

1.2.2 长方形平面布置

如上所述，朝南的建筑意味着其长轴方向为东西向，这样可以有最大面积的南向外墙和南向窗。通常，在被动式太阳房的设计中，矩形平面的布局对太阳能得热是最有利的，最佳长宽比为 1 ： 1.3 ~ 1 ： 1.5。如果朝向合理，可以从南向窗获得最多的太阳辐射热。

在夏季，矩形平面还可以减少东晒和西晒，在炎热地区这是非常重要的。因为东西向窗户在夏季会吸收大量太阳辐射热，而导致室内过热。在这样的建筑中，被动式降温的效果明显降低。为了提高舒适程度，就需要安装高效的制冷系统，譬如热泵、致冷机或空调等。

为了获得良好的视野或因其他原因需要在建筑的西侧开窗时，那么就需要对西向窗进行遮阳设计：种植落叶树木或爬藤形成遮阴或者设置遮篷。但是，这些遮阳措施也会产生一些不利的影响，从而达不到预期的视觉效果。这时可采用特种玻璃（详见第 2 章）和低辐射的玻璃镀膜。

在较寒冷地区，东西向窗户得热的影响并不是很严重。在设计前详细分析气候状况是很有必要的。

1.3 原则 3：南墙开窗原则 *

在被动式太阳能建筑中，南向的玻璃门窗是集热构件。在北半球，为了得到最佳的集热效果，门窗都必须设置在南向。如前所述，在采

* 在北半球，集热窗应该安装在南墙面上；在南半球，集热窗应该安装在北墙面上。

建筑体型和朝向是被动式设计的两个重要因素。

低能耗建筑设计，可持续建筑工业委员会

暖期，南向窗就会自动集热并提升室内温度。在冬至日，太阳处在最低点，太阳光照射进室内的深度超过 20ft。随着太阳高度的不断升高，进入室内的阳光越来越少，所以随着气温的逐渐升高，太阳辐射在室内产生的热量就会越来越少。

在被动式太阳能建筑的设计中，南向屋面上的天窗也可以当作集热构件。虽然天窗可以提高自然采光量，但同时也会带来冬季热损失过大和夏季过热等问题。

被动式太阳能建筑要求有一定数量的集热、采光窗户（或天窗），并且应该根据墙体面积来确定集热窗数量。如前所述，在冬季，为了使被动式太阳能建筑达到最佳的集热效果，要包含一定数量的集热玻璃，但也不能过多。集热玻璃的数量要根据建筑物中蓄热体的体积决定，详见第 3 章。

Low–e 窗户

Low–e 窗户是在双层玻璃窗的一层玻璃内表面涂上很薄的特殊透明涂层，此涂层可以阻挡长波热辐射，这种窗户可以减少热传递，得到了广泛应用。

1.4 原则 4：东、西、北墙面减少开窗

被动式设计要合理设置非集热窗（即安装在北、东、西墙面上的窗户）。在东、西墙过量开窗会使夏季过热。

冬天，北向窗过多导致热损失增大。北、东、西向窗户设计详见第三章。被动式太阳能建筑设计中，窗户的设计应该依据当地的具体情况确定。

1.4.1 被动式建筑设计的补偿措施

没有按照窗户的安装规范而导致冷热负荷过大的问题，可以通过安装特殊窗户得以缓解。正如第 2 章所述，现在许多制造商都在大量生产这类特种窗。其中一些可以减少窗玻璃之间的热量流动，还有一些可以减少太阳辐射热。通过安装 Low–e 玻璃来解决窗户传热过程中产生的问题，其中 Low–e 指低发射率和低透射率。

一种叫做“太阳房”的装置能够自动运行，在冬季最大限度的吸收太阳辐射为室内供热；在夏季最低限度的减少太阳得热，创造舒适的室内环境。

JAMES KACHADORIAN

《被动式太阳能建筑》

1.5 原则 5：通过遮阳调节太阳得热量

对被动式太阳能建筑来说，采暖季节的阳光是非常有益的。在初秋和早春时节，虽然太阳辐射较弱，对热量的需求也不是很高，但是过多的太阳光通过南向窗射入室内，使得白天的室温过高，这种状况

可以通过设置遮阳设施加以缓解。

遮阳板或挑檐是建筑的构件，它决定了太阳光射入集热窗的起止时间。也就是说，这些构件决定了室内获取太阳辐射的起止时间（图1–13），所以，遮阳对于建筑物的采暖和致凉是很重要的。

遮阳板的作用是防止太阳直射过量。夏季，它们通过为窗和墙遮阴保持室内凉爽，此外，还能保护外墙面免受雨水冲刷，这对用稻草或土坯砌筑的建筑特别重要。

《低能耗建筑设计》一书中提到“建筑南侧遮阳板的最佳尺寸取决于冷热负荷的相对重要性以及建筑所在的地理纬度”。热负荷越大，遮阳板尺寸越小。

遮阳设计通常是一种折中方案。比如，在寒冷的气候区，春季往往比较冷，秋季则比较温暖，因此，被动式太阳能建筑在春天需要更

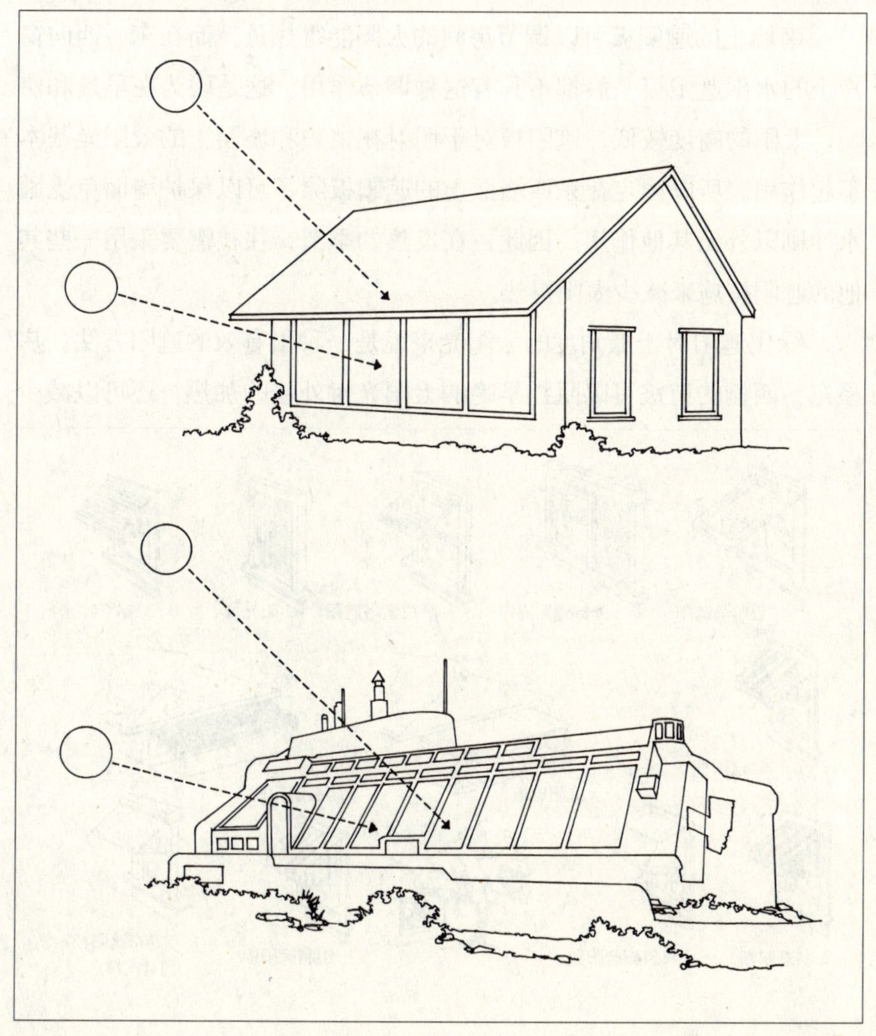

图 1–13
遮阳板对太阳辐射热吸收的调节作用——调节阳光进入室内的起止时间。

多的阳光集热来维持室内的舒适度。因为太阳高度角在一年中有两次是一样的，遮阳板过长则会在春季遮挡过多的阳光，影响室内采暖，遮阳板过短又会在秋季使室内进入过多的阳光，导致室内过热。

设计师们往往采取折中的方案来设计遮阳板尺寸：在春季可以使室内获得更多的太阳辐射热；秋季，同样会有更多的太阳光进入室内，此时可以通过窗帘等设施将多余的阳光遮挡。如果在这样的区域里建造房屋，可以使用固定遮阳板和活动的遮阳帘来满足春季的得热和秋季的遮阴。

在炎热气候区像南加利福尼亚地区和美国东南部地区，春、秋两季比较温暖。遮阳板设计仅仅是为了满足夏季遮阳。在这种情况下，用一种尺寸就能满足要求。详见第3章。

1.5.1 东西向窗户的特殊防护要求

南墙上的遮阳板可以调节房间的太阳能得热量，而在东、西向窗户上的水平遮阳板一般都不具有这种调节作用。这是因为在早晨和傍晚，太阳的高度较低，遮阳板对于照射在窗户和墙面上的太阳光基本不起作用。所以固定在东西墙面上的遮阳板除了可以保护墙面免受雨水冲刷以外无其他作用。因此，在炎热的季节，往往需要采用一些其他的遮阳措施来减少太阳得热。

绿化遮阳对于低角度的太阳光来说是一种很有效的遮阳方法。房屋东、西侧的植被可以阻挡早晚的太阳光对外墙的加热，还可以减少

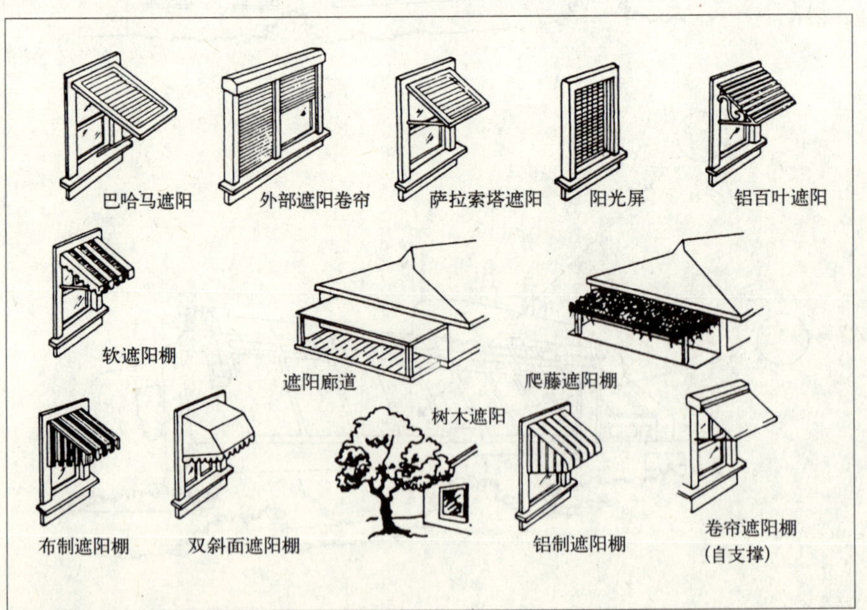

图 1–14
在炎热的季节，外遮阳优于内遮阳。图中所示为各种遮阳方法。

从窗口照射进入室内的太阳光，以避免夏季过热。此外，房屋周边的爬藤植物也可以为东西向的墙面和窗户提供有效的遮阴。

窗户外侧的遮挡构件也能有效地阻止太阳辐射热。帆布的遮阳篷、百叶窗和垂直的遮阳板都可以阻止阳光射入室内。这些方法的遮阳效果要优于窗户内遮阳（图 1–14），详见第 5 章。

尽管采用遮阳措施的效果明显，但是会增加建筑造价，并且遮阳构件还需要定期的维护保养。所以在设计之初就应该确定合理的窗户尺寸和位置，从而避免设置过大面积的玻璃窗引起室内过热。

1.6 原则 6：在适当位置设置足够的蓄热体

在被动式调节的建筑中，蓄热体是非常重要的组成部分，它能使室内温度在年周期内的波动较小。

1.6.1 原有和附加的蓄热体

任何能够吸收和储存热量的密实材料都可以称作蓄热体。蓄热体可以分为两大类，第一类是原有的蓄热体（例如标准建筑中的清水墙、木构件、门和家具等），它是建筑结构及装饰的组成部分。虽然它不是作为蓄热体来设置的，但在使用过程中起到了蓄热的作用。

第二类是附加的蓄热体，即为了吸收太阳光和辐射热，将蓄热体与建筑结合在一起，如图所示蓄热隔墙（图 1–15）。

砖、混凝土、瓷砖、土坯和其他的密实材料都可以作为蓄热体来使用。它们通常与建筑一体化设计，在吸收和储存热量的同时还有其他功能，瓷砖地面和砖砌体都是很好的例子。在考虑费用时，这些也是其优势所在。

为了充分发挥蓄热作用，蓄热体

图 1–15
在新墨西哥城南部的稻草房中，铺砖地面和石膏墙壁起到了蓄热作用。

蓄热墙体厚度 表1-1

材料	密度 (lb/ft^3)
混凝土	140
混凝土砌块	130
黏土砖	120
轻质混凝土块	110
土坯	100

必须是密实的。被动式太阳能建筑中使用的砌体（例如：砖、混凝土、混凝土砌块）大都拥有相似的密度和蓄热特性。土制建材的密度稍小，但是仍然具有较好的蓄热能力（表1-1）。

1.6.2 室内、外蓄热体

在大多数的被动式调节建筑中，蓄热体设置在墙体保温层内侧、地面、隔墙、顶棚及家具内，例如，框架结构建筑中的填充墙。铺在厨房、餐厅和走廊中的地砖也是很好的蓄热体。

在被动式太阳能建筑中，设计师们一般都力图把太阳光引入建筑内部，以利于蓄热体吸热。建筑外保温系统将墙体、地板、顶棚和基础围合，以利于建筑的保温。但并不是所有的被动式太阳能建筑都是按照这种模式建造，如土坯房蓄热方式既有内部蓄热又有外部蓄热。

虽然在寒冷地区外部蓄热墙体能够有效减少室内热损失，但是它更适用于炎热干燥地区。如果墙体不保温将会造成大量热损失，室内舒适度也会大幅降低。详见第5章。

1.6.3 蓄热体工作原理

要设计适宜的建筑，必须了解建筑中的热量传递方式和蓄热体的工作原理。

如前所述，太阳能建筑中，蓄热体受到阳光照射后就可以吸收并储存热量：照射在蓄热体表面的可见光被吸收后转化为热能，其中一部分热量直接散失到空气中，另一部分热量被蓄热体吸收。

蓄热体还可以通过其他途径获得热量。例如，当热空气流过时，蓄热体就会从温度较高的空气中吸收热量。另外它还可以从建筑内部其他发热体中获得热量，如壁炉。

热量有多种传递方式。被加热的蓄热体可以迅速将一部分热量传递到周围的空气中，蓄热体内部热量也会从温度较高的部位向温度较低的部位传递。当房间温度降低时，蓄热体内部的热量就会释放出来加热房间。

蓄热体随时向温度较低的室内释放热量，同时，其内部也存在热量交换，即热量总是从温度高的部位向温度低的部位传递。

蓄热体是一种简单适用的采暖装置，运行时不会产生噪声也不需要维护，仅靠自身热量传递实现房间采暖。

注释：

最佳的设置方式是深色的地板和内部蓄热墙直接受到阳光照射。

蓄热体

任何一种密实的材料（如土坯、砖、水等）都可以作为蓄热体来蓄热。当室内温度较低时，蓄热体就会向室内空间释放热量，最终达到温度平衡。

1.6.4 蓄热体的设置方式

蓄热体可以是建筑本身的构件，也可以另外设置，设置方式及位置为：内置式、外置式、集中式、分散式。集中式布置是将蓄热材料集中布置在一定的范围内，分散式布置是将蓄热材料分散布置在房间的各个部位，例如稻草房的外墙内表面上的石膏板。集中式的蓄热体局部采暖效果较好，而分散式的蓄热体有利于减少房间的温度波动，两种方式结合使用效果更好。

1.6.5 蓄热体的性能与颜色

在很长一段时间里太阳能建筑的设计者认为：深色的蓄热体对太阳辐射热的吸收率最高。但是近年来，设计者们开始重新审视这个问题：并不是所有的蓄热体都应该是深色的。实际上，许多设计都采用了浅色的内墙和天花板以使房屋内部的太阳辐射分布的更加均匀。例如，靠近集热窗的浅色墙壁可将阳光反射到位于房间内部的深色的蓄热体上，以增加太阳得热量（详见第 3 章）。

1.6.6 蓄热体数量不足

蓄热体通过储存热量来控制房间的温度波动。但如果蓄热体数量不足，冬季白天太阳辐射热量可使室内温度升高 85 ~ 90°F，房间的舒适度也会降低。傍晚，由于缺乏足够的蓄热体来维持室温，热量又会迅速散失，室内温度会降低 30°F。在夜间或阴天时，由于室内舒适度下降，需要频繁使用辅助采暖系统来维持舒适的室内温度。

1.6.7 直接照射和间接照射

虽然蓄热体可以从温暖的房间中吸收热量，但经验表明获得太阳辐射热的最有效的方法是使太阳光直射蓄热体。美国著名太阳能设计事务所 Steven Winter Associates 认为，在吸收热量相同时，被热空气所加热的蓄热体的面积是直接被太阳辐射热所加热的蓄热体的 4 倍。不过，虽然让太阳直射蓄热体是最理想的，但实现起来却非常困难。

1. 地板蓄热和周边保温材料

接受阳光直射的最简单也是最有效率的方法之一是地板蓄热。就像土坯房中的黏土地面一样，混凝土板上铺一层深色的面砖能发挥很好的蓄热作用。

基本策略是：在设计建筑时，将建筑自身的蓄热体（主要是墙体和地板）按照一定的比例安装。在白天它将会吸收和储藏大量的直射光能量，在晚上或者多云的日子里，又会将储藏的热量缓慢地释放出来。

PEIER VAN DRESSER,《被动式太阳房设计基础》

被动式太阳能建筑的优点：

• 能源方面：全年低能耗；

• 良好的生活环境：大面积的开窗、开阔的视野、明亮的内部空间以及开放的平面布局；

• 舒适性：安静、结构坚固、冬季温暖、夏季凉爽；

• 独立性：能源自给自足；

• 价值：较高的满意度和升值潜力；

• 低维护费：耐久性好、使用和维修费用低；

• 良好的经济性能：不受燃料价格上涨影响、当建设成本回收以后可以长时间的节约燃料费用；

• 对环境的关爱：洁净、可再生能源取代矿物燃料、减少习惯性浪费和污染。

当采用地板蓄热时，为了减少基础的热损失，要安装足够的周边保温材料。平板保温材料也会起到一定的作用，详见第2章。

2. 蓄热墙、植被种植和内隔墙

另外一种能够使蓄热体受太阳直射的高效措施是集热蓄热墙［特隆布（Trombe）墙］。特隆布（Trombe）墙的设计方法详见第3章。

种植屋面和石砌隔墙都可以作为蓄热体。如果蓄热体是深色的话，将会吸收照射在它们身上的大部分太阳光。如果是浅色的，就会把太阳光反射到室内，增加室内空间的亮度，同时又会被室内的深色蓄热体所吸收。

1.6.8 一栋建筑中蓄热体的数量

蓄热体对于一栋被动式太阳能建筑来说是十分关键的，正确的布置蓄热体也是非常重要的。但是我们到底需要多少蓄热体呢？

一般来说，一栋建筑中的南向窗越多蓄热体需要的量就越大。《住宅指南》（《Guidelines for Home Building》）认为“虽然这一概念很简单，但实际上，蓄热体的数量由很多因素决定。”在了解玻璃窗和蓄热体的比例的基础上，可以参照相关数据计算与蓄热体匹配的得热窗的数量。详见第3章。

1. 蓄热体设置的越多越好吗？

有人认为蓄热体越多，室内的舒适度就会越高，但是许多被动式太阳能设计专家却不认同。大多数蓄热体的厚度超过4in后，其蓄热能力提高都不明显。换句话说，蓄热体越厚吸收的热量越多，但当提高到4in时，蓄热墙的吸热效率只比同厚度的普通墙体（6in）提高8%。通常蓄热体的造价较高，所以要合理安装。专家认为，安装过多的蓄热体只是浪费资源。位于科罗拉多州的国家再生能源实验室，建筑与热系统中心主任Ron Judkoff说：“最重要的是尽量扩大蓄热体外表面积。因为石材表面导热性和热传递率相对较低，所以200$ft^2$2in厚的蓄热体的效率要高于100$ft^2$4in厚的蓄热体。”

一些设计师和施工单位却持反对意见。地球主义的倡导者们用土坯修建墙壁，主张住宅的蓄热墙应该有足够的厚度来储存大量的热能，这样室内温度在全年范围内都可以比较稳定。他们认为，没有必要在缺乏日照的几天里使用辅助热源，他们设计的建筑中的蓄热体能长时间提供热量。但是，此观点缺乏更多的科学依据。

1.6.9 用水作蓄热体

水是很好的蓄热材料之一。水的蓄热能力几乎是传统石材的两倍，比土坯这样的土制松散材料更大。但是，水的散热速度也比石材和土制材料快。

水比传统石材可吸收和存储更多热量，但散热速度也快。

利用水的高效蓄热能力，可以将密封水管安装在太阳能建筑中直接接受日照。一些制造商研制出了水墙，这是一种安装在墙内的塑料容器。

1.6.10 蓄热体和被动致凉

蓄热体在被动式采暖建筑中起重要作用，在某些气候条件下，蓄热体在被动式致凉中也非常重要，如第5章所述，在热带沙漠气候里，夏季内部蓄热体能够从建筑内部吸热，从而充当了吸热器，夜间通过开窗将热量释放出去。在这样的炎热、干燥的沙漠地区，外部蓄热体在维护热舒适度方面也特别重要。天然的建筑材料，如草泥、夯土和土坯都可以作为外部蓄热体，在这样的环境里是非常好的选择。

1.7 原则7：墙体、顶棚、地板、基础和窗户的保温

像许多其他的组成部分一样，保温材料在被动式太阳能建筑的采暖和致凉方面都起着重要的作用。多数的设计师都选择R−22到R−30的保温墙壁和R−40到R−50的保温顶棚，有时选用的R值更高（参见表3-1）。较低的R值用在气候温暖地区，而较高R值则用在气候寒冷地区（R值是用来衡量一种材料阻挡热传递能力的指标）。

在少数情况下，保温材料应该符合当地的建筑条例。然而，对于一栋被动式调节的建筑来说许多地方的保温材料只达到最低标准是不够的。所以说在建筑设计的时候，至少也要使保温材料的标准达到国际能源节约水平，或者是达到商业建筑的水平。对于当地建筑的外表面来说，推荐值为ASHRAE 90.2（American Society of Heating Refrigerating and Airconditioning Engineers 美国采暖，制冷与空调工程师学会）。大多数严谨的设计师在设计的过程中都会超过这一标准。

与石材相比，水可以吸收和储存更多的热量，但是它释放热量的速度同样也比石材要快。顶棚、屋顶、墙壁和地板的热阻不仅会受到保温材料的R值的影响，同样还与建筑中其他因素（比如结构、清水墙等）的综合作用有关。——《Guidelines for Home Building》

保温材料的准确数量是很难确定的，专家们反对过多的使用保温材料。“不要做得太极端”，《低能耗建筑设计》（《Designing Low-

Energy Buildings》）的作者认为，“这一点要体现在所有的节能措施中，保温材料的数量不用太多，关键是充分发挥其作用”。通过分析软件的模拟，如：ENERGY-10（第7章），设计者“可以在壳体结构中，把经过改进的措施和其他措施进行比较。”综合考虑最初成本和其他重要因素，设计者才能做出更加明智的决定。

笔者选择在建筑中安装较多的保温材料，据研究结果显示，随着使用时间的延长，尤其是随着沉淀物或湿度的增加，常用的保温材料（例如纤维素和玻璃纤维）的保温效果有所下降。较多安装保温材料是对不可避免的 *R* 值降低的补偿。

保温材料的作用在炎热的气候条件下与在寒冷气候条件下同样重要。例如，在美国的南部和西南部，夏季制冷的花费一个月大约为 $300，甚至还要高，这都是很正常的。这时，保温材料不但会提高舒适度，而且当它与其他被动式制冷措施相结合的时候，还可以大幅度地降低每月的制冷能耗。

建筑笔记

热桥就是指建筑通过外围护结构中的构配件传递热量。它们面积的总和约占墙壁总表面积的 30%，使得在夏季有大量的热量进入室内；在冬季又有大量的热量散失。

随着天然气和电能费用的上升，使用保温材料是一种明智的选择。但是，Mark Freeman 在《太阳能住宅》（《The Solar Home》）一书指出，保温材料只有安装得当才能充分发挥作用。他说：“当建筑保温材料过多过密时，会丧失它大部分的保温能力。”

利用天然的建筑技术（例如秸秆建筑）也能得到高效的保温墙体，这在被动式调节的建筑中是很好的选择。将双层秸秆平铺在墙壁中时，*R* 值能达到 32 左右。

墙体保温材料在冬季能够减少热损失，在夏季又可以减少热量的吸收。同时，其他材料和构造同样要求把热损失降到最低，例如特殊构造部位和墙体材料。热桥损失是其中的一种形式，是指建筑通过墙壁、顶棚和屋顶中的构配件所传递的热量，它是热量进出建筑的一种重要途径。

在温暖的气候条件下，业主可以将反光材料—铝箔，安装在屋顶的椽木上来减少夏季的制冷负荷。这种材料在第 5 章中详述。尽管其在夏季最节约，但是在冬季也可以减少室内的热损失。

墙角的构筑方法也可以做适当的改进以减少热损失。由 Taunton Press 出版的期刊《Fine Homebuilding》在 1997 年 12 月份和 1998 年 1 月份发表了 Charles Bickford 的文章。在文章中，我们可以看到关于减少热损失的若干创新方法以及把木材用在建筑的墙角的详细论述。

务必做好基础、地下室的墙壁以及在寒冷气候条件下的墙板的保温措施，否则大量的热量将会从这些地方散失，详见第 2 章。

在被动式太阳能建筑中，窗口的保温措施也是一个重要因素。业主常犯的错误是在夜间忘记关窗。而这些大面积的玻璃窗由于不方便使用窗帘，而导致热损失严重。

玻璃的保温性能很差，会散失大量的热量。在气密性较好的建筑中，如果其他围护结构保温性能较高，窗户会成为热损失的主要部位，大约会散失 50% 的热量。所以在安装了节能窗后还必须对窗户采取遮蔽措施。即使高质量双层玻璃的 R 值为 4，在夜晚仍然会散失大量的热量，使室内舒适度降低，采暖的费用也会有所提高。

在高保温性、高气密性的建筑中，窗户将会成为热量散失的主要环节，大约会散失 50% 的热量。

可以用保温窗帘来遮蔽窗口，高质量的遮蔽物可将 R 值增加 3 ~ 4。窗口边缘用密封条密封，不仅能增加 R 值，还可以阻挡从窗口进入的冷空气。这些措施非常有价值，需要花费精力去研究。

在炎热的季节，节能窗同样可以阻止大量的室外热空气进入室内。如前所述，为了进一步提高节能效果，可以安装保温百叶窗。

虽然外部百叶窗可以很大程度上减少热量的损失，但是这种百叶窗每天都需要有人开关。所以说外部百叶窗需要耗费相当大的人力。为了避免这一问题，可在房屋的内侧安装硬质的泡沫蓄热百叶窗（图 1–16）。这种百叶窗通常由紧贴在硬质泡沫上的胶合板制成，上面覆盖有装饰织品，可以做的非常美观。如果尺寸合适的话，保温效果显著。而且，与外部百叶窗相比，内部百叶窗会方便很多。

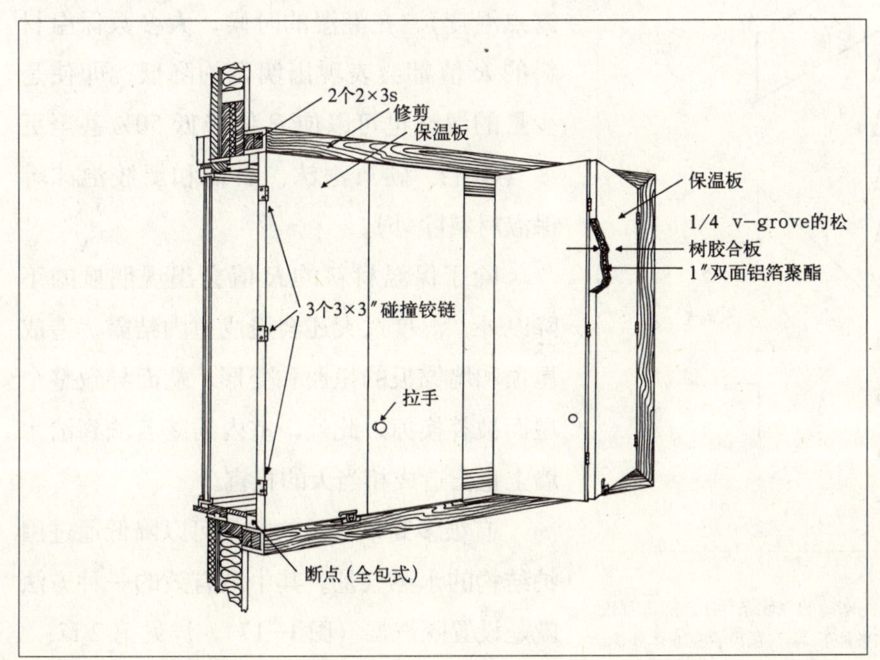

图 1–16
在被动式太阳能建筑中，由硬质的保温泡沫和胶合板制成的蓄热百叶窗可以为窗户提高保温性能。

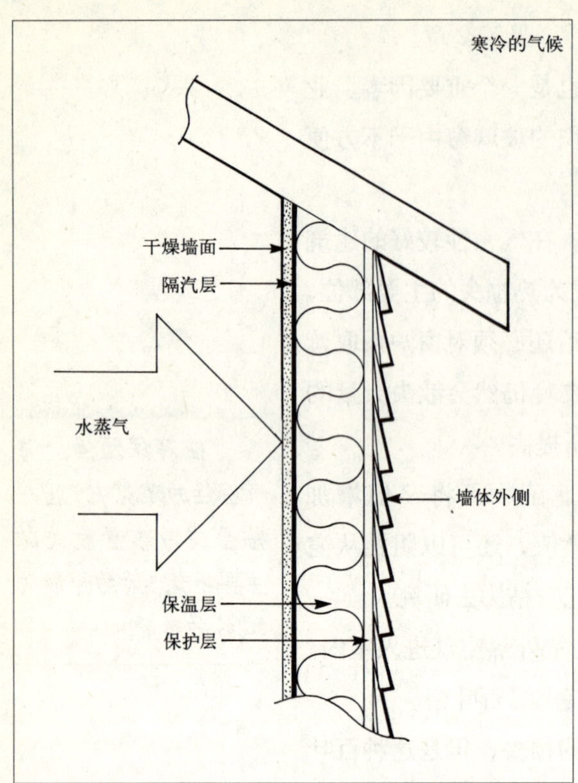

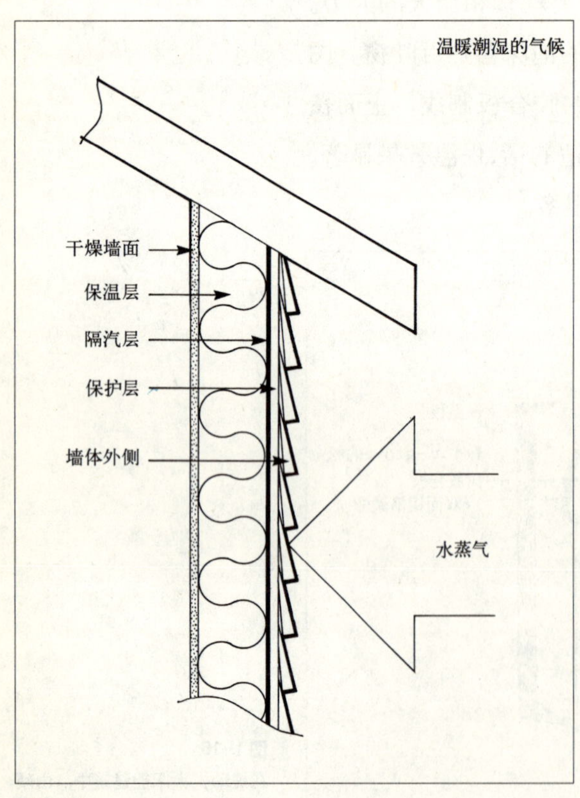

图 1–17

隔汽层可以防止保温材料受潮。在寒冷的气候条件下，隔汽层设置在墙体内侧，在温暖潮湿的气候条件下，隔汽层设置在墙体外侧。

1.8 原则 8：避免保温材料受潮

在被动式调节的建筑中，由于空间密封较好，室内湿度增加，增强了对室内的破坏性。这不仅损坏窗台和窗扇，还会在墙壁上和保温材料内部滋生霉菌，从而引发严重的健康问题，详见第 6 章。

在多数情况下，室内湿度一般高于室外湿度。这是因为：第一，室内的湿气来源较多；第二，室内空气的温度一般高于室外空气的温度（暖空气中的湿气含量大于冷空气中的湿气含量）。因为湿气是从高密度流向低密度，所以水蒸气透过顶棚和墙体等散发到室外。

水蒸气通过门窗、插座、开关周围的缝隙和其他地方进入墙壁。当水蒸气透过墙体遇到冷表面（一般是外围护结构层）的时候，就会凝结液化，甚至进入保温材料（水蒸气凝结成液体水的临界温度叫做露点温度）。在潮湿的时候，大多数保温材料的 R 值都会表现出明显的降低。即使是少量的湿汽也可以使 R 值降低 50% 甚至更多（羊毛、硬质泡沫、石棉和塑胶泡沫等保温材料除外）。

除了保温材料的 R 值会出现明显的下降以外，湿度过大还会造成室内结露，造成屋顶和墙饰板的扭曲和变形，从而导致整个屋面被替换掉。此外，室内结露若滴到清水墙上也会造成相当大的损害。

有很多简单有效的方法可以降低通过围护结构的水蒸气量。其中最有效的一种方法就是设置隔汽层（图 1–17），详见第 2 章。

1.9 原则 9：封闭空间应有一定的空气流通

实际上很多住宅就像是一块瑞士乳酪。在一个普通的美国家庭中，房屋中空气渗透面积总和等效于一个 3ft 见方的开放窗口。这些漏洞出现在窗口、门和基础的附近，极大地浪费了能源，增加了家庭采暖和制冷的费用，而室内舒适度仍旧不高。

《居住建筑指南》(《Guidelines for Home Building》) 的作者认为："就像增加保温材料一样，提高房屋的密封性来减少空气渗透，对于节约能源是十分必要的。"他们补充说："即使是一个很小的开口也会使热量透过保温材料，导致大量热损失。" 如果建筑的密封性良好的话，在采暖和制冷季节都可以减少能源的需求量，降低采暖和制冷的费用，提高室内的舒适度。

就像增加保温材料一样，提高房屋的密封性来减少空气渗透对于节约能源是十分必要的。

《居住建筑指南》可持续的建筑工业委员会

由电线管道穿墙产生的缝隙应该采用柔性泡沫保温材料进行填缝处理。同时，还要注意门窗及其他部位的密封处理。建筑外表面涂刷一层塑料涂层，可以像蒸汽屏障一样减少空气渗透。这两个问题详见第 2 章。

在辅助采暖和制冷系统中的管道中的密封处理也是很重要的。通风管道泄漏会导致大量的暖空气或者冷空气散失，造成相当大的能源与经济损失。在佛罗里达进行的研究表明，由采暖和空调系统中密封不当的管道所造成的冷暖负荷，可以达到每年总负荷的 25%。

因此，许多绿色建设者在密封管道上花费了相当多的精力。为了达到更好的效果，他们建议不使用胶带，而是用水溶性胶粘剂。虽然它们很贵，但是其耐久性较好。

因为密封建筑的外围护结构和输送管道是一项很棘手的工作，许多承包商聘请专家，希望他们能够提供更好的方法。虽然在被动式调节建筑中，超标准运用密封措施能提高能源利用率，但是在室内空气质量方面同样会带来很严重的问题。在被动式调节建筑中，适当的空气交换是可以保证室内空气质量的，通过安装通风系统来实现。详见第 6 章。

1.10 原则 10：设计时要使每个房间都可以直接供热或者尽可能获得太阳辐射热

在大多数气候条件下，理想的太阳能建筑设计应该是并排布置房间，以便阳光可以进入每一个房间内部。实质上，每一个房间都成为

圣诞节的太阳镜和棒球帽

在一次会议上我遇到过一个建筑师，他为自己设计了一栋太阳房。这栋建筑有两层高的南向玻璃墙，其典雅的外观得到很多的赞赏，给人一种美妙的开敞的感受。建筑在冬季十分舒适，提供足够的热量，充足的阳光也提高了建筑的品质。他们住进了新房子的第一年的圣诞节，他们的父母来看望他们。在圣诞节的早上，一家人围坐在圣诞树周围拆礼物。因为刺眼的阳光进入了起居室，所以在全家人交换礼物的时候，他的父母不得不带上太阳镜和棒球帽保护他们的眼睛。

一个独立的获取阳光的单元。这样设计就不需要把热量集中起来，输送给其他未加热或热量更少的空间。

然而，这种方法要求建筑条形设计，可是它不利于高效的内部交通流线。过长的建筑不够美观，也不适于城市和乡镇中较小的建筑用地。

为了解决这些问题，被动式太阳能建筑设计者经常采用矩形或者正方形平面。有温暖需求的房间一般布置在南向，如起居室、卧室、书房。反之，热量需求较少的房间沿北向布置如：走廊，公共房间，洗衣房，餐厅以及工作间（图1–18）。这些空间的热量主要来源于与被太阳加热的南向房间之间的热交换。

1.10.1 开敞的平面布置

开敞式平面布置在Frank Lloyd Wright的手中的得到普及，在被动式太阳能建筑里，这种平面布置形式可以通过对流换热的方式使热量分布均匀。除了自然分布热量以外，开敞式平面布置还有其他优点。建筑师Sarah Susanka在《The Not So Big House and Creating the Not So Big House》一书中指出，开敞式平面布置可以使较小的空间显得比它们的实际尺寸更大。所以，明智的业主就会建造小面积的开敞式被动太阳能住宅，以减少在建造和维护时所必须的费用，但同时又不觉得空间狭小拥挤。小住宅可以降低建造成本，减少建筑能耗，还能节约用地面积。

虽然运用了开敞式平面布置形式的小面积住宅有许多好处，但是

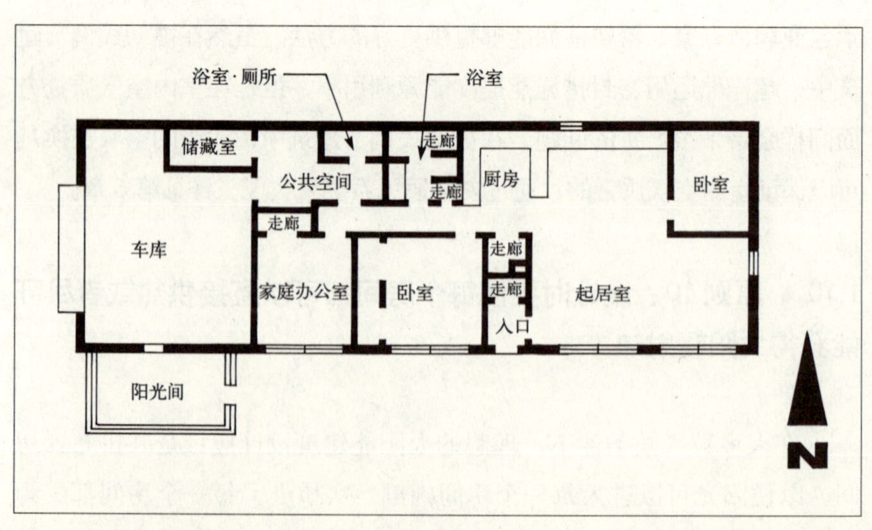

图 1–18
在长方形楼面布置图中，使用率不高的房间一般布置在建筑的北面，使用率较高的房间一般优先布置在建筑的南面。

它也存在一些缺点，比如说，它很难对住宅进行分区采暖。在冬季，多云天气里没有足够的太阳辐射热时，为了维持经常使用空间的温度需要辅助热源。

另一个问题是噪声污染。开敞式平面布置形式比常规的平面布置形式带来更多的噪声。孩子在房间里玩耍就可能会打扰隔壁房间安静的交谈或学习环境。当设计一栋平面为开敞式布置的建筑时，必须合理布置空间以减轻噪声，或设置缓冲空间隔绝噪声。

1.11 原则 11：创造接受太阳自由照射的空间

在进行被动式太阳能建筑设计时，创造可以直接接受阳光照射的空间是值得关注的。虽然这是太阳能建筑设计的基本原则，但保证室内的舒适度并创造出更多的可用空间也非常重要。

太阳能设计中最容易忽视的方面之一就是自由接受阳光照射区域的设计。

20 世纪七八十年代在美国建造的一些被动式太阳能建筑中，居住空间在采暖期通常沐浴在阳光中。虽然这些设计提供了充足的热量，然而室内过于明亮，以至于白天都无法使用。一些失望的业主通过加大窗口遮阳来遮挡阳光（图 1–19）。这样，虽然房间能使用了，但是阻碍了得热。

阳光暴晒有时在旧的和一些新的被动式太阳能建筑中会非常严重。过度的太阳光进入室内会在电视或电脑屏幕上造成眩光，引起用眼疲劳和头痛。眩光会使人根本看不见屏幕上的东西，太阳光也会使家具和地毯褪色。

图 1–19
在冬季，被动式太阳能建筑外面设置遮光帘可以防止太阳暴晒和过热，调节室内空间的阳光射入量。

1.11.1 解决阳光暴晒的问题

怎样才能解决阳光暴晒的问题？房间过度受太阳照射是被动式太阳能设计的主要目标吗？

幸运的是，采取一些简单的设计策略就可以保证太阳能建筑在阳光照射期间的遮蔽空间。最有效的方法：改变受太阳自由照射的平面布置形式。绿化种植、走廊、隔墙、入口通道和其他设计特征都可以防止太阳暴晒。在作者的住宅里，前面的阳光间遮挡了起居室，减少了电视屏幕的眩光（图 1–20、图 1–21）。沿南墙布置的浴室在办公室的隔壁，对办公室也起到遮挡的作用。卧室则是被绿化种植和隔墙所遮挡。

即使有遮挡，阳光也可以照射到室内楼梯间及蓄热墙（详见第 4 章）。添加特隆布墙是一种高效的减少太阳暴晒的方法，天窗也一样，

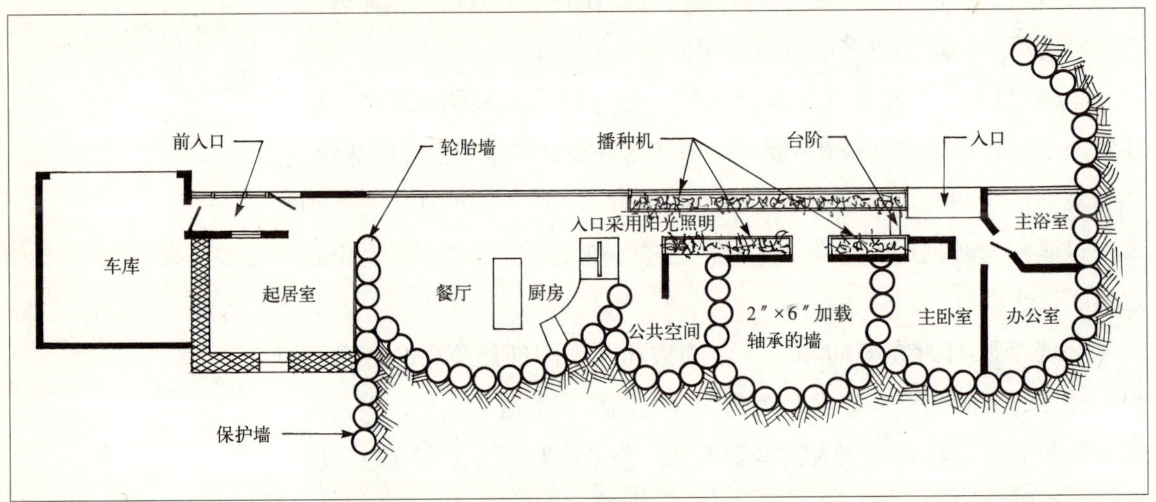

图 1–20
作者住宅的平面布置形式展示了多种设计特点，包括减少太阳暴晒和创造可用的居住空间。要注意的是在车库的旁边，怎样使前面的附加阳光间遮蔽起居室。厨房和起居室在南侧宽敞的走廊后方。分隔卧室和走廊的隔墙同时也遮挡着卧室，浴室在办公室前方。

图 1–21
阳光间有很多的作用。它可以收集太阳能量，使起居室免于过度的阳光照射，当家庭成员或客人进出建筑时，可以减少冷空气进入室内，而且还可以作为储存室来存放夹克、鞋子和靴子。

它可以把阳光传递到房间后面的墙壁上。详见第 3 章。

1.12 原则 12：提供高效、适当规模、适应环境的辅助加热系统

业主们对他们的被动式太阳房非常满意，对其舒适度以及居住环境质量的评价也同样很高。这些节能住宅的外观很漂亮、阳光充足、安静（没有操作噪声）、舒适并且其价格也是可以接受的。

被动式太阳能工业委员会

太阳能建筑一般都要求有一定的辅助加热系统。就算太阳能可以满足建筑所需的所有热量，也必须按建筑部门的要求安装辅助加热系统。因为被动式调节的建筑保温性很好，蓄热状态稳定，主要依靠太阳能加热，所以辅助加热系统规模不需要很大。

无论怎样，都不能让一个不熟悉被动式太阳能建筑的承包商来决定你将要安装的采暖系统的规模。他们一般都倾向于加大辅助采暖系统，这样不仅是为了保证安全，而且在那些顾客抱怨采暖系统的不能满足要求时，他们也可以为自己开脱。

规模过大的系统会增加建筑的初始成本，此外，系统越大其开关的频率就越高，能耗和运行成本也越多。最后，顾客不得不为采暖系统花费更多的钱。

业主对辅助采暖系统有多种选择。详见第 4 章中探讨选择最环保和有益健康的采暖系统的标准。

1.13 原则 13：通过景观或覆土来使建筑避免风的袭击

即使天气条件不好，建筑的南向窗口也可以收集到一定量的太阳光来加热室内，保持温暖和舒适性。但是保持舒适度也要求采取蓄热措施。例如保温材料、遮阴和蓄热体，都可以储存热量，提高太阳房效率。但是也有其他的方法，比如覆土就可以减少建筑的热损失。

覆土就是要把房子“掩埋起来”。部分遮蔽（也像覆土一样）是通过掩埋建筑的部分外墙来实现的，一般会形成一个 3 ~ 4ft 高的小平台。这是保护在平坦地形上的建筑的很有利的措施（图 1–22）。

覆土就是部分的或全部的把建筑埋在地下。大多数的地下房屋都是露出南立面（在北半球），以使太阳光进入室内，还可以得到良好的视觉效果。

房屋也可以完全建造在地下。依靠山势用土堆建成一个特别的屋顶（图 1–23）。其南侧是开敞的，虽然这种关于居住在“地下”的想法看起来令人觉得沉闷，但是设计完美的地下建筑与黑暗的洞穴是完全不同的概念。通过合理的设计，像这样的建筑也可以得到充足的阳光，并且可以透射光线的区域有良好的视觉效果。当来到完全位于地下的办公室和卧室（墙壁和屋顶都用土覆盖，南面是暴露的）的时候，大多数的人都

图 1–22
沿太阳房的北侧的覆土，在冬季使房屋免于过度的热损失；在夏季防止建筑过热。所以它有利于在全年范围内维持室内温度的平衡。

图 1–23
比土制平台更有效的是全覆土。作者的房子建造在山体里面，并用土堆砌，采用了铺有防水材料的屋顶设计。麋鹿定期地在屋顶上吃草。日光浴和土壤有助于减弱外界噪声，并能保持全年范围内的室内温度稳定。

会很感到震惊。他们惊讶于这种地下的房间也能如此的明亮。

如果把房屋的北侧建造在山体里面，连屋顶也覆盖起来的话，就可以有效减少冬季冷风的热损失。作者住宅的设计者 Dave Johnson，告诉来访者要把建筑考虑成一个裹着毯子面向太阳的人。当在前面做一些可以让热量进入的小开口的时候，这张土制的毯子可以抵御寒风。

覆土建筑可以获取储存在地球内部的热量。在霜冻线以下，地温一般稳定的保持在 50°F，依照居住位置的不同有很小的起伏。覆土建筑就可以利用这样现象，在全年范围内保持稳定的温度。在冬季，覆土建筑只需要很少量的额外热源就可以使室内温度上升到舒适的范围内。对于暴露的框架结构房屋来说，如果不加热的话，室内的温度将会大幅度下降，并接近周围（室外）温度。而对于覆土建筑，太阳能能提供将温度提升 20°F 所必须的大部分热量。把暴露的框架结构房屋加热到舒适状态要比加热被 50°F 的覆土围合的建筑困难的多。

覆土在夏季也可以使建筑更加凉爽。在室外温度为 100°F 的情况下，由于覆土的作用，室内温度维持在舒适的 70°F，而同样情况下木结构房屋的室内温度很高，不适宜居住。

Malcolm Wells 在《The Earth-Sheltered House》一书中总结出了覆土建筑的优良之处。他说："它真的在起作用。除了拥有绿色的生态特点外，每一栋设计精良的覆土建筑都可以做到安静、明亮、干燥、阳光充足、经久耐用、便于维护、易于采暖和制冷，防火性能也很好。"

覆土建筑也是存在问题的，主要是由不恰当的设计和施工造成的。如果设计或施工不合理，屋顶会出现漏洞，甚至可能出现屋顶的下陷。房屋周围的回填部位出现积水，如果没有适当的防护措施，水就会渗透到墙壁里。房屋周围的回填部位下沉，造成刚性保温板断裂或墙体的防水材料脱落，损坏埋设的管道。

Malcolm Wells 认为，并不能因为覆土的这些问题而否定它，而应该想办法使其发挥更好的作用。如果你对此感兴趣，可以参考《The Earth-Sheltered House》或由罗布 · 罗伊（Rob Roy）著的《The

被动式太阳能采暖和降温：是否具有经济意义？

被动式太阳能采暖和降温系统通过减少燃料费用，每年可以为房主节省数百美元。但是这与它的成本是否等价呢？

按照国家可再生能源实验室——建筑和采暖系统中心主任 Ron Judkoff 所说的，建造一栋有被动式太阳能系统的建筑会增加 0% ~ 3% 的造价。也就是说，一栋价值 $200000 的建筑，被动式太阳能采暖系统最多花费 $6000。但 Judkoff 指出，与过去相比，现在很多建筑规范要求使用更加节能的窗户、墙壁、顶棚和基础，因此采用被动式太阳能采暖系统基本上不会增加建筑的造价，而且经济收益巨大。

国家可再生能源实验室和美国太阳能协会发起一系列关于被动式太阳能系统的专题研究，Judkoff 在此基础之上对太阳能采暖系统的经济效益进行了评估。收集的数据来自不同地区——包括从亚利桑那州到威斯康星州，从印地安那州到缅因州，以及从马萨诸塞州到美国北卡罗来纳州。数据统计结果表明，当被动式太阳能采暖系统每年节约的费用在 $220 ~ $2255 之间时，建造一栋被动式太阳能建筑增加的成本在 0 ~ $6000 之间。经过 30 年的使用周期，节约的能源的费用在 $7000 ~ $67000 之间。

但是能源的价格并不是一成不变的。实际上，大多数的能源价格都像石油和天然气的价格一样在上涨。虽然没有人知道在将来的 10 年里石油和天然气的价格将会上涨到多少，但能源专家 Randy Udall 作出了一个保守的估计：未来 20 年内石油和天然气的价格将会上涨 60% ~ 70%。

笔者估计，全球原油生产和美国天然气生产的高峰将矿物原料的价格在未来的 20 ~ 30 年间推向顶峰。当全国的燃料价格暴涨的时候，单 2001 年一年科罗拉多州的天然气价格就上涨了一倍（第二年价格又下降了 40%）。

投资被动式太阳能的人会得到充分的回报。对 NREL 和美国证券交易所提供的数据进行了专题研究，由于天然气的价格每年会增长 5 个百分点，到 2032 年每年节约的费用最低将由现在的 $220 上涨到 $900。最高则由当前的 $2255 上涨超过 $8800。30 年内至少节省 $14600，最多可以节省 $141400，投资回报相当可观。

如果能源价格每年上涨 10%，最低节省的费用将从每年 $220 提升到 $3500，30 年共计回收 $36200；最高则由 $2255 提升到 $40000，30 年总节省接近 $404000。

虽然一些能源分析家预测燃料价格增长幅度将会减缓，但事实是没有人能确定它会发生什么变化。然而可以肯定的是：燃油短缺对将来的燃料价格将是场浩劫。如果成为事实，数以百万计的人们将从新建和已建的被动式太阳能建筑中获益。在未来的几十年里，为了保证室内的舒适度，选用被动式太阳能建筑将是十分经济且不可多得的选择，同时还会降低矿物燃料价格的波动。

由被动式太阳能设计产生的能源消耗和节省情况　　表1-2

地区（建成日期）	附加费用	降低的采暖和制冷费用	每年节省的燃料费用	基于当前燃料费用30年后的费用节省	基于燃料费用每年增加5%~10%30年后的费用节省
Jonesport，缅因州(1988)	$1000	70%	$300	$9000	$19900~$48700
Falmouth，马萨诸塞州(1995)	$3500	82%	$1260包含电力产品鉴定系统	$37800	$76894~$207750
Burlington，北卡罗来纳州(1990)	$5000	64%	$840	$25200	$55339~$138160
Naperville，伊利诺斯州(1984)	$3000	72%	$550	$16500	$36540~$90430
Stevens Point，威斯康星州(1995)	$6000	70%	$600	$18000	$42179~$98690
Hanover，新罕布什尔(1994)	0	95%	$2255	$67650	$141390~$403976
Andover，康涅狄格(1981)	0	58%	$958	$28740	$63650~$157675
Fanta Fe，新墨西哥州(1985)	0	81%	$220	$6600	$14614~$36196

Complete Book Of Underground Houses》。在本书第3章和第6章对地面遮挡问题也有详细的阐述。

如果不选择覆土的形式，保护建筑免受风侵袭的另一有效方法是将建筑置于一片树林或天然防护带的保护下，例如建在斜坡上；也可以自己种植防护林。有关这方面内容可以阅读我的另一本书——《自然房屋》（《The Natural House》）里的第15章。Anne Simon和Marc Schiler 著的《节能和环境景观》（《Enrgy-Efficient and Environmental Landscaping》）里也有详细介绍。

1.14　原则14：日常生活与太阳运动同步化

建造智能、整体的被动式太阳能建筑的一种方式是寻求生活习惯与太阳模式的和谐统一。假设你住在一栋两层的夯土建筑里，希望醒来时卧室里有充足的阳光，那么将卧室布置在二层的东南角，能充分利用早晨的阳光。然后进厨房做早餐，将厨房设在一层东南角将是很好的选择，当进入时，房间是温暖的。

将日常生活和太阳运行轨迹结合起来设计内部功能，可提高房间的舒适性，既经济又不浪费能源。减少了对辅助热源和电照明的需求。你的日常生活将充满阳光。同时结合其他设计原则（见边注），能够帮助设计者设计出终生舒适且耗能少的被动式建筑。

1.14.1　被动式调节的诸多优点

被动式采暖和降温可提供全年清洁、可靠的舒适环境。虽然这种方式可能会增加房子的前期造价，但是从长期来看，被动式太阳能采暖和降温（前提是操作正确）节约的经济效益是非常明显的，尤其是可抵御燃料价格上涨而导致的通货膨胀。由于矿物燃料价格上涨无可避免，因此利用被动式调节的房屋一定比利用集中耗能解决舒适度的房子占优势。

另外，被动式调节是一个相对独立的方式，适用于世界各地。如发生冰雹破坏电线线路时，锅炉风扇将会停止运转，而对太阳房则没有影响，因为被动式采暖的建筑不需要锅炉风扇。因此，尽管在室外温度低于零度的情况下，太阳能建筑仍能保持热舒适，相比之下那些依靠昂贵的、由电驱动设备取暖的人则会受冻。

被动式调节还有其他优点。例如，它有助于房子的销售。随着能源价格的上涨，一栋既省钱又舒适的房子要比传统的需要每月交付高额费用的房子更有市场优势。在世界矿物燃料资源逐渐枯竭的前景下，具有节能效益的被动式太阳房前景光明。

较好的美学处理对被动式建筑的销售同样有帮助。许多买主并不会被房屋的高性能保温装置和高效率辅助热源系统所吸引，明亮、开敞、舒适的房子才具有卖点。正如《被动式太阳能设计策略》(《Passive Solar Design Strategies》）的作者所说："买主通常比较关注窗户。"在成功的被动式太阳能设计中，窗户成为能源的制造者，而不是保温的薄弱处。而且，根据可持续建筑委员会（SBIC）的观点，"高效率采暖设备虽然能很好地节省能源，但在冬天的早晨，在明亮的阳光间里吃早餐将更加有趣。"最后，被动式太阳能建筑比较显著的设计要素，比如窗户和开敞的平面方案，他们不仅具有功能性，还有较强的吸引力。但实际上，当一些建筑商为他们建造的房子做广告时，并不关注被动式太阳能，相反，他们喜欢用现代时尚建筑形式作为广告的内容。

被动式太阳房的另一优点是它适于许多建筑式样。提到太阳能，许多人就会联想到现代的太阳房，如图 1-24 所示。不管怎样，一般的小木屋和维多利亚风格的建筑都能被设计成有效利用太阳能的形式，如图 1-25 所示。在建筑中，采用被动式太阳能采暖、降温系统一体化的可能性是无限的，终身受益、且能改善生活环境。

被动式太阳能建筑采暖／降温原则

1. 选择良好的朝向
2. 方位控制在正南偏东或偏西 10° 范围以内
3. 建筑南向集中开窗
4. 减少东西向照射
5. 设计挑檐和遮阳板调节阳光入射量
6. 合理设置蓄热板用于采暖、降温
7. 屋顶、墙体、楼板和基础保温
8. 防止保温层受潮
9. 使房间直接受热，获得最佳自然热量分配
10. 创造太阳漫射区域用于计算机工作和看电视
11. 填补漏洞和裂缝以减少空气渗透，同时保证良好通风使室内有充足的新鲜空气
12. 提供效率高、尺寸适宜、对环境影响小的备用采暖、制冷系统
13. 通过景观设计、覆土和其他措施保护房子免受冬季风侵袭
14. 设计适于获取阳光和方便生活的内部空间

图 1–24
现代的被动式太阳房。

图 1–25
这一系列的建筑形式都可以满足被动式太阳能设计。

第2章 节能设计及施工

20世纪70年代后期，笔者买了第一栋房子。当时笔者是丹佛科罗拉多州大学一名副教授，教生物与环境科学。我了解一些关于太阳能的知识，当时准备从公寓搬到那栋1925年建造的平房里，它虽不是被动式太阳房，但有较好的朝向。

搬进后不久，笔者就开始进行房屋改造。首先，安装家用太阳能热水器。然后拆除一些大面积的、漏风的北向窗，检查阁楼保温状况，弥补缝隙。接下来，在南向附加了一个小型阳光间。

这是笔者第一次尝试采用被动式太阳能采暖。由于没有太阳能工程学的理论做依据，附加阳光间性能很差。原因是阳光间的面积不足，对改善房间温度影响不大。如果具备更多知识，就会建造一个能满足房屋采暖需求的空间，并设计一个有利于阳光间空气循环的系统，这比在厨房窗户上安装机械排风更有效。

20世纪七八十年代就有许多人尝试采用太阳能采暖。他们设计大胆，但这方面知识匮乏，只是简单受到被动式太阳能原理的启示。最终，我们认识到，被动式太阳能采暖远比想象的复杂。

许多早期的被动式太阳能建筑，南向窗墙比过大，结果它们大多数会出现“过热”现象。一位太阳能专家指出：“房屋过热，会使窗的节点出现缝隙，导致热量流失。因此，人们放弃使用内部遮挡，希望散发更多的阳光和热量，但并不奏效。或者直接打开窗户通风，使冷空气进入，但用于夜间取暖的热空气也流失掉了，结果，炉子不得不加快运转，反而更不经济。”那么，早期被动式太阳能设计的主要问题出在哪里，笔者的同事说，“可能许多人出于这种想法：如果小面积玻璃用起来效果不错，那大片玻璃效果会更好。”然后他继续说，“问题的根本原因是错误引导——试图设计接近百分之百地获得太阳能采暖的房屋，这是一个极端的目标。”许多房屋没有达到预期效果的另一个原因是没有做好充分的保温隔热措施。

本书的目的就是帮助读者避免重复过去所犯的错误。这章主要涉及被动式设计和节能效率。房屋能源使用效率，即以最少的耗能，获得最大的舒适度是被动式太阳能建筑成功的关键。被动式采暖和降温相辅相成的：许多节能措施对一方面有利，对其他方面也有帮助，墙体和顶棚的保温隔热就是明显的例子。许多其他措施也能减少采暖和降温所需的能耗，如高效节能灯或其他节能设备，似乎与采暖、降温无关，但这些设备大量运用在建筑中，能减少电和其他燃料的使用，从而获得更高的舒适度。如节能灯比普通灯散热少，能够减少制冷能耗。

通过减少采暖和降温负荷，高效节能措施可以达到：一、更容易实现被动式采暖和降温；二、减少或不使用辅助采暖、降温设备。有效的能源利用不仅有利于提高被动式设计的舒适度，而且也是被动式设计在很多方面发挥作用的主要原因。

在详细探讨高效节能设计和建造之前，值得我们注意的是，由于目前能源法规的广泛实施，节能设计与建造更加容易实现。因此，现在许多领域里，高效节能正规范化普及，而且法规要求使用很多节能措施，使被动式建筑更加经济。在很多实例中，成本跟普通建筑几乎一样。重要的是，被动式设计的房屋即经济又改善舒适状况，而且建筑将终生收益。

本章将集中讨论高效节能措施，许多业主、建造商和设计师都很熟悉这方面内容，但并没有真正掌握其精髓。笔者将继续阐述新材料和方法，这有助于拓展对节能设计的理解，包括节能基础、高性能窗和保温材料，目的是为设计和建造被动式建筑提供参考。若想参考 Joe Lstiburek 和 Betsy Pettit 的《建筑者指南》(《Builder's Guides》)这本书，了解关于冷、湿或干燥气候的建筑特点，可以在本书结尾资源指南中查找。

2.1 被动式建筑的基础

基础对于建筑是极其重要的，建筑建造在牢固的基础上，不会产生移动，也能避免受潮。遗憾的是，很少有人关注基础的节能。基础作为一个热量损失的部位，会影响被动式建筑的采暖效率。在寒冷的季节，虽然基础也能将热量传递给建筑，但相对于冬季的热损失微乎其微。

本章将分析一些常见的基础类型及多种节能的建造方式。还将介绍一些新型基础，如保温混凝土基础和防冻浅基础，这些都具有很好的保温隔热性。

当选择基础形式时，设计者、建造者和房主必须考虑诸多因素，包括：(1) 结构的稳定性，(2) 节能效率，(3) 原材料的来源和质量，(4) 劳动力，(5) 成本。

基础类型

填满碎石、石头和填充轮胎的基础可适用于许多地区，它们比传统基础形式节能，并且可以使用当地或物化能低的建筑材料。《自然建筑》(《The Natural House》) 中详细阐述了这方面内容。

2.1.1 混凝土基础

许多建筑师和承包商建房时采用板式基础或条形基础。板式基础是将平板和基础浇筑在一起，也称作整体浇筑 [图 2–1 (a)]。加厚平板的四周来支撑墙体和其他上部荷载，包括屋面和楼板。尽管混凝土不易维护和清洁，一般可以使用瓷砖、地毯或是木地板来铺装。在太阳房里，厚的平板也兼起蓄热体的作用。

另一种混凝土基础——条形基础也很简单 [图 2–1 (b)]，它包含一个底座，用以承受大面积的荷载（很像我们的脚）。在基座上部高起的部分是狭长的混凝土墙，它将荷载传递给基座（很像我们的腿）。和板式基础一样，这种基础也是由钢筋连接增强强度。

使用混凝土基础，可以改善周围的环境。首先与使用的材料有关，其次可以提高节能效率。

1．粉煤灰混凝土

一种提高混凝土基础性能的方法是使用粉煤灰混凝土。粉煤灰是热电厂通过燃烧煤炭产生的废弃物。在发达国家，先由污染控制设备收集这种废弃物，然后被倾倒在垃圾填埋场，这样有毒物质就可能会渗入地下。

与其将这种潜在的有害物质弃之不管，不如加以利用。在波特兰市，用粉煤灰代替

图 2–1
在传统建筑中，基础有许多种类型，(a) 板式基础和 (b) 条形基础是非常普遍采用的形式。

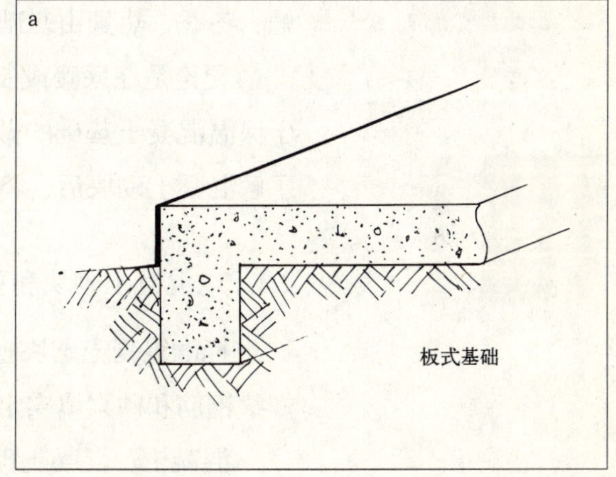

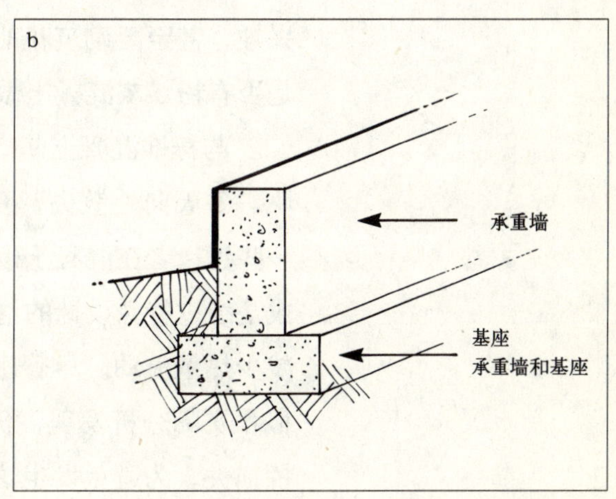

虽然混凝土基础是稳固、有效的，甚至适用于地震多发地区（用适量钢筋加强强度），但它需要使用大量的混凝土，这种材料在生产过程中需要消耗相当多的能量。

混凝土中 15% ~ 30% 的水泥，生产出粉煤灰混凝土。

粉煤灰混凝土有两个优点。一是减少了混凝土制造过程中消耗的能量，从而减少了建造过程中的总耗能，同时将废弃物再利用，避免了填埋。二是粉煤灰混凝土比传统混凝土更加细腻、密实、渗透性低、实用性也更强。由于这些优点，美国联邦政府推荐在所有联邦基金项目里采用粉煤灰混凝土，而这种产品也确实受欢迎。

虽然粉煤灰混凝土有这些优点，一些建造者仍然担心它会对人体有潜在危害。他们发现粉煤灰含有某类有毒物质，尤其是重金属，如铅和汞。尽管如此，这些金属成分混合到混凝土中，对居住者的威胁会很小。如果粉煤灰混凝土对人体真的有害，那么制造粉煤灰和浇筑混凝土的人受到危害的可能性更大，但还没有证据证明这一点。当检测这种产品时可以进行实验研究。

2．提高混凝土基础的节能效率

板式基础和条形基础会产生大量的热损失，尤其是在寒冷的季节。其原因在于混凝土保温性差，导热性强，且基础直接与寒冷的地基接触。冬季，热量由基础部位散失，传导到更寒冷的外部环境中。

无论是在采暖或制冷季节，保温混凝土基础的节能效率更高。由于保温混凝土基础的做法与混凝土砌块基础的保温做法一致，所以在了解混凝土砌块后，将详细探讨基础保温材料。

2.1.2　混凝土砌块和更环保的选择

标准混凝土砌块也经常被用在基础上。砌块放在夯实地基上，由螺纹钢筋和砂浆填实定位，连接加固。

混凝土、混凝土砌块都可以用粉煤灰材料制成。如果对该产品感兴趣，甚至要砌筑花池或蓄热墙体，可以联系当地的供应商，看他们是否有粉煤灰混凝土做成的砌块。

与标准混凝土基础一样，混凝土砌块基础保温性差。热量通过砌块，冬天向外散失，夏天向室内传递。为了阻止热量的季节性流动，一些建造者在混凝土砌块里填充压缩泡沫塑料、聚苯乙烯颗粒和蛭石，或是经过特殊设计的泡沫填充物，这些物质能紧紧地填塞在砌块内部，减少热量流动。尽管压缩泡沫塑料看起来效果不错，但通过计算机模拟和实际分析发现，仍然有大部分热量通过接缝处流失，即冷（热）桥损失。为避免发生这种情况，最好砌筑砌块墙，然后在内侧或外侧贴上泡沫保温层。

从环境方面考虑，比标准混凝土砌块更好的选择是 Faswall 砌块（图 2–2）。欧洲使用 Faswall 砌块已有 60 多年的历史，它是由混凝土和木屑（废弃产品）浇筑而成，重量轻，易操作，多用于建筑基础、内外墙和其他建筑部位。和普通混凝土砌块一样，需要进行保温处理来降低热损失。

图 2–2

Faswall 砌块可用于基础和墙体部位，这种轻质砌块是由水泥、木屑和一种废弃产品制成，相对很容易施工，但必须做保温处理来降低热损失。

另一种值得考虑的产品是 Rastra 砌块，由水泥和再生塑料泡沫制成，多用于基础和墙体部位。同 Faswall 砌块一样，重量轻，容易施工，而且易于用锯切割。为了增强结构稳定性，可在砌块间配置水平和竖直螺纹钢筋。Rastra 砌块表面粗糙，利于粉刷。像 Faswall 砌块一样，需要作保温处理来降低热损失。

2.1.3 保温混凝土或混凝土砌块基础

建造被动式太阳房时，除了在最热的气候区，基础都需要进行保温处理。虽然保温措施会增加基础造价，但获益将远高于所增加的投资，因为无保温层的基础是热损失的主要渠道。保温措施做得好可减少能源损失，使室内更舒适、更易于采暖。气候越寒冷，越需要做好保温措施。

板式基础和条形基础一般用硬质泡沫贴在其外侧或内侧进行保温隔热处理，如图 2–3 所示。贴在外侧，泡沫被铺设在防水的条形墙体或厚板上，低于基础顶部 2 ～ 4ft，然后回填土固定泡沫板。这样，硬质泡沫保温层既能阻止热量流动，也有助于基础防水；硬质泡沫还可直接贴在墙体的内表面。

图 2–3

硬质泡沫贴在基础的内侧或外层表面上。

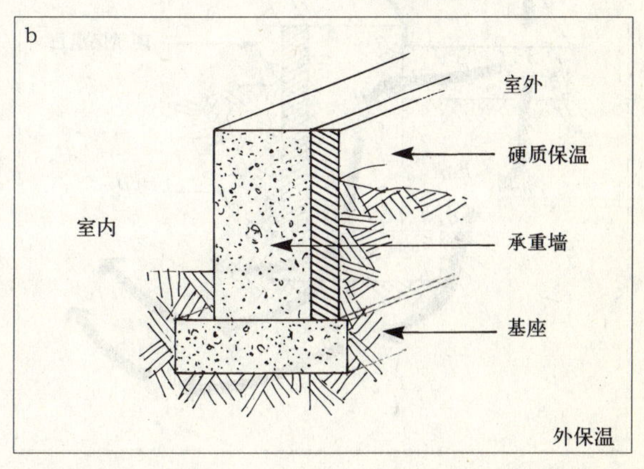

地下室墙体的内侧或外侧也需要作保温处理，在寒冷气候区，外部硬质泡沫保温层至少应低于地面 4ft，厚度为 2 ~ 4in。气温越低，保温板应越厚。如果基础低于地面 4ft，保温层厚度可降低一半（这需要根据当地的能源条例来决定具体尺寸）。

地下室也可用硬质泡沫板或泡沫保温材料做内侧保温，如 Reflectix，这是一种相对较新的产品，是由塑料泡沫外包反射层铝箔制成。它一般贴在地下室内表面的钉板条之间，然后用清水墙或镶板作墙体表面处理。

1. 基础的外保温与内保温比较

这两种方式中，新建筑做外保温一般最简单，也最经济。然而这并不意味是“最好”的选择。如：有一个例子可以说明内保温效果更好，外保温经常会成为热量流失的渠道。从图 2–4 (a)（外保温）和图 2–4 (b)（内保温）的热量流动比较中可看出这两种方式热量损失的不同途径。

外保温容易遭到破坏。白蚁等蚂蚁会钻进硬质泡沫板里，虽然塑料泡沫不是它们的食物，但可以通过硬质泡沫进入到其他的部位。蚁穴也降低了保温结构的整体值和 R 值。

为避免遭受虫蚁的破坏，一些制造商在泡沫保温材料里注入常见的化学防水剂硼酸盐。绿色建筑材料制造业先驱，圣地亚哥的 AFM 公司，自 1990 年就已经把硼酸盐防水剂注入到一些硬质泡沫保温产品里。但若将这种化学防水剂暴露在潮湿的环境中，会慢慢地挥发，防虫作用失效。

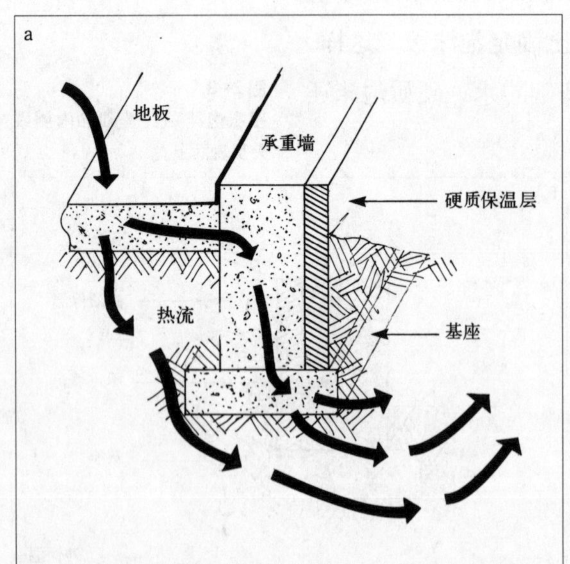

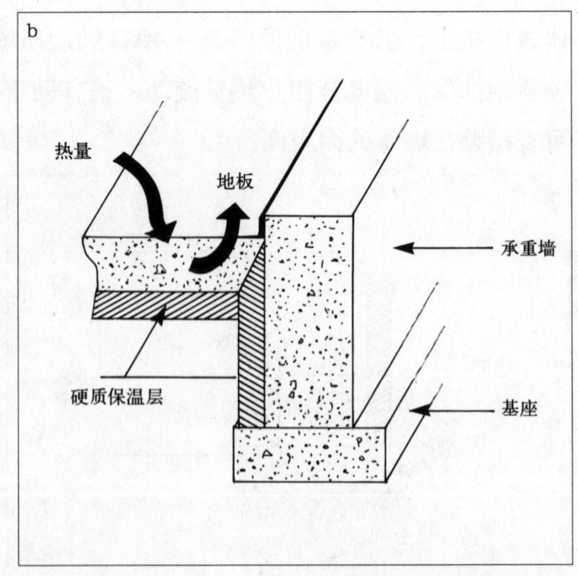

图 2–4
热量从基础底部流失。外保温 (a) 通常在阻止热量流动上要比内保温 (b) 方式效果差一些。

规范规定，应在房子周围地面喷洒杀虫剂以阻止白蚁的侵袭。虽然这似乎很奏效，但定期喷洒杀虫剂并不是有益于健康的做法。在保温材料表面涂一层防虫保护层才是更安全的选择；更有效的做法是，可安装硬质泡沫保温产品，如 Roxul Drain 板，它是由玄武岩石和矿渣制成；这种岩棉纤维板具有非常好的抗虫蚁侵蚀能力，还具有防潮性能。

为了减少热量从地面流失，越来越多的建造者选择将保温材料贴在基础内侧。如图 2–4（b），把保温材料贴在墙基的内侧或板式基础边缘内侧，让基础与外界冷环境隔绝。这种方法虽不能完全避免，但可大大减少热损失。

在许多被动式太阳能建筑中，当地板兼作蓄热体时，将硬质泡沫保温材料嵌在平板与条形墙体之间，形成热隔断，从而大大减少热损失，如图 2–4（b）。为了更好的保温，许多建筑师推荐采用底板保温层（更多这方面的内容详见第 4 章）。

当对既有地下室进行保温处理时，可以选择内保温（图 2–5）。建造者和设计者采用现有保温材料做内保温，有两个原因：⑴内保温不必作防水处理，受虫害的威胁也小。但是，内保温不能像外保温一样解决基础的防潮问题，尽管基础外周边设有排水等措施，但水分也易渗透到基础或地下室墙体；⑵内保温需要附加防火材料（如清水墙），火灾时可减少有害气体外泄。

2. 防冻浅基础

近几年，在一些寒冷地区，许多美国建造商已开始建造防冻浅基础（图 2–6）。防冻浅基础主要由混凝土（也可以是其他材料），垂直和水平硬质泡沫保温材料组成。直角保温材料沿基础边缘向外侧加厚 2 ~ 6ft（图 2–7），加厚的保温材料一般贴在基础转角处，因为这里热量损失最大。

直角保温构造埋入地下 1ft 左右，沿住宅外墙四周在防冻浅基础形成温暖区（图 2–8）。由地面和住宅传来的热空气形成暖流。

图 2–5
新建和既有建筑物的地下室墙体可用硬质泡沫保温材料或其他一些保温材料来作内保温处理，将保温材料贴在起固定作用的钉板条间。

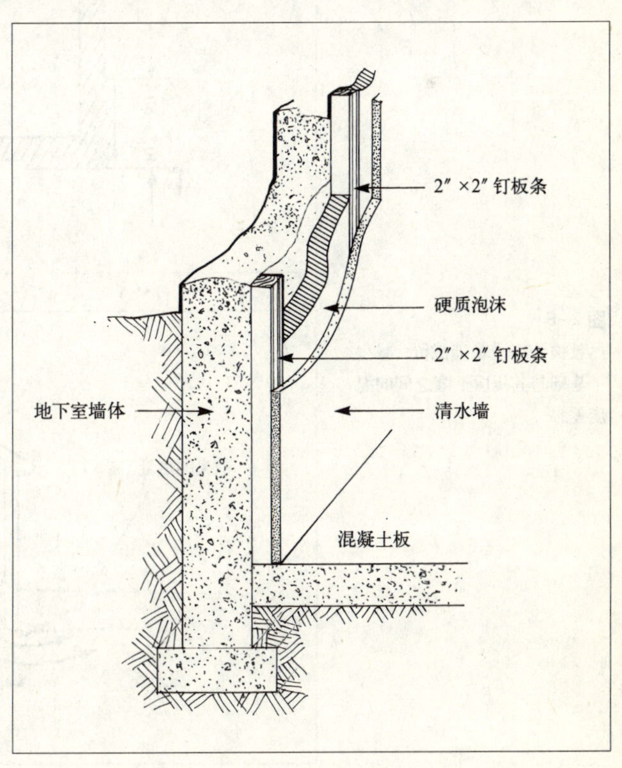

图 2–6

防冻浅基础一般由垂直和水平保温层组成，它们的 R 值和尺寸根据气候决定。例如，设计师可能会选择在较热气候区域仅用垂直的墙体保温构造，在温和地区建筑墙脚用直角保温构造，在寒冷气候区域同时使用垂直和水平保温构造。

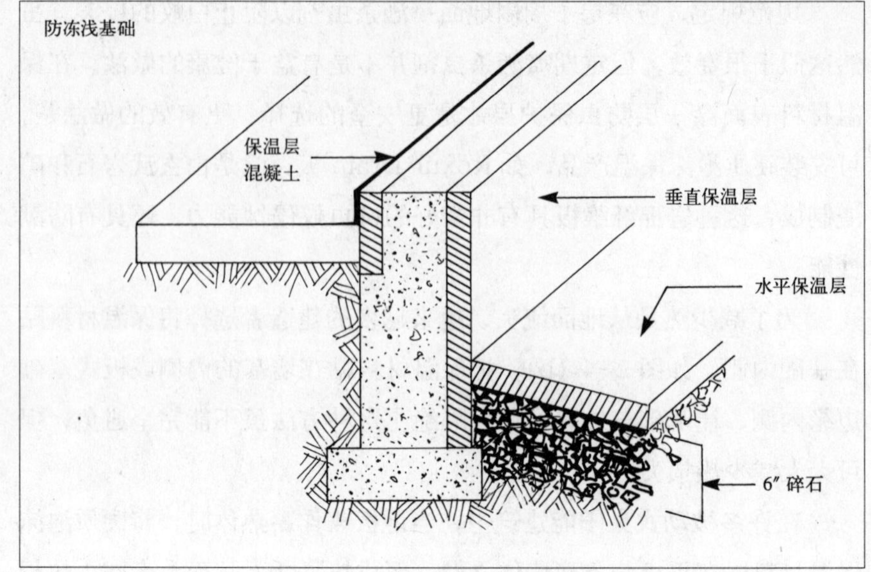

图 2–7

防冻浅基础的顶视图显示了位于基础不同位置尺寸不一的翼型保温层。

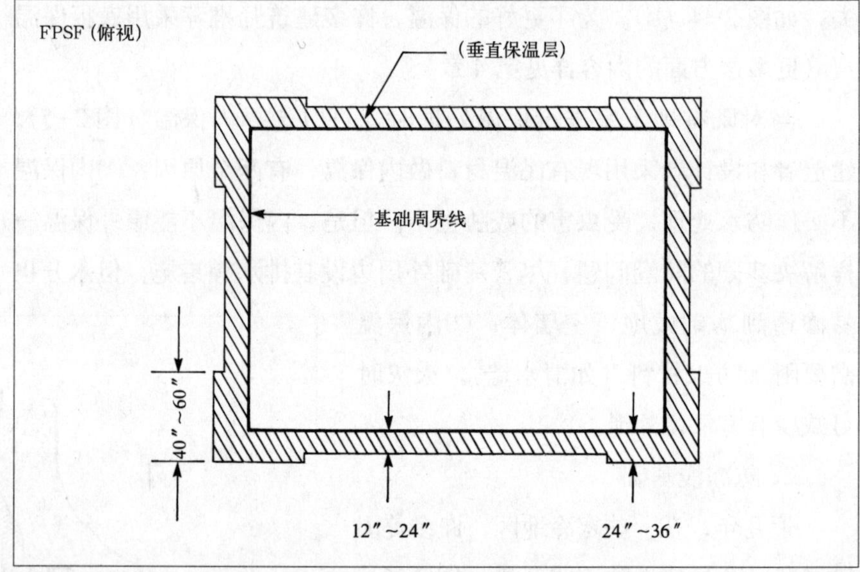

图 2–8

热量被防冻浅基础截留，减少了基础与其周围土壤之间的温度差。

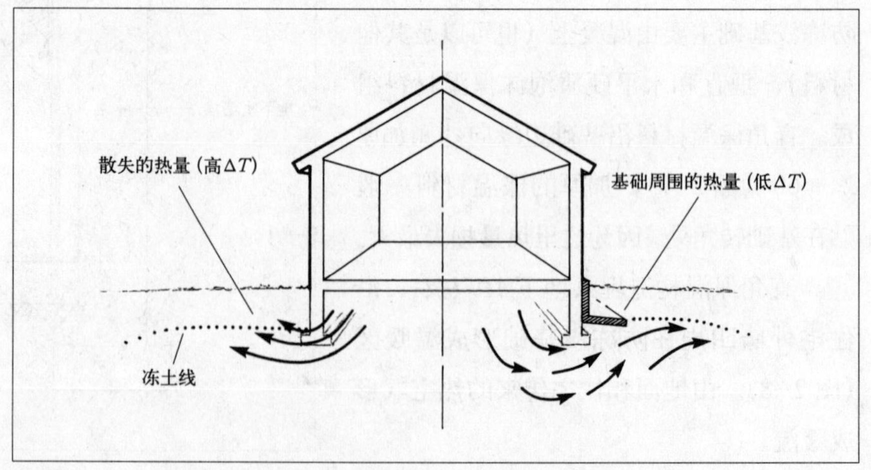

这种构造形式提高了住宅周围的地温度，减小了冻土层的深度，因而可设计更浅、更经济的基础，同时可获得与深基础一样的效果（深基础即埋在冻土层以下的基础）。例如，地下水位上升，基础容易出现冻胀现象，引起结构和墙体向上拱起和下沉，导致严重的结构破坏。这时，提高温度就可以保护基础避免发生上述现象。

基础周围温度较高的底土也能减小基础和周围土壤的温度差 ΔT。ΔT 越小，热损失就越低。因此，这种设计可以减少从基础流失的热量，并且储存能量。因为热量在基础周围被截留，所以防冻浅基础埋置深度可以比普通基础的深度更浅些（大约 16 ~ 24ft 深），即便是在非常恶劣的气候条件下，5 ~ 6ft 深度的基础也是符合规范的。降低埋置深度就意味着可以大量节省挖掘、材料、能源和劳动力，大约可节省 15% ~ 25%！

20 世纪 30 年代芝加哥的 Frank Lloyd Wright 开始采用防冻浅基础。与许多关于资源保护的改革一样，这种技术在欧洲尤其是在斯堪的那维亚得到普及。事实上，自 20 纪 50 代在斯堪的那维亚就有超过一百万栋房子采用了防冻浅基础，目前在这一寒冷气候区这项技术被认为是标准的基础构造做法。

理论上防冻浅基础适用于寒冷气候区域住宅建筑的片筏基础，但经过调整后也适于其他类型的基础——如墙下条形基础、片筏式基础和箱形基础。防冻浅基础也可以应用于商业建筑，但在有些建筑中不适用，像建于阿拉斯加、加拿大的北部和西伯利亚地区的永久性冻土层和长期处在冻结土壤上的建筑，总之，防冻浅基础不适于用在年平均气温低于 32°F（0℃）的地区。

防冻浅基础的构造做法与传统型基础类似，不同之处在于增加翼状保温构造。垂直保温层的 R 值随外界气温变化而改变，范围在 4 ~ 10 之间，而埋深变化范围则为 12 ~ 16in。水平保温层的 R 值变化幅度是从最热气候区域的 0 到最寒冷区域的 14，其翼状保温层的厚度也要随之变化，范围在 12 ~ 60in 之间。在国家住宅建造师协会编写的《防冻浅基础设计指南》（《The Design for Frost-Protected Shallow Foundations》）一书中提供了针对不同气候区的垂直和水平保温构造做法，也可以在消费节能与可再生能源（Consumer Energy Efficiency and Renewable Energy Network）网站的共享区下载（参见本书结尾“资源指南”）。

基础排水构造的重要性

好的排水系统对任何基础都很重要，防冻浅基础也不例外。保温材料在越干燥的土壤环境里保温性能越好。通过合理的排水构造，可以确保地面保温材料受到充分的保护，免于受潮。例如，可以从室内向外侧倾斜作排水。保温材料应设置于地下水位以上。建议采用碎石、砂粒或类似材料，以增强排水能力，同时为基础水平翼型保温层提供了光滑的表面。

国家住宅建造师协会，《防冻浅基础设计指南》（《Design Guide for Frost-Protected Shallow Foundations》）

聚苯乙烯的来源

虽然聚苯乙烯是石油副产品，利用石油提炼过程中释放出来的废气生产出来的。以前该气体通常被释放到大气层中或被燃烧掉，现在许多化工精炼厂将这种气体收集起来，经催化剂作用生产出建筑用聚苯乙烯砌块。

图 2–9
碎石层支撑翼状保温层，砾石和其他措施帮助房子周围土壤驱走湿气，减少室内热量的流失。

防冻浅基础需做防水硬质泡沫保温层，也就是说塑料泡沫要考虑适应于埋在地下，聚苯乙烯类产品就能够达到要求。从环境方面考虑，膨胀型聚苯乙烯要优于压缩型聚苯乙烯，因为它不含有破坏臭氧层的不安全卤化氯氟烃（氟利昂的一种，以下简称 HCFC），而且现在越来越多的制造商在生产用于地下保温的膨胀型聚苯乙烯。

防冻浅基础成功的另一个重要因素是合理的排水构造。为了更有效的排水，可将 6in 厚的碎石、沙子或砾石埋设在翼状保温层下，以减少基础周围的土壤湿气（图 2–9）。土壤越干燥，热损失越少。

防冻浅基础的成功也依赖于消除热流失的通道——冷（热）桥。确保利用保温层将高传热性材料与地面和空气相隔绝。

3. 保温混凝土型材

为标准混凝土基础作保温处理时，为避免增加额外劳动力，减少混凝土使用，许多建造者采用保温混凝土型材为混凝土基础作保温，这通常被称为保温混凝土构造（ICF），典型的例子如图 2–10 所示。

ICF 通常用来建造基础和外墙，有多种类型可供选择（美国就有大约 50 家 ICF 生产厂），一些制造商生产的带齿边的中空泡沫板块在

图 2–10
保温混凝土构造是在永久性聚苯乙烯结构内填充混凝土，用钢筋（螺纹钢筋）加强强度。与传统基础相比，这种构造形式不但混凝土用量少而且保温性能好。

连接组装时，用钢筋和混凝土填塞以提高 ICF 强度。还有一些制造商生产了更长的互锁型泡沫板。同砌块一样，用钢筋增强其抗拉强度，然后填充混凝土。新墨西哥州中部城市亚伯科基的 Polysteel 公司生产 Polysteel 板，规格从 1×8 ~ 4×8（ft×ft）不等。

建造注释

完全采用聚苯乙烯材料建造的建筑（包括墙体和基础），用于采暖和制冷的能耗可节约 50%~ 80%。

不同于标准的木质或钢筋混凝土型材，保温混凝土型材质量轻，相对容易组装，可以像玩具一样咬接对位。它一般由塑胶或钢筋交叉组成，当混凝土浇筑入型材时，从型材的这边流向另一边可防止混凝土开裂。

与标准的木质或钢筋混凝土型材另一个不同的特征是混凝土成型后 ICF 仍留在原处。换句话说，没有必要拆除 ICF，这种泡沫夹心构造成的基础墙，*R* 值在 30 左右，是目前使用基础中 *R* 值最大的一种。正因如此，它是建造被动式太阳能建筑基础的理想选择。

与标准的木质或钢筋混凝土构造不同的另一个特征是混凝土成型后 ICF 仍留在原处。换句话说，没有必要拆除 ICF，这种泡沫夹心构造成的基础墙，*R* 值在 30 左右，是目前使用基础中 *R* 值最大的一种。正因如此，它是建造被动式太阳能建筑基础的理想选择。

ICF 另一个优点是它可以大大减少基础混凝土用量。如在科罗拉多州的 Broomfield 地区，由 EPS 建筑体系生产的改进型材，与浇筑 8in 厚墙体相比可节约混凝土 25%，而强度可提高 50%，而且，ICF 易于安装，可大量减少木材使用量。在节省劳动力和材料方面，ICF 比标准混凝土结构更经济（注意：如果可能的话，尽可能采用膨胀式聚苯乙烯 ICF，不要使用压缩式聚苯乙烯制成的 ICF。因为膨胀式聚苯乙烯产品不含有破坏臭氧层的 HCFC）。

2.1.4　减少基础周围湿气以节能

无论选择什么类型的基础，都应尽可能使其保持干燥，因为基础周围土壤中的水分会加剧热量的损失。坐于科罗拉多州 Silverthorne 市某高蓄热建筑，其设计和施工者 Bruce Beerup 强调："建筑周边湿土充当了巨大的热量池，能吸取基础部位的热量。"因为混凝土的毛细作用，湿土和下层土的湿气很可能会渗入基础。然后潮气渗入房屋墙体，使保温材料受潮，大大降低其保温性，而且会使墙体发霉，污染室内空气，同时也能腐蚀结构构件和盖板，导致结构破坏。

万幸的是，建造者可以通过各种方法减少基础周围的土壤湿气。首先是要在干燥地面上建房，这是非常重要的手段，尽管有时候实现不了。可以将地面架空，这比在不理想的自然地面或沼泽地更适合。再者，最好选择倾斜的、排水顺畅的地方，基础外侧有一定坡度的地面也是有益的。

如果基地原有的排水组织是朝着建筑方向的，有必要重新设计，选用土制明沟和渠道来改变建筑周边水系的方向，但这样做颇为费力；进行在植被也是有益的，因为当地面没有像树木和草地等植被时，地表水沿地面流动，会加剧土壤流失。植物会像海绵一样，吸收湿气，减少地表径流。

两种既便宜又能有效减少建筑地基周围湿气积聚的装置是雨水管延长器和柔性塑料管。两者都与水落管连接，将雨水和雪水排除在建筑 20ft 之外。

安装地下排水管也能将水排离建筑（图 2–11）。排水管一般允许外露在地面以上，出水端离建筑至少 20ft 远。另外，可将排水管引入地下蓄水池中，池水过滤后可被用于浇灌草地和花园。雨水和雪水还可以通过排水管排到枯井里，经过碎石层过滤后渗入地下。

在基础下部或四周设置暗渠能有效排除周边湿气，减少热损失。暗渠就是将多孔渗水管道或瓦质管道安装在填石沟渠中，沿底部倾斜设置，靠重力排水（图 2–12）。过滤装置一般设在管口处，防止沉淀物堵塞管道。

保持基础干燥

- 选择干燥的场地建房
- 排除建筑周围的地表水
- 清除污垢
- 安装落水管加长装置、柔性塑料管或地下排水管将水排出
- 安装周边排水系统

图 2–11
排水管与落水管相连，将水从建筑基础周围排走，保持基础干燥以减少冬季热损失。

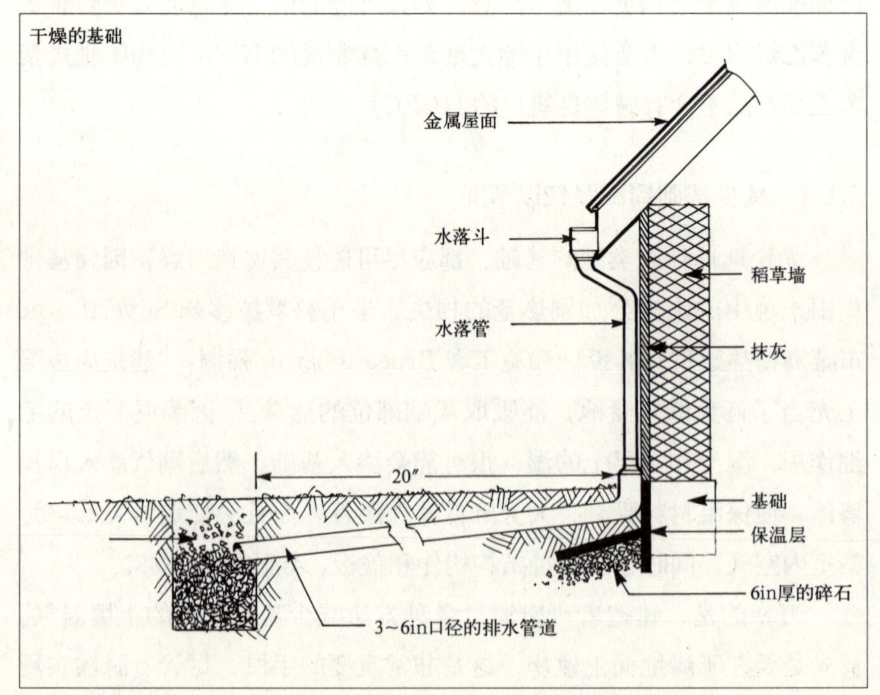

只要设计和安装正确，在地质差和排水不畅的地区采用周边排水系统效果较好。当墙体作抹灰处理时，最好选用周边排水系统。当然，这种排水方式需要专业工程学知识和额外填挖土方，但从长远考虑，增加的投资是值得的。

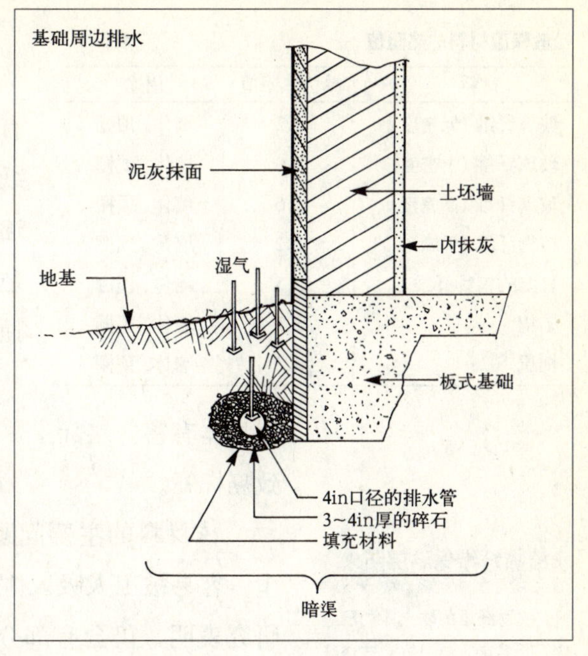

图 2–12
暗渠帮助排除基础潮湿，减少潜在的霜冻破坏和热损失。

2.2 墙体、屋顶和地面的保温

干燥、保温性好的基础可大大发挥被动式太阳房的性能，尤其是结构中有可吸收和释放热量的蓄热体时。墙体、屋顶和地面的保温层可减少多余热量传递（冬季热流失和夏季过热），使业主全年受益。上一章提到，保温隔热是被动式设计的主要原则之一，建筑法规中节能标准的改革促进了保温标准的执行。

当建筑中采用某种保温隔热措施时，设计师、建造者和业主必须考虑许多因素，包括：(1) 耐久性，(2) 原材料，(3) 环保，(4) 材料成分（应满足再循环利用的要求），(5) 安全，(6) 住户的身心健康。更复杂的是，不同条件下需要不同的保温隔热措施。

细节使用上，保温材料有以下四种类型：(1) 松散填充物，(2) 毛毡（卷状或絮状），(3) 硬质泡沫塑料，(4) 液体泡沫材料。松散填充物和毛毡一般用在阁楼上、屋面椽子之间、木结构房子的墙体夹层和架空的地板中；硬质泡沫塑料板多用在构件外侧，例如屋面板、外墙板或基础，也可以用于其他部位，如墙体夹层；液体泡沫材料多用于墙体夹层或外围护结构（即外墙和屋面）的接缝处。

2.2.1 传统保温材料选择

对一座房屋进行保温处理有很多方式，最常用的有：玻璃纤维、植物纤维和硬质泡沫板（表 2–1），此外还要研究分析矿棉保温材料（一种曾经很流行，现在在一些地方仍使用的材料）和液体泡沫保温产品。

选择一种合适的保温材料确实困难，因为每种材料都有优缺点。由于健康、安全和环境因素的要求，许多保温材料都经历过大幅度改良，所以应该放弃对一些产品的成见。

松散保温材料的热阻值　表2-1

材料	单位热阻值	用途
玻璃纤维（低密度）	2.2	墙体、顶棚
玻璃纤维（中密度）	3.0	墙体、顶棚
玻璃纤维（高密度）	2.6	墙体、顶棚
植物纤维（干燥）	3.2	墙体、顶棚
打湿的植物纤维	3.5	墙体、顶棚
矿棉	3.1	墙体、顶棚
棉质	3.2	墙体、顶棚

1．玻璃纤维保温材料

玻璃纤维是现在市场上最流行的保温产品，有两种形式：毛毡（絮状和卷状）和松散填充材料。纸面毛毡纤维材料，可放置于墙体空腔中用螺栓连接，或放在地板空腔中固定在托梁上。无纸毛毡纤维材料，可像松散玻璃纤维材料一样填塞在顶棚上（松散玻璃纤维材料也能填充墙体空腔）。

标准的玻璃纤维保温材料虽然物美价廉，但对身体有害。实际上，现在美国销售的许多玻璃纤维保温材料都贴有致癌标签。

植物纤维保温层防火

植物纤维的防火能力已经被质疑多年，特别是被玻璃纤维产业。因为木纤维作为植物纤维保温层的基本原材料属易燃制品，而玻璃纤维不易燃。所以对植物纤维的防火置疑是合理的。然而更多的证据显示，被适当处理的植物纤维制品并不比玻璃纤维更易燃。实际上，因为植物纤维比玻璃纤维能更好地阻止空气流通，能更有效地阻止火势的蔓延。

Ales Wilson，保温材料的时代，节能建筑

该材料的主要问题之一是在安装过程中会挥发出微小的纤维粉尘，容易被工人吸入体内损害健康，尽管其生产商反对这种说法，但研究表明，仍会有部分纤维被吸入人体肺部，像匕首一样刺激肺泡，引发肺气肿。研究还发现，这种纤维会破坏细胞核中的DNA，引发基因突变可能导致肺癌。

虽然在施工时通过戴防毒面具或防尘口罩可避免吸入纤维，但三家美国生产厂家通过用穿孔的聚乙烯（板）包裹玻璃纤维棉的方法从根本上解决了这个问题（图2-13）。该产品安装简便，对人体危害小，同时也能起到隔汽层的作用。

传统的的玻璃纤维保温材料还需要含甲醛的粘结剂粘结。甲醛是具有刺激性气味的有毒气体，挥发到室内空气中，会对安装人员和业主造成危害，已被国际癌症研究机构确认为致癌物质。

生产厂家已解决了甲醛的问题。例如，Owens-Corning介绍了一种不使用甲醛胶粘剂的玻璃纤维保温产品Miraflex，该产品含有两种形式的玻璃纤维，二者热膨胀系数不同，可以自然缠绕，因而不需要甲醛粘结剂。

Miraflex质地柔软，不像普通的玻璃纤维一样对皮肤有刺痛的感觉，而且比标准的玻璃纤维耐拉力更强，不易被拉断。它不仅不使用甲醛粘结剂，而且不会影响工人健康。

2002年，美国保温材料生产企业主管Johns Manville宣布，将在2002年底在玻璃纤维产品中用丙烯酸胶粘剂取代苯酚甲醛粘结剂。该措施可彻底消除甲醛对生产工人、装修人员和住户所构成的健康隐患。

玻璃纤维保温材料的另一个飞越是在一些产品中使用可循环利用的

玻璃制品。与原材料制成的玻璃棉相比，该替代产品的成本与之相近，甚至更低。

现在厂家也生产高密度和中密度的玻璃棉，经过压缩的玻璃棉空隙率小，减少了空气循环，增加了热阻值 R。例如，用于 2×4 墙的毯状玻璃纤维 R 值为 11，而高密度板的 R 值也不过 15；2×6 墙和阁楼使用的高密度保温玻璃棉的保温性能同样很好。

高密度玻璃棉的价格比传统产品贵大约 20%，前期投资增加，但单位厚度 R 值增大，效率更高。由于新产品的投资过高，一些建造者开始将大量的标准玻璃棉塞入墙体夹层和顶棚空间。例如，根据绿色建筑研究机构的专家 Alex Wilson、包括环境建筑报（Environmental Building News）在内的广大建筑专业媒体推测：若将用于 2×6 墙体 R 值为 19 的玻璃棉用在 2×4 的墙上，则其热阻值将降为 14，相当于 3.5in 厚的高密度玻璃棉。这种方法也能用在封闭的顶棚空间，但需设置通风孔以防止保温材料内积聚湿气（第 1 章提到的保温材料通风将在第 3 章里详细阐述），高密度玻璃棉就无需采取通风措施。

图 2–13
压缩后的玻璃棉大大减小了飞扬的纤维对人体的危害。

玻璃纤维既有优点又有缺点，一方面变形小、不燃烧、抗虫咬，从环保角度讲，这种材料目前是可取的。另一方面毯状玻璃纤维材料填塞墙体和顶棚时不严实，如果装修时不使用压缩玻璃棉，则需要设排气道，防止保温材料受潮。若玻璃棉受潮，热阻值 R 就会降低。

2．植物纤维保温材料

从环保方面讲，最好的松散保温材料是植物纤维，它是由可再循环利用的报纸和小碎纸板制成。植物纤维经干吹或湿吹塞入墙体、顶棚空隙里和阁楼中作为保温层。松散植物纤维保温材料一般掺加硼酸以减少筑模、提高防火性能并抵御虫蚁侵袭。一些厂家添加丙烯酸胶粘剂，使植物纤维颗粒粘附性增强，粘结的灰尘增加，造成材料的热阻值降低。

毯状纤维系统

玻璃纤维材料（或其他纤维保温材料）能通过粘结剂连在一起，塞入墙体空隙中。首先用大头钉将网格层钉在建筑结构上，然后网格里开小洞，将玻璃纤维材料塞入。这样可保证填实缝隙，整个墙面保温性能更好。

植物纤维不仅是一种绿色的替代产品，而且是现有纤维保温制品中的主打产品，利润可观。可循环植物纤维保温材料生产设备，可将大量废弃的报纸和纸板回收利用，而且比玻璃棉便宜很多（约 25%）。单位热阻值 R=3.2 的植物纤维比单位热阻值 R=2.2 的标准低密度玻璃纤维保温效果更好。但是，其安装费用比玻璃棉要高一些。

与玻璃纤维相比，植物纤维的另一个优势在于它在生产过程中耗能少，而且对人体健康危害小。尽管施工时会扬起大量灰尘，但通过佩戴防毒面具或呼吸器就能有效保护工人避免吸入讨厌的灰尘。

同样，植物纤维也有缺点。干吹的植物纤维可能会松弛，产生缝隙，也容易吸收潮气，时间越久，R 值越低；受潮一段时间后就会固结或受到腐蚀。湿吹的植物纤维可以避免这些问题，但也并不完全有效。

3．矿棉保温材料

矿棉是多年来美国、加拿大和欧洲广泛使用的保温材料，它类似于玻璃纤维，但是由天然石材或铁矿石鼓风炉中留下的残渣加工而成的。如果使用天然石材如玄武岩或辉绿岩，这种产品就叫做岩棉，如果使用铁矿石炉渣或矿渣加工，制作处理的产品被称为矿渣棉。在加拿大设有工厂的欧洲公司 Roxul，其生产的矿棉绝缘材料，含有等量的岩棉和矿渣棉。

矿棉绝缘材料同玻璃纤维一样有棉絮和松散两种形态。虽然矿棉比玻璃纤维重，价格高，但有其优点。首先，矿棉防潮性好，即使受潮也不影响保温性能。另外，它比玻璃纤维隔热、隔声效果更好。矿棉保温材料是非燃烧体，能抵御 1800°F（1000℃）的高温，可作为防火材料，阻隔火势蔓延，而玻璃纤维材料在 1100°F（大约 650℃）的温度下就会熔化。

4．硬泡沫保温材料

硬质泡沫保温材料是近几年开始普及的保温材料，也称为泡沫板或蓄热板。硬质泡沫保温材料通常用于基础和楼板保温，也可以外贴在屋顶和墙壁上，来代替墙壁、屋顶、楼地面空隙里的夹心保温，但必须密实，以防止空气渗透。

与纤维素和玻璃纤维相比，硬质泡沫保温材料的优点在于：首先，硬质泡沫塑料保温产品，比板状或松散填充材料单位 R 值更高（表 2–2），其热阻值范围从约 4 ~ 6.5（表面不贴铝箔），接近标准玻璃纤维和纤维素热阻值的两倍（单位 R 值分别为 2.2 和 3.2）；此外，

植物纤维保温材料安装

将干燥的植物纤维保温材料铺到墙体缝隙里，并通过塑料防潮层或在墙体和顶棚上钻洞固定。做阁楼保温时，将干燥的植物纤维保温材料铺在椽子之间，有的时候也可以放在椽子上面。

可循环利用的矿棉保温材料

如果想使用环保的保温材料，可考虑采用毯状矿棉保温材料，它是由含有 92% 可循环利用的矿渣、瓷砖和岩石制成的。毯状矿棉适于嵌入墙钉或顶棚椽子里。制造商 Fibrex、Aurora 和 Illinois 称矿棉是非燃烧体，不会吸收潮气，也不会腐蚀或破裂。

硬质泡沫和发泡保温材料的热阻值（R） 表2–2

材料	单位热阻（R/in）	用途
膨胀聚苯乙烯	3.8~4.4	基础、墙体、顶棚和屋顶
压缩聚苯乙烯	5	基础、墙体、顶棚和屋顶
聚氨酯	6.5~8	基础、墙体、顶棚和屋顶
Roxul（矿棉）	4.3	基础外表面
Icynene	3.6	墙体、顶棚
Air Krete	3.9	墙体、顶棚

一些硬质泡沫塑料产品具有防水性，可贴附在基础的外表面，因此非常适合做基础保温材料。

硬质泡沫保温材料有三种形式：（1）膨胀型聚苯乙烯板（EPS），（2）压缩型聚苯乙烯板（XPS），（3）聚异氰脲酸酯板。大多数硬质保温材料由各种聚合物（泡沫塑料）制成，业主还可以买到由玄武岩和岩渣制成的硬质保温材料，它们更适合作基础保温。硬质泡沫保温材料的 R 值见表 2–2。一定要根据环境因素及保温、防潮性能的要求，仔细挑选。

膨胀聚苯乙烯板（EPS）不含有破坏臭氧层的化学物质，是大多数人所熟悉的最佳环保材料，早先被用来制造杯子和航运包装。膨胀聚苯乙烯板可制成大面积的保温薄板，其每英寸 R 值的范围为 3.8 ~ 4.4（这取决于材料的密度）。

EPS 由聚苯乙烯粒、液体戊烷、碳氢化合物（戊烷等发泡剂）合成。戊烷和其他发泡剂的作用是在产品中产生大量微小气泡形成泡沫空腔。但戊烷易从泡沫中挥发出来进入空气，其中 95% 的戊烷挥发物还可以被工厂收回利用。空气是热量的不良导体，因此泡沫中的气泡可以阻碍热量传递，但 EPS 中的气泡易积存水分，而水是热的良导体，所以，当采用 EPS 尤其是基础采用 EPS 时，应该设置隔气层，防止受潮引起保温性能的下降。

EPS 的密度根据用途有所不同。例如：用于屋顶保温隔热的 EPS，其密度要能够承担屋面层的荷载，如用于墙体保温隔热，板的密度就可以适当降低一些，保温板的 R 值随着密度变化而变化。

EPS 易碎，因此不宜用于基础保温（图 2–14）。为了使这种产品更耐久、防水、适于地下使用，生产 EPS 时，可附加一层铝箔或塑料饰面（图 2–15）。现在，美国科罗拉多州 Insulfoam 公司生产的同名产品 Insulfoam，利用蒸汽替代了泡沫板里起发泡作用的戊烷。

XPS 是一种密闭型的保温隔热板，又称挤塑板，由聚苯乙烯和 HCFC 制造而成。尽管 HCFC 对臭氧层造成的损害要比前一代产品全卤化氯氟烃（氟利昂的一种，以下简称 CFC）小，虽然这种新型产品暴露于阳光下时，会释放出氯原子，与臭氧发生反应，破坏臭氧

由于聚苯乙烯塑料泡沫是唯一不产生破坏臭氧层化学物质的硬质泡沫保温，所以受到了环保主义者的广泛青睐。一些制造工厂，尤其是在加州，已设置戊烷收集系统，以降低生产聚苯乙烯塑料泡沫时的污染排放。此外，有些厂家已开始生产低戊烷产品。

Alex Wilson

保温材料的时代，节能建筑

图 2–14（左）
一些硬质泡沫保温板不能用于基础，如传统泡沫聚苯乙烯。几年之后，它的性能就会降低。

图 2–15（右）
Insulfoam 公司生产的压缩聚苯乙烯硬质泡沫保温板，其表面一侧覆盖塑料，另一侧覆盖金箔。该产品具有防水性，适于地下使用，且不包含 CFC 或 HCFC。

层，但是，一个 CFC 分子会破坏 100000 个臭氧分子，而一个 HCFC 分子只会破坏 20000 个臭氧分子，仅为 CFC 的五分之一。不过，即便如此，HCFC 在 2030 年前也将逐渐被淘汰。

XPS 不仅破坏臭氧层，而且成本比 EPS 高。但 XPS 的 *R* 值略大于 EPS，均值为 5，且 XPS 比 EPS 更坚固，密度更均匀，防潮性更好。

聚氨酯是最不环保的泡沫保温板，是一种密闭型泡沫，掺加了 HCFC−141b 制造而成。尽管与它所替代的那种化合物相比，对臭氧层造成的破坏要小，但 HCFC−141b 的环保效果仍不理想。

事实上，作为最坚固的泡沫保温材料，polyiso 具有很好的保温隔热性能，单位 *R* 值在 6.5 ~ 8 之间。而且，它的饰面材料种类繁多，如：塑料或铝等，都可进一步提高其保温性能。

如同其他的保温材料，polyiso 也会出现随着时间的增长 *K* 值增加、*R* 值降低的现象。刚出厂的 polyiso 泡沫板的 *R* 值是 9，两年之后，*R* 值就降低到了 7。表面贴铝箔时，*R* 值可增加 2。

5. 硬质泡沫保温材料使用的注意事项

(1) 泡沫板可以用于建筑保温的许多部位，但紫外线会损害泡沫保温材料，因此使用时应避免阳光直射。

(2) 安装泡沫板时，应防止空气渗透。在大多数建筑中，硬质泡沫保温材料都被用在外围护结构上。安装时，板材应密实连接，固定位置应密封，以减少空气渗透。

6. 喷涂型发泡保温材料

20 世纪七八十年代，由于燃料价格上涨，许多家庭在建筑翻新时开始关注建筑的保温效果，尿素甲醛得到了广泛的应用，将其注入到墙体的孔洞中，会迅速膨胀，填满缝隙。

但是，尿素甲醛不久就出现了问题。该产品包含甲醛胶粘剂，用

珍珠岩保温材料

珍珠岩是火山灰中一种轻质、蓬松的矿物质，具有较高的孔隙率。虽然珍珠岩有较好的保温性，而且价格低廉、防火、易安装，但在建筑中应用仍然较少。有家公司利用珍珠岩和废纸回收生产的纤维制出质地坚硬的保温板。但是，珍珠岩的开采会对环境造成破坏。

在墙体中会释放出甲醛，危害人体健康。另外，许多人发现由于发泡不均匀，出现了冷桥现象。另一种用于建筑的发泡保温材料是聚亚氨酯，但该产品需要加入 CFC，而 CFC 会严重破坏臭氧层。

随着健康和环境问题越来越受到关注，CFC-11 的价格越来越高（美国政府对其增加了税收，以抑制其使用），聚氨酯泡沫因此被禁用。今天，消除了甲醛和破坏臭氧层成分的新型聚氨酯泡沫保温材料又重新面市。Icynene 是替代聚氨酯泡沫材料的主要材料之一，Icynene 为不溶于水的液体，使用时，由经过训练的专业工人喷涂到夹心保温墙体的空腔内（图 2-16）。Icynene 在空腔的壁面迅速发泡，体积膨胀 100 倍左右，将空腔填满，溢出的泡沫用手锯清除即可。

在墙体空腔中，铝箔应放置在朝向空气层的一侧，墙体的热阻值 R 可以提高 2.8。

Icynene 的热阻 $R \approx 3.6$/in，保温性能较好，同时还能有效加强墙体的气密性，减少冷风渗透。由于其良好的气密性和阻潮能力，在某些地区的框架结构墙体中，甚至可以代替隔汽层的作用。另外，由于结构稳定，Icynene 还不易变形，R 值不会随着使用时间的增长而降低。由于不含 CFC 类成分，Icynene 对环境不会产生不利影响。

结构保温墙板并不是什么新技术，早在 20 世纪 50 年代就已经投入使用，但近几年才开始大规模应用。

通常 Icynene 的施工是在夹心墙体空腔敞开时进行喷涂发泡，但它也可以在密封的墙体空腔中使用——将精确定量的 Icynene 由墙体空腔的小开口中倒入，Icynene 开始从墙体空腔的底部开始发泡，迅速充满整个空腔，形成每英寸 R 值为 4 的保温性能。

另一种环保产品为加拿大 Resin 科技公司和美国佛蒙特州 North Thetford 泡沫技术公司生产的水发泡聚氨酯材料，这种材料含有不完全卤化氟烃化合物（氟利昂的一种，以下简称 HFC）发泡剂，由于 HFC 不含氯的成分，因此不会对臭氧层造成破坏。

图 2-16
Icynene 被喷涂在墙体夹层中，在夹层中迅速发泡膨胀充满夹层，形成一道密封、防水的保温层。

除了喷涂发泡材料，还有一种称为 Air Krete 的泡沫保温材料也是值得考虑的。Air Krete 出现于 20 世纪 70 年代，为一种含有氧化镁的无机物，是少数几种可以耐受多种化学品腐蚀的保温材料之一。与发泡保温材料一样，Air Krete 在使用过程中也不易变形，其热阻值 $R \approx 3.9$/in，与 icynene 一样，也需要专业人员施工。

7. 结构保温墙板

谈到泡沫塑料保温材料，一定要提到结构保温墙板。结构保温墙板为三明治一样的夹心结构，由硬塑料泡沫和包在外面的保护材料组成，保护材料通常使用波纹状硬纸板（图 2–17）。结构保温墙板可以用来建造常规建筑和被动式太阳房的外墙、地板、屋顶等构件，尺寸根据需要，通常为 4×8ft 或 8×24ft，厚度在 2 ~ 12in 之间，某些工程可能会用到更大的尺寸。结构保温墙板直接安装在基础上，在窗户和门的位置裁出相应尺寸的开口。不过，大部分的厂家还是会根据具体工程生产出合适尺寸的墙板，他们会根据建筑设计的相应尺寸为用户预先在车间把墙板裁切好，事先预留好门窗开口以方便施工。即用户只需将建筑设计图纸交给厂家，厂家便会根据图纸生产出合适尺寸的结构保温墙板。生产完毕后，厂家会尽快将结构保温墙板运至工地供安装施工。尽管价格会比现场裁切稍微高一些，但可以最大限度地减少工地现场的切割和修边工作量，同时减少了材料浪费、缩短了工期、减少了人工费用。

图 2–17
复合保温板可用于建造外墙、楼地板、屋顶等构件。

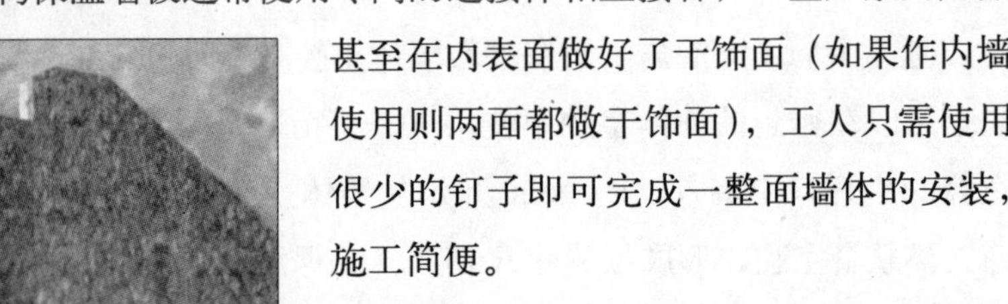

结构保温墙板通常使用专门的连接件相互接合，一些厂家的产品甚至在内表面做好了干饰面（如果作内墙使用则两面都做干饰面），工人只需使用很少的钉子即可完成一整面墙体的安装，施工简便。

生产厂家通常使用以下 3 种不同的泡沫塑料作为结构保温墙体的保温层：泡沫聚苯乙烯（EPS）、挤塑聚苯乙烯（XPS）和聚氨酯。如上所述，挤塑聚苯乙烯和聚氨酯的生产过程中要使用到破坏臭氧层的化学品，而发泡聚苯乙烯则不需要。而且发泡聚苯乙烯价格要低一些，因此厂家通常会使用发泡聚苯乙烯作为首选的保温层材料。如果认为使用以石油为原料的塑料保温材料不够环保，建议查询一下位于德克萨斯州埃莱克特拉市的 Agriboard 公司，该公司使用压缩后的秸秆和干草作为保温材料，将其填充进波纹状硬纸板中间形成结构保温墙板。

由于结构保温墙板刚性较大，安装时只需要很少的框架支撑，因此可在 2×4 或 2×6 两种方案中选择其一进行设计施工，而且结构保温墙板的气密性和传热阻比标准的加筋墙板要高得多。结构保温墙板中泡沫塑料保温层的热阻值 R 根据使用的保温材料不同大致在 4 ~ 7/in 之间，因此，一面 4in 厚的结构保温墙板（泡沫塑料保温层厚度为 3.5in）的热阻值可达 14 ~ 24，而一面 2×4 大小的使用空心玻璃棉或岩棉做保温材料的木柱墙板的热阻值仅为 11 ~ 15。与高密度玻璃纤维相比结构保温墙板能提供更好的保温性能。

由于不使用双头螺栓连接，结构保温墙板消除了冷桥。冷桥可导致标准木框架墙板的总热阻降低 25%左右。另外，结构保温墙板还可有效减少冷风渗透热损失，是非常适宜的被动式太阳能建筑墙体材料。

根据生产厂家不同结构保温墙板的价格大致比传统木柱隔墙高或低 10%左右。虽然初投资可能会有所增加，但整个结构保温墙体的总造价一般会比标准木柱隔墙低，后者往往要求工人在现场进行大量的切割和安装工作，而结构保温墙板则不会出现这种情况。因为结构保温墙板安装施工中的切割和钉装工作量非常少，这样人工费用就大大降低了。而且，结构保温墙板本身就很平直，刚度高，无需像 2×4 或 2×6 系列的传统框架墙板那样需要大量时间将板在框架上排列整齐或给弯曲变形的板材整形。另外，由结构保温墙板制成的外墙、楼板和屋顶几乎没有冷桥损失，因此在同样的厚度下比传统木框架墙体具有更高的热阻。因此，利用结构保温墙板，可以形成比传统墙板保温性能好的多的建筑围护结构，节约了大量采暖降温能耗和运行费用。围护结构的改善使建筑冷热负荷降低，从而减少了暖通空调设备的投资。

目前有许多厂家生产结构保温墙板并已应用于北美的大部分地区。部分厂家的信息可以在环境建筑报的绿色建材产品栏目或“Austin Green Building Program”网站或 John Hermannson 的《绿色建筑资源指南》(《Green Building Resource Guide》）中查询。

泡沫塑料保温材料相关知识：

泡沫聚苯乙烯 (EPS) ——由聚苯乙烯颗粒和戊烷合成，也称为泡沫板。

挤出式聚苯乙烯 (XPS) ——由吹塑设备和聚苯乙烯制成，最常见的碳氢碳氟化合物。

聚氨酯——由氨基甲酸脂和碳氢碳氟化合物吹塑而成。

2.2.2 天然保温材料

硬塑料泡沫、纤维材料和玻璃棉是目前主要使用的三大保温材料。但是许多天然保温材料也是值得考虑的，如棉花、羊毛、锯末、秸秆和草泥等。

1．羊毛

羊毛是极好的保温材料。尽管放牧会带来一些问题，如超过草场容量的过度放牧会引起生态失衡，但是羊毛对有环保意识的建筑师和业主来说还是一个非常好的选择。羊毛的热阻比其他标准玻璃纤维保温材料略高，而且生产过程是生态的，几乎不耗费能源。

除了生产过程的全生态以外，羊毛保温材料最大的优势就是潮湿时仍然具有很好的保温性能，这是其他许多保温材料所不具备的。羊毛保温材料也具备一定的天然防火性能。尽管羊毛含有羊毛脂，可能会发生虫蛀，但羊毛本身含有的另一种天然油脂又会保护其不受虫害。此外,还可以使用松木刨花和卫生球来进一步提高羊毛的防蛀性能（不过卫生球挥发出的有机化学成分可能对人体有害）。

通常羊毛做保温材料的情况比较少见，但在一些地区，如新西兰，羊毛产量很高，使用羊毛做保温材料就比较普遍了。就北美地区来说，可以从本书结尾“资源指南”所列出的绿色建材供应商处购买羊毛保温毡。一家总部位于新西兰的羊毛建材公司生产一种叫做Thernofleece的天然保温产品，目前在美国市场销售。Thernofleece含有硼酸作为阻燃剂，另外含有其他两种化学物（聚合物）来提高保温材料抵抗压缩弯曲的能力。

2．棉花保温

另一种值得考虑的天然保温材料是棉花。棉花的保温性能与纤维保温材料相差不大（表2-1）。目前使用棉花做保温材料的情况还比较少，相关产品主要有两种形式：棉絮保温毡和疏松填料型棉花保温材料。位于乔治亚州Rosewell的Greenwood Cotton公司生产的棉花保温材料使用75%的纱厂边角料和25%的人造纤维作为原料，经过了防火处理但不含有玻璃棉类材料通常含有的甲醛等有害成分。不过目前这种保温材料的价格还是相对较高。

从环境角度来看，棉花种植是农业领域中使用农药、除草剂等化学药品最多的作物之一，从这点来说，也是对环境污染最重的作物之一。人们往往在种植棉花的土壤上喷洒除草剂来控制杂草生长，在棉花上喷洒农药杀虫，这些喷洒化学药品的作业在棉花的每个生长周期都要进行很多次。环保建材供应商Cedar Rose Guelberth指出：棉花保温材料中的杀虫剂残留可能会引起过敏。

3．稻草

稻草可以作为保温材料，一些生态建筑师将草砖（将稻草、麦秸秆等材料用金属网紧紧捆扎而成，长约 90 ~ 100cm，高 36 ~ 40cm，厚 45 ~ 50cm，隔声、隔热效果非常好）放置在屋顶来达到较高的保温水平。另外，草砖非常便宜而且来源广泛。草砖很重，一块由 3 根绳扎成的草砖重量可达 90lb。因此，如果要在建筑中使用草砖做保温材料，必须考虑支撑框架的承载能力，而且附加框架造成的投资也要计算在造价内。

图 2–18
抹灰前的草泥墙。通常，天然建材诸如草泥、草砖、土坯和夯实土等都不需要防蒸汽层。水蒸气可以自然地通过墙体释放出来，而防蒸汽层反而会将水蒸气阻隔在墙体中造成墙体损坏。

一些勇于创新的生态建筑师使用了一种新的稻草保温做法，他们将松散的稻草保温层布置在屋顶，松散的稻草或成包的秸秆比草砖轻得多，因此不需要加强屋顶结构。对于寻求天然保温材料的建筑师来说，这种做法要优于草砖，而且造价也比较低。另外，在地震高发区这种做法同样也可以减少屋顶结构荷载，提高抗震性和地震时的安全性（屋顶的草砖在地震时会掉落砸伤人）。

虽然松散稻草的构造有诸多优点，但这种构造的保温性能要逊于草砖，防火性能则差的更多，可以通过使用一些天然阻燃剂如硼酸或黏土来提高松散稻草的防火性能（以下会详述）。

草泥也是一种天然保温材料，将松散稻草、纯黏土和普通泥土加水混合成的泥浆灌入墙体模板中，干燥后就形成了厚实的具有保温性能的墙体（图 2–18）。

一些建筑师也使用草泥作为屋顶材料。与上面介绍的松散稻草不同，草泥是天然的阻燃材料，它不仅能有效防火，还能减缓霉菌生长，避免墙体大片生霉。

2.3 防止水蒸气进入保温层

为了保证被动式太阳能建筑的有效运行，大部分保温构造尤其是松散填充结构和砌块保温结构必须保持内部干燥。需要精心设计来保持保温层的干燥。首先是预防：减少室内湿源。做饭时打开厨房通风扇，洗澡时打开浴室通风扇都可以有效降低室内湿度。覆盖鱼缸和盆花，把室内凉衣绳移到室外也是有效的。另外，确保干燥通风系统通向室外且排风管道密封良好，同时供热风管也要密封良好。

生态住宅中的隔气层

草砖结构住宅墙体内部的水汽积聚现象往往会导致墙面发霉和草砖腐烂。如果水汽积聚在土坯墙内，水会慢慢侵蚀掉土坯，严重影响墙体的结构安全性。在这些结构中，使用透气泥灰可以使墙体内部的水汽自然释放出来，从而避免了水汽在墙体内部的积聚。在住宅结构中，隔汽层不一定非要选用天然建材，事实上，如果材料选择不当的话，可能会导致严重的问题。

2.3.1 隔汽层

注意:

涂有乳胶涂料的干饰面内墙本身的乳胶涂料层就是很好的隔汽层，但还是要设置一道塑料隔汽层以确保万无一失，尤其在气密性很好的被动式太阳能住宅中。

隔汽层可以有效防止水蒸气进入墙体，有效保护墙体和保温层。如第 1 章所示，隔汽层通常为一道 6mm 厚靠近建筑外墙或屋顶框架组件的聚乙烯板，防止水蒸气进入墙体，保护了墙体和保温层，避免了墙体热阻值的下降。因此，隔汽层是被动式太阳能建筑围护结构的重要组成部分之一。

在被动式太阳能建筑中，隔汽层除了保护保温层以外，还可以减少墙体中有害化学成分（如玻璃棉保温材料、波纹状硬纸板或胶合板中的甲醛）向室内空间的散发。我们将在第 6 章中详细的探讨这个问题。

在传统建筑（尤其是木框架房屋）中，隔汽层通常设置在墙或屋顶热量流入的一侧。也就是说，在温和凉爽的气候条件下，隔汽层要设置在围护结构靠近室内的一侧，通常在干饰面内墙上或顶棚下面［图 1–19（b）］；在湿热气候条件下如美国南方，隔汽层布置在墙的外侧效果最好，因为这样可以防止室外水蒸气进入墙体［图 1–19（a）］。

有设备间层的房子需要设置隔汽层避免水汽从地下渗入。同样，楼地板下侧也应设置隔汽层，尤其是楼地板作为被动式太阳能建筑中蓄热体或使用地板辐射采暖的情况时。在生态住宅中，隔汽层不是必需的，因为隔汽层可能会破坏生态住宅的墙体结构（见上页边注）。

尽管在无阁楼的住宅中设置隔汽层是基本设计原则之一，但在有

图 2–19
隔汽层可以阻止空气在墙体空隙中的流动，同时也减少了水汽在墙体内的渗透，保护了保温层。(a) 图所示为没有隔汽层的情况下，水汽凝结积聚在保温层中；(b) 图所示为寒冷地区隔汽层起到了隔绝水蒸气、保护保温层的作用。

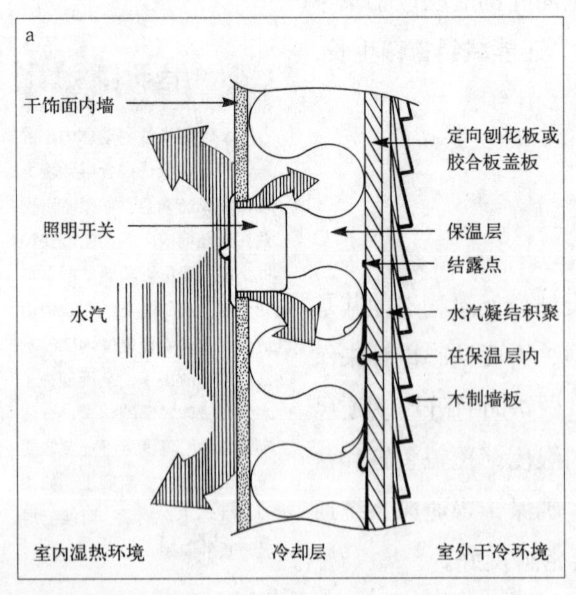

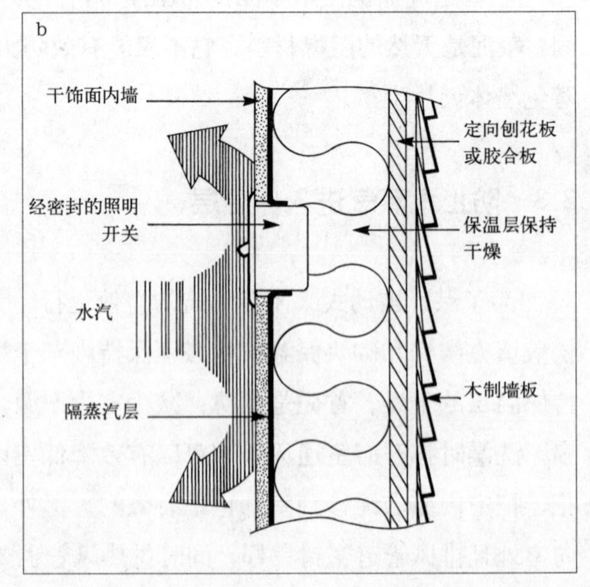

阁楼的住宅设计中却不是必需。因为，后者有足够的空间散发来自楼下房间的水蒸气。如果在潮湿气候条件下设计带阁楼的住宅，可以在阁楼中设置阁楼通风装置或太阳能屋顶通风装置来加速排出进入阁楼的水蒸气。这种通风装置有一台整年运行的小风机用于排出阁楼水蒸气，而太阳能屋顶通风装置则可由屋顶的一小块太阳能光伏电池板为风机提供动力。

在冬季，屋顶通风可以减少保温层中积聚的水蒸气从而提高保温性能。夏季则可以给阁楼通风降温，同时也使整个房子变的更加凉爽。这种通风设备可以作为被动式采暖降温的有益补充。

在无阁楼的住宅中（如单坡屋顶或斜天窗屋顶），在保温层与屋面板之间形成了一个小的空气间层作为附加的防潮保护措施（图 2–20）。空气间层的存在，使空气在其与室外环境之间形成循环，以带走空气间层中的水蒸气。另外，可以考虑“降温屋顶”的设计方案（图 2–21）。

图 2–20（左）
在无阁楼的建筑设计中，通过屋面下的空气间层通风，可以减少屋顶保温层中积聚的水蒸气。如图所示：室外干燥空气通过挑檐风口，进入位于保温层上面由保温层和屋面形成的空气间层，吸收了屋顶中的水蒸气后，从屋脊排风口排出。

图 2–21（右）
另一种消除封闭屋顶中的水汽的做法称为“降温屋顶设计”，造价略高。如图所示：将 2×4 或 2×2 的龙骨作为支撑框架钉在内层屋面板上，然后在框架上固定外层屋面板，这样，两层屋面板之间形成一组空气流道，室外干燥空气经过空气流道，带走由保温层散发出来的水蒸气。

说明：

提高干饰面墙体气密性，可以大大减少空气渗入木框架房屋的情况，也可以省去干饰面墙体的隔汽层。将胶粘剂、泡沫塑料在干饰面墙体施工的过程中填入墙体中，在一开始就消除可能出现的空气渗透。这种技术在住宅建筑中可以非常好的用来保护干饰面墙体，还可以用来密封外墙上部下部缝隙和门窗开口等其他部位。另外使用特制的穿线盒来避免空气经穿线盒流通对气密性造成不利影响。

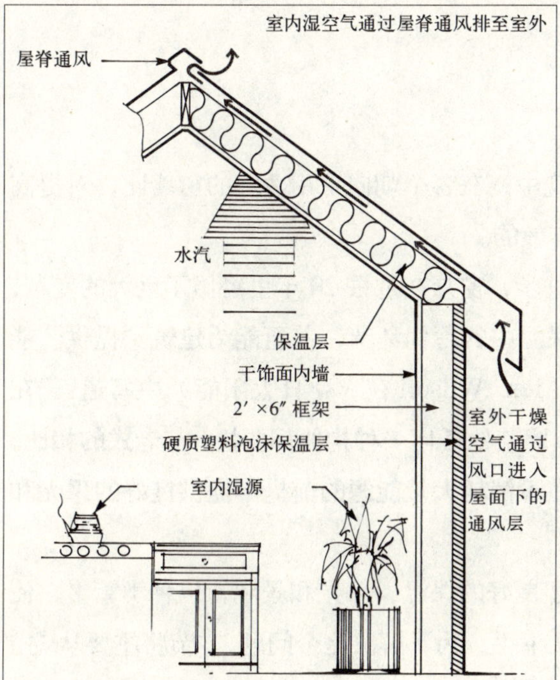

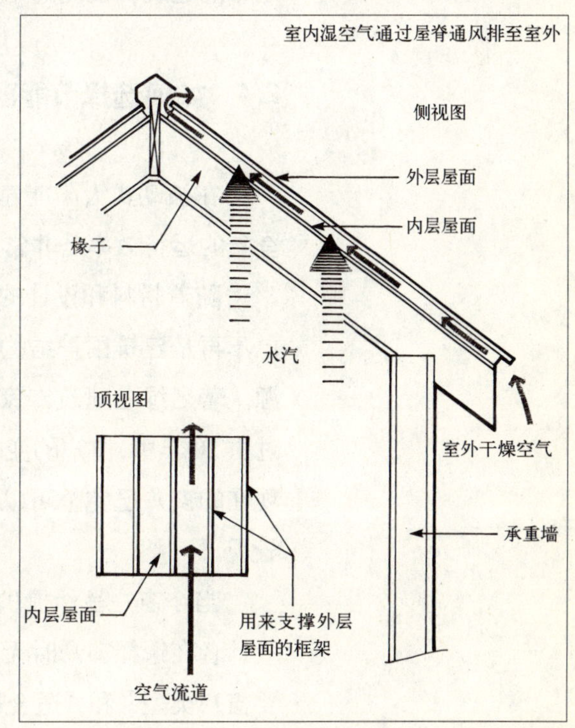

作为本专题的最后一个要点：浴室、洗衣房和厨房中一定要设置与室外相连的排风扇。干饰面隔墙上的乳胶涂料也有助于减轻水蒸气对墙体的渗透。

2.3.2 贴墙布

在标准的加筋板墙结构住宅中，贴墙布能够加强防水效果。贴墙布是一种很轻薄的塑料布，由聚乙烯或聚苯烯制成。敷设在围护结构表面，主要起到防止空气渗透和雨水侵蚀的作用。就像 Goretex 这种材料一样，贴墙布在防水的同时允许水蒸气向室外散出。因此，由室内进入墙体的水汽可以通过贴墙布散发到室外，从而起到保护保温层的作用，使被动式太阳能建筑达到最佳使用效果。

为了最大限度的隔绝空气渗透，贴墙布在围护结构接缝处应搭接并用胶条密封。门窗框与墙体的连接处也应做好密封，以防水蒸气进入墙体。

在新建住宅中是否需要敷设贴墙布取决于当地建筑设计规范以及所使用的外墙材料。通常在砌块接缝和板材边缘等处需要设置贴墙布。根据经验，贴墙布在潮湿地区效果最明显，例如，在北美的湿热地区和湿冷地区；在干热地区贴墙布作用有限，因为在这些地区湿度并不是影响建筑物性能的不利因素。

2.4 如何选择节能窗

在被动式太阳能建筑中，在各个朝向采用适宜的窗墙比，对提高全年的运行效率是非常有效的。

随着材料和设计的进步，窗户在过去 20 年里经历了巨大的变革，已不再是建筑围护结构保温中的薄弱环节，甚至能为建筑“提供”能源。著名绿色建筑专家 Alex Wilson 在《今日太阳能》中写道：“在过去 20 年中，窗户的变革比其他任何一种构件都要快。与老式的相比，现在的窗户已完全可以在不消耗大量能源的前提下提供良好的采光和景观。”

当今窗户虽然提供了良好的保温、采光和景观，但种类繁多，使设计者在选择窗户时无从下手。为了解决这个问题，本节将主要从“主要窗户类型”和“适合被动式设计的现代高效节能窗”两个专题入手，使建筑师对窗户的选择有一个比较清晰的认识。

2.4.1 窗户的种类

选择窗户时，要考虑许多问题，包括外观、尺寸、结构和造价等。对大多数人来说，外观和造价是排在首位的。尽管这两点很重要，但是对于被动式太阳能建筑设计的窗户选型来说，其他因素可能更加重要。我们首先从窗户的结构入手，因为窗户的结构直接决定了窗户的保温性能。

所有的窗户都由以下三种基本部件组成：玻璃、窗樘和窗框。玻璃用来遮挡风雨、提供采光和景观并获取太阳辐射热。窗樘用来固定玻璃。窗框则用来将玻璃和窗樘固定在墙洞里。窗户分类主要基于窗扇的开启与否和开启方式。

总的来说，窗户可以分为可开启窗和不可开启窗两大类。最简单的窗户类型就是不可开启窗。它结构非常简单，就是在固定在窗框上的窗扇里安装一块单层或双层玻璃，然后把整个窗户安装在墙上的窗洞里。在同样条件下，不可开启窗由于气密性最好，是最节能的。另外，不可开启窗的造价也是最低的。

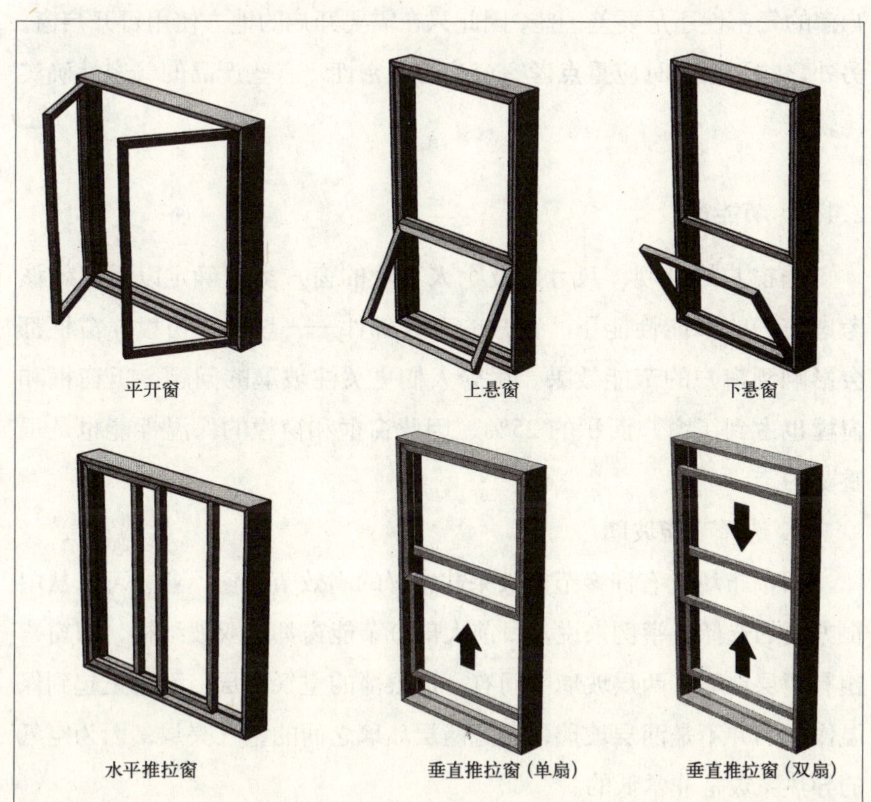

图 2–22
如图所示：窗户有多种类型

其他类型的窗户都可以归为可开启窗。最常见的是垂直推拉窗（双扇），如图 2–22 所示，它有 2 个垂直排列的窗扇，每个窗扇在窗框上都有独立的轨道，下面的窗扇向上滑动；上面的窗扇向下滑动即可开启。

单扇推拉窗与双扇推拉窗的区别在于：单扇推拉窗上面的窗扇是固定的，把下面的窗扇向上推即可开启。

另外一种结构类似的窗户是水平推拉窗，与双扇垂直推拉窗类似，不过窗扇是向左右两侧滑动。复杂程度稍低一些的就是平开窗了，平开窗的窗扇通过合页安装在窗框侧面，窗扇可以像门一样旋转打开。上悬窗与平开窗结构类似，只不过合页（转动轴）安装在窗框的顶部，窗户向外开启，下悬窗与上悬窗结构一样，但是合页装在窗框底部，窗户向内开启。

温差

在寒冷的天气，low–e 窗户的玻璃内表面温度比没有保温措施的普通双层玻璃窗要高 10 ~ 15°F，比单层玻璃窗高 40°F。

显然，可开启窗户的种类很多。多数情况下，选择什么样的窗户并没有本质上的区别。它们都可以将室外空气引入室内，提供自然通风被动降温。在这方面，平开窗还有一个好处就是可以把窗扇用作导风板，引风效果更好。

谨慎的选择窗户，控制可开启窗户的用量。即使完全关闭，可开启窗的气密性还是要差一些，因此只在需要开启的地方使用可开启窗。另外，购买窗户时应重点考察窗户的气密性，有些产品的气密性确实比较差。

2.4.2 节能窗设计

当窗户的外观、尺寸以及个人喜欢的窗户类型确定以后，就该考虑窗户的节能性能了。窗户的三大部件——玻璃、窗樘、窗框都会影响到窗户的节能效果。尽管人们更关注玻璃的问题，但窗框和窗樘也占到了窗户面积的 25%，因此窗框和窗樘的保温性能也是很重要的。

1. 选择节能玻璃

目前市场上有许多节能效果非常好的高效节能窗，业主可以从中很方便的选择。举例来说，目前大部分节能窗都是双玻结构，即窗户镶有两层玻璃，两层玻璃中间有一道很薄的空气夹层，而真正起到保温作用的并不是两层玻璃，而是两层玻璃之间的空气夹层，因为空气的导热系数是非常低的。

2. 中空充气窗

目前，门窗厂家通常会在双玻节能窗的两层玻璃之间充入一定的气体，常用氩气。充入气体的导热系数比空气要低的多，使得中空充气节能窗的热阻值比普通双玻节能窗高 $1m^2 \cdot ℃ /W$ 左右。比氩气导热系数更低的气体是氪气，由于价格较高，一般用于顶级节能窗。

虽然中空充气节能窗存在着一定的填充气体渗漏问题，但研究表明，在一般海拔地区普通房屋中，20 年的使用周期内中空充气节能窗渗漏的气体量仅为 10%左右，这对整个窗户的节能效果没有明显的影响。但在海拔较低的地区，渗漏量可能会有所增加，渗漏量随海拔高度变化会有所不同，同样的窗户安装在海边的房屋与山区的房屋，其渗漏量会有较大不同。

Low-e 玻璃能将 90%的长波辐射反射回室内，减少长波辐射损失，而对太阳短波辐射几乎没有阻挡作用。

3.Low-e 镀膜

Low-e 玻璃是另一种近年来兴起的节能窗技术（第 1 章中曾经提到），对提高窗户的节能性能有很大帮助。Low-e（低辐射）玻璃由普通玻璃加 Low-e 镀膜制成。Low-e 镀膜的成分为一层或多层很薄的纯银或氧化锡，这种透明镀膜允许可见光透过，但阻止长波辐射尤其是热辐射(红外线)透过。Low-e 玻璃可以阻挡 90%的长波辐射，而绝大部分短波辐射则可通过可见光的形式进入室内。

一般来说，Low-e 镀膜的保温作用相当于增加了一层玻璃，效果非常明显，而且 Low-e 镀膜的价格相当便宜。根据节能窗专家 Paul Fisette 的研究成果：中空充气技术和 Low-e 镀膜会增加 5%的窗户成本，但可以大大提高窗户的保温效果，减少辐射损失，增加太阳能收益。

三层 Low-e 节能窗也是不错的选择，它的节能效果比普通传统双玻窗高 16%。

4. 软镀膜与硬镀膜

目前有两种主要的 low-e 镀膜类型：软镀膜和硬镀膜。通常使用的多为软镀膜，由一层薄氧化银镀膜和 AR 涂层经真空沉积法镀在玻璃表面。为防止 Low-e 镀膜受到损坏或在使用中老化脱落，Low-e 镀膜镀在双层玻璃的中空夹层一侧。在热带，Low-e 镀膜设置在双层玻璃中外层玻璃内表面一侧效果最好，这样可以避免室外热空气向室内辐射过多的热量。在寒冷地区，Low-e 则需要置在内层玻璃外表面一侧效果最好，这样可以减少由室内长波辐射带来的热损失。

由于软镀膜是分层的，因此软镀膜Low-e窗的发射率根据镀膜的厚度和层数差异会有所不同。镀层越厚、层数越多，窗户的节能效果越好。例如，在双玻窗（间隙1/2in）中使用普通Low-e软镀膜，可以将窗户的热阻值R由2.04提高到3.23，相当于提高了60%，而如果使用一种更好的称为“超级涂层”的镀膜，热阻值则可进一步提高至3.45。

第二种重要的Low-e镀膜类型即为硬镀膜，它将一层薄氧化锡在玻璃生产时即熔入玻璃表面，因此，硬镀膜的耐久性比软镀膜要强的多。但是，硬镀膜的节能效果却不如软镀膜，目前市场上最好的硬镀膜Low-e玻璃产品的发射率大致在0.2左右，而软镀膜玻璃可达0.04～0.15（对节能窗而言，发射率越低越好）。

5. 聚酯薄膜

在没有使用Low-e玻璃的情况下，给窗户贴Low-e薄膜也可以减少通过窗户的热损失。将含有Low-e镀层的聚酯薄膜贴在双玻窗的两层玻璃之间（或者直接贴在玻璃表面），即可起到减少长波辐射损失的作用，使用非常方便。这种Low-e薄膜由节能窗领域创新者Southwall Technologies公司开发，他们的产品（称为热镜面玻璃）比Low-e玻璃节能窗上市时间更早。

在太阳房中采用Low-e玻璃?

美国两家主要的门窗生产商Marvin和Anderson在其所有的产品中都使用了一种称为Low-e玻璃的低辐射隔热玻璃，这种玻璃具有相当大的R值。尽管这种玻璃在普通建筑中可以发挥非常大的节能功效，但却未必是被动式太阳房的南向窗户玻璃材料的最佳选择，因为，被动式太阳房要求玻璃能够尽可能多的引入太阳辐射而同时又减少室内热量的散失。

6. 窗户规格的选择

虽然使用Low-e节能窗对被动式太阳能建筑来说确实是非常有效的节能手段，但是，对于不同的朝向，窗户规格的选择会有所不同。在热损失较大的朝向，如北向和东向的窗户，应该选用Low-e节能窗来减少室内热量的散失。而在日照过多的朝向，如西向，就应该选用有反射镀层的窗户来避免过多热量的进入。但是，南向应该如何选择呢？

被动式太阳能建筑中太阳能集热窗应选用在白天能够尽可能多的引入太阳辐射热的玻璃，而在夜间和阴雨天气则应尽量避免室内热量损失。大面积的高透明度双玻窗虽然可以在晴天引入阳光，但同时又带来了较大的热损失。因此，许多建筑师在南向也使用Low-e玻璃窗，当然，这些窗户的热阻值要求是比较高的。

7. 绝热边界技术

目前许多厂家都提供使用了绝热边界技术的节能窗，所谓绝热边界技术是近年来才开始使用的新型节能技术。主要原理为使用绝热垫片填充在节能窗的玻璃和窗框之间（图 2–23），垫片可以有效减少通过窗框的导热损失，这种技术可以方便地用于各种窗户中。据 Paul Fisette 称：“绝热边界技术可以将窗户节能效率提高 10%左右，并可以将玻璃边缘的温度提高 5°F。”

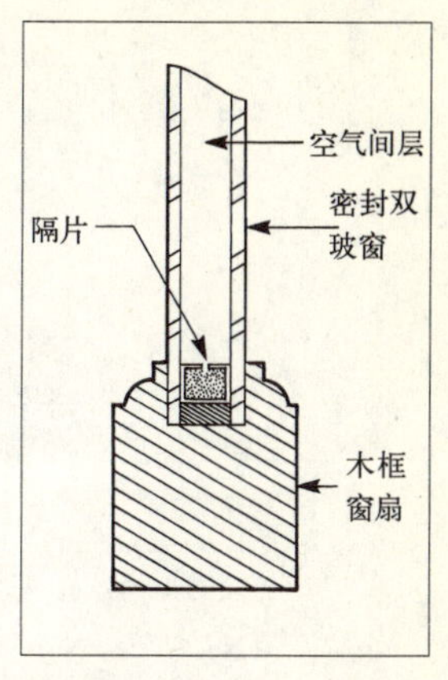

图 2–23
玻璃绝热垫片减少了整个窗框的导热损失。

绝热边界技术同样可以有效减少窗户边缘的冷凝水，窗户边缘的温度通常低于其他部位，因此冬季很容易产生冷凝水，从而造成对窗户或墙面的破坏。冷凝水问题是导致门窗工程售后维修的主要原因之一。窗户边缘的冷凝水在寒冬很容易在玻璃上结成冰花，冰花不仅会影响采光、给人们生活带来麻烦，还会造成一些比较严重的问题。例如，冰花融化后，水会流到窗框和窗台上，造成表面漆层和窗框材料的破坏。在湿度较大的房屋中使用绝热边界技术可以明显延长窗户寿命，同时大大减少窗户的维护和维修。

8．节能窗扇和窗框

另一种可以显著提高窗户保温性能的技术是在窗户装配过程中使用改进材料制成的挡风雨条。更好的挡风雨条可以提高窗户的气密性从而带来更高的节能效率。Alex Wilson 在《今日太阳能》上发表的一篇关于节能窗的文章中指出：“总的来说，使用压缩式挡风雨条铰链窗（如平开窗、上悬窗）的气密性要优于推拉窗。不过，由于各个厂家的产品质量存在差异，可能会出现从一个厂家买的推拉窗气密性优于另一个厂家的铰链窗的情况。因此，在选择窗户前对产品进行认真的测试还是十分必要的。”

下一项要考虑的事情就是选择窗樘的材料。金属窗樘是不可取的，因为金属的导热系数太大了。尽管金属材料属于可再生材料，但尽量还是不要选择金属作为窗樘材料，除非窗户使用了绝热边界技术。

木材是制作窗樘和窗框的首选材料，至今仍被广泛使用。实际上，木窗目前仍是美国市场上销量最大的住宅用窗。木窗有许多优点，例如，木材也是一种可再生资源并且导温系数小，手感好。木材的导热系数比金属也小的多，因此，木窗的节能效果很好。另外，目前木材的来源：一些厂家使用经森林保护协会认可的森林木材作为制作窗户的材料，还有一些厂家从可持续发展角度出发，使用废木材和边角料生产的板材作为制作窗户的材料。

虽然木材是制作窗扇和窗框的极好材料并且是一种可持续的生态建材，但其耐久性比其他材料要差一些，而且需要周期性的维护。常年的日晒雨淋对暴露在室外的木材损坏很大，暴露在阳光下的南向窗尤为明显。

为防止室外气象因素对木窗的侵蚀，目前许多厂家使用金属、聚乙烯或 ABS 塑料等材料在木窗框外表面制作一道敷层加以保护，大大增强了窗户对气候的适应性和耐久性。

木窗窗框和窗扇表面的涂漆同样受到阳光和水分的侵蚀。首先，日晒可以造成部分漆层老化脱落，这样窗户的凝水和雨水便可直接落到木材上使木材吸水膨胀，造成更多的漆层脱落，从而导致更进一步的破坏。在工厂内使用设备进行涂装可以缓解这个问题，因为工厂涂装的耐久性比手工涂装要好。

部分厂家使用聚乙烯（有时来源于可回收资源）来代替木材作为窗户材料。例如中空挤塑聚乙烯窗扇的节能性能优于木质窗扇，因此更适于被动式设计选用。聚乙烯窗的耐久性非常好，部分型号的聚乙烯窗甚至可以防紫外线并且无需任何维护。另外，聚乙烯窗的价格与其他类型窗相差不多，而且由于浇注聚乙烯时可以加入色素，聚乙烯窗无需任何涂装（实际上，聚乙烯窗也无法涂装）。这些优点使得聚乙烯窗成为被动式设计的理想选择。

聚乙烯材料热胀冷缩的幅度比木材、铝材和玻璃要更大一些，因此长年使用后会导致窗框出现缝隙，使窗户的气密性和水密性受到破坏。

聚乙烯窗早在 20 世纪 70 年代即投入使用，目前在欧洲和加拿大应用非常普遍，在美国市场上也是占有量第二的产品。尽管聚乙烯窗的使用已经非常普遍，它还是存在一些缺点。例如，聚乙烯窗在阳光下会逐渐褪色，而且经过多年的使用会逐渐变脆。由于其不能涂装，因此多年使用后建筑的美学效果会受到影响。不过据说使用一种清洁剂进行轻度的擦洗，还原后的聚乙烯颜色接近其最初的颜色。

聚乙烯窗通常由聚氯乙烯（PVC）制成。PVC 的基本原料——氯乙烯，是一种已知的致癌物质，对生产工人危害较大，因此现在大多数厂家都在尽量减少工人与氯乙烯的接触。不过尚未见到成品聚氯乙烯对人体有害的报告。

聚乙烯的另一个缺点是随温度变化发生显著的形变（热膨胀系数大）。Wilson 在文章中提到，“持续的收缩和膨胀，会使密封处松动，造成边缘处的开裂，从而使窗户过早的老化。同时还会造成气密性的下降，使窗户的节能性能下降。”由于这些潜在的隐患，聚乙烯窗在设计和生产时都会采取相应的措施来避免此类情况的发生，因此实际上真正发生问题的窗户数量还是很少的。Paul Fisette 说：“如果你选择了聚乙烯窗框，特别是边角为热焊接的，它们的耐久性总的来说还是最好的。

位于华盛顿州肯特市的Mikron工业公司对聚乙烯材料进行了改进，他们使用回收的聚乙烯与回收的木纤维作为材料，创造了一种新的化合物，目前被许多门窗公司用于生产窗扇和门窗框。与传统的聚乙烯窗不同，这种由新型聚乙烯材料制成门窗可以进行自由的涂装。

另一种更为新型的类似产品就是ABS。ABS塑料（丙烯腈、丁二烯、苯乙烯共聚物的简称）可与另一种树脂材料共同经过积压形成一种高耐久性的窗户材料。ABS塑料可以与许多种材料混合形成性能优良的窗材，制成的窗的颜色比聚乙烯窗要深。尽管ABS塑料窗与聚乙烯窗一样，也存在着较高温度膨胀系数的问题，不过完全可以通过良好的设计将潜在问题的发生概率减少到最低。

还有一种值得考虑的窗框材料是玻璃纤维。玻璃纤维具有许多同聚乙烯一样的优点，例如，同聚乙烯一样，玻璃纤维具有较低的生产耗量，而且由世界上最多的资源之一——硅石制成，而且玻璃纤维窗也非常结实。玻璃纤维具有比聚乙烯低的多的温度膨胀系数，与玻璃接近。此外，玻璃纤维窗的耐久性比其他合成材料更加优秀，因此许多人认为玻璃纤维将成为今后制作窗框的主要材料。

尽管玻璃纤维材料具备上述优点，但其生产过程中需要使用一种毒性相当大的树脂材料。尽管在运输过程中有毒气体会挥发掉，不会对房屋居住者造成伤害，但这种树脂可能会对运输、施工人员造成一定的伤害。

目前玻璃纤维窗的使用还没有像木窗和聚乙烯窗那样普遍，而且价格也相对高一些。与木窗一样，玻璃纤维窗同样需要涂装。截至目前，笔者只知道一家生产玻璃纤维窗的企业：Owens Coming公司，他们的产品使用玻璃纤维窗框并配以保温窗扇。

9. 窗户节能性能评估

购买窗户时，很容易被眼花缭乱的产品搞的晕头转向，尤其是被动式设计中节能窗的选择。幸运的是，大部分厂家都会提供其产品的节能性能评估报告。

多年来，门窗厂家一直都是使用其自身的检测设备来对自己的产品进行节能测试评估，并形成测试报告。直到1989年，门窗厂家共同成立了一个非赢利组织——美国门窗等级评定委员会（NFRC）。

窗目录：

金属——热的良导体，通常不宜作为窗框材料，采用断桥设计的双玻窗稍好一些。

木材——热的不良导体，因此从节能角度来说是一种很好的窗框材料，但耐候性较差，应作防腐处理。

乙烯材料——对日照和潮湿的耐久性都很好，设计得当的话可以使用很长时间。

ABS塑料——对日照和潮湿的耐久性都很好，设计得当的话可以使用很长时间。

玻璃钢——价格稍贵但耐久性好。

NFRC 建立了一套统一的门窗测试标准来保证产品测试标准的一致性和连贯性；同时根据测试结果制定了一套报告标准，以便于顾客对窗户性能作出直观判断。NFRC 同时也出版了一本名为《NFRC 认证产品目录》(*NFRC Certified Products Directory*) 的手册，从中可以查到多种窗户的性能参数。

通常用以下 4 个参数对窗户的性能进行评价：(1) U 值，(2) 气密性，(3) 太阳辐射得热系数 (SHGC)，(4) 透射率。在各种测试报告中必需列出 U 值。

10. U 值：热量损失大小的标准

U 值表示了某种材料传热能力的大小，即传热系数，其定义与 R 值（见第一章）相反，后者表示材料对热流的阻挡能力。

U 值与 R 值互为倒数（$U=1/R$），当 R 值为 2 时，其 U 值即为 0.5。R 值为 3 的窗户，其 U 值即为 0.33。U 值越低，窗户的热传导能力就越弱。

U 值或 U 参数用来衡量通过窗户构件的热量多少，其数值越低，窗户的保温性能越好。

窗户的 U 值通常要综合考虑玻璃和窗框的散热量。在被动式太阳能建筑中，我们需要选用 U 值在 0.3 以下（R 值在 3.3 以上）的节能窗，例如在前面的章节中提到的热反射玻璃窗，其 U 值可以达到 0.17 以下。当然，除了使用保温效果更好的玻璃以外，还可以采用第 1 章和第 3 章中提到的保温遮阳帘、保温窗帘、保温盖板等措施，这些都能达到降低窗户 U 值的目的。

11. 气密性

在窗户节能中第二个需要考虑的问题是气密性问题。窗户的空气渗透主要是由窗扇与窗框之间的缝隙造成的，因此窗户的类型以及施工质量对气密性影响很大。一般来说，窗户的质量越差气密性越差；不可开启窗的气密性优于可开启窗；而在可开启的窗户中，气密性因不同的设计又有所差异。平开窗和上悬窗的气密性优于中悬窗和推拉窗，因为平开窗的窗扇与窗框的连接更紧密，但两者差别不大，优质的中悬窗气密性也完全可以满足要求。可以通过检测窗缝的空气渗透率来判定窗户的优劣。

经过良好设计的窗户通常使用抗老化的密封条以及高质量的启闭装置，从而有效地阻止空气渗透。

来源：Paul Fisette，节能窗浅议，建筑节能

空气渗透率的计量单位是 cfm/ft^2，即单位时间（1min）内通过单位面积（$1ft^2$）的空气体积（ft^3）。节能窗专家 Paul Fisette 建议的窗户渗透率标准是低于 $0.30cfm/ft^2$。

12. 太阳辐射得热

在选择被动式太阳能建筑的窗户时，对太阳辐射得热应予以充分的考虑。生产厂家目前以太阳辐射得热系数（SHGC）来表示太阳辐射得热量，逐渐代替“遮阳系数”这一比较模糊的概念。

空气渗透损失每年平均占近一半的建筑采暖制冷能耗，其中通过窗户的渗透损失占了大部分。

来源：Paul Fisette，节能窗浅议，建筑节能

太阳辐射得热系数表示的是，透过窗户的太阳辐射热与投射到窗户上的所有太阳辐射热的比率。换言之，即投射到窗户上的太阳辐射能转化为热能并穿过玻璃进入房间的比率，它反映了投射到窗户上的太阳辐射热进入室内的量，与太阳入射角度、遮阳效果以及窗框形式等有关。SHGC 的范围在 0 ~ 1 之间，当 SHGC 为 0 时，表示没有太阳辐射热进入室内；而当 SHGC 为 1 时，则表示进入室内的太阳辐射热为 100%。

因此，南向窗户应该具有较高的太阳辐射得热系数和气密性以及较低的 U 值，以便在引入大量太阳能的同时，最大限度地减少夜间和阴雨天气时的热损失。气候越寒冷的地区，南向窗的太阳辐射得热系数就应越高，以便得到尽可能多的太阳能。Paul Fisette 推荐的南向窗的太阳得热系数为：热带地区低于 0.4；温带地区 0.4 ~ 0.55；寒冷地区应该高于 0.55。

13. 透射率

透射率（VT）是采购窗户时另一个需要考虑的因素，它是指透过窗户的光线占投射在整个窗户上的光线的百分比。彩窗的透射率仅为 15%，而透明窗户的透射率可达 90%。对大多数人来说，透射率达到 60%的窗户即可满足房间的采光需要，如果透射率低于 50%，房间看起来就比较昏暗。

2.4.3 其他影响因素

除了上述四大特性参数以外，其他因素也会对窗户的节能性能造成影响。

1. 总体定位

为了最大限度优化太阳能建筑的性能，应该选择具有最佳保温性能和气密性的可开启窗。同样可以通过减少窗户的数量来达到节能目的，可开启窗要尽量布置在能够引入最大风量的位置，这样可以降低能耗和造价。减少窗户数量而引发的通风问题可通过使用隔栅通风地板等方式解决。

在开敞式的户型设计中，减少可开启的窗户是有可能的，但在传统的住宅设计中，这种方法就不太适用了，因为传统住宅中的房间多是孤立的。在这种情况下，走廊、外墙以及外门会阻挡空气流动，减少自然通风，所以每个房间都要安装可开启窗扇，并且尽量使用高气密性的窗户。

2. 紫外线的阻挡

在太阳能建筑设计中，用窗户阻挡紫外线来保护地毯、窗帘和家具的做法也是很常见的。

目前市场上的大部分窗户都可以阻挡75%以上的紫外线。有些厂家使用 KDF（Krochman Damage Function）来表示其产品阻挡紫外线的能力，在这种情况下，KDF 越小越好。

3. 窗户尺寸和保温性能

通常，窗户的热损失大部分是由窗框造成的。因此，玻璃的面积与周长之比越大，窗户的保温性能越好。多窗扇的窗户，由于窗框面积较大，因此比单窗扇的窗户的热损失大。如果为了立面效果要分开窗扇，最好选择窗框保温性能更好的窗户。

保温性能同样受气密性的影响。确保在安装窗扇前用保温材料如泡沫塑料填充好窗框与窗扇之间的缝隙。

2.4.4 如何选择高效节能窗？

大部分家庭都安装了高效节能窗，这些窗户的成本回收期根据其节能性能的不同约为 2 ~ 10 年。虽然安装高效节能窗的前期投资高，但可以节省在辅助冷热源等设备上的投资，因此总的造价实际增加不大。

虽然成本回收期可能由于种种原因或长或短，高效节能窗所带来的高舒适度却是享用终生的。而且，高质量的窗户耐久性更好、方便维护，从而节约时间、节省了人力和财力。

安装超高效节能窗大约需要投入 $1000（对典型住宅来说）。这种窗户的玻璃是多层的（2 层以上），玻璃之间充有氪气，同时玻璃表面覆有 Low-e 镀膜。玻璃部分的热阻值可达到 12 左右，综合考虑窗框等部件的影响，整个窗户的平均热阻值为 7，是普通高效节能窗热阻值的 3 倍。

2.4.5 如何平衡景观与光照的关系

窗户的位置和性能同等重要。窗户的布置不仅要考虑节能的要求，还要考虑其他因素。我们完全可以说，大部分人评价一个窗户的好坏，通常是以其视野和采光为标准，而不是以它的保温性能和太阳能集热效果为准。要设计一栋全年运行良好的被动式太阳能建筑，就要权衡好景观和节能性。虽然具体解决起来可能会比较麻烦，建筑师和工程师们有责任因地制宜地解决上述问题。

建筑师和业主可以与太阳能工程师协商来确定窗墙比以及窗户类型、透射率等问题。另外，一些便于操作的设计软件如 Builder Guide、ENERGY-10 等（详见第 7 章），可以方便的对不同的窗户类型和开窗位置进行对比从而做出最佳选择。另一种实用的设计工具是 RESFEN——由劳伦斯贝克里实验室开发的低价软件，它可以对不同的窗户在建筑中的表现进行评估。这个软件可以帮助设计师实现低能耗、高舒适度、操控方便、采光充足等目标，还可以根据具体位置选择专门的窗户，如北窗、西窗等。这个软件可以在 NFRC 网站免费下载。窗墙比的选择在第 3 章中将详细介绍，在此不作探讨。

2.5 超低能耗建筑：真正实现节能

虽然优秀的节能设计是太阳能建筑成功的前提，然而在能耗方面还有一些其他的重要因素也需要予以充分重视。例如建筑材料，正如第一章所提到的，物化能指的是生产建材等过程中所消耗的能源，主要来自煤、木材等燃料。为了尽可能减少建筑能耗，应选择物化能比较少的建材。可以登陆 www.arch.vuw.ac.NZ/cbpr/index_embodied_energy.html 获得由新西兰威灵顿维多利亚大学建筑性能研究中心的 Andrew Alcorn 提供的各种建材的物化能数据。表 2-3 所列出的是一些常用建材的物化能。

常见建筑材料生产过程中所消耗的能量　表2-3

建筑材料	建筑材料物化能 MJ/kg
稻草捆	0.24
风干砖坯（传统草泥）	0.47
混凝土砖	0.94
混凝土	1.0~1.6
混凝土（预拌）	2.0
硬木材，窑式干燥，粗制木料	2.0
软木材，窑式干燥，成品	2.5
纤维保温材料	3.3
石膏灰泥板	6.1
水泥	7~8
胶合板	10.4
玻璃纤维保温材料	30.3
钢材（钢锭）	32
地毯（尼龙）	148

材料来源：Andrew Alcorn，《建筑材料的物化能系数》，新西兰 威灵顿：建筑性能研究中心，1998。

低能耗建筑需要安装使用节能的设备、电器和照明灯具等。例如，滚筒洗衣机的能耗仅为传统涡轮洗衣机的三分之一，减少了耗电量并节省了电费。又如，荧光灯的耗电量仅为白炽灯的四分之一，同时还减少了房间夏季冷负荷。

因此，在综合了高气密性、高性能外墙保温、高效节能窗、低物化能建材、低能耗建筑设备、电器、照明等技术和设备之后，建设超低能耗建筑成为了可能。

被动式建筑的建筑设备和采暖空调设备应选择通过能源之星认证的产品。能源之星是由美国环保署和能源部共同发起的机构。它由电脑的节能认证开始，随后延伸到冰箱、洗衣机等其他家用电器。通过能源之星认证标志着一种产品，无论是新的电脑还是电冰箱，都具有较高的能源效率。1996 年，美国环保署采纳了能源之星的标准作为家用电器的能耗评价指标。

通过能源之星标准的实施，家用电器的能耗降低了 30%，以前只有相当先进的节能住宅才能达到这一标准。能源之星计划是业主与美国环保署之间的一项自愿实施的项目，业主可根据自己的情况自由选择认为有助于节约建筑能耗的家电产品。节能是最终的目的，为了评估能源之星的实际效能，往往通过第三方机构的一系列测试对建筑能耗进行评估和认证，如对墙体保温性能和门窗性能的测试，从而了解产品的实际能耗是否达到建筑节能的标准。

低能耗建筑的设计建设需要从加强外墙屋面保温、使用高性能节能窗、减少空气渗透量、使用低物化能的建筑材料以及使用高效的电器、照明灯具等多方面进行考虑。

经过能源之星认证的住房，采暖降温能耗大大低于普通房屋，舒适度却更好。因此，人们都希望所聘请的建筑师或承包商是能源之星计划的参与者，能够设计建造出超过能源之星能效标准的建筑。

节能建筑不仅能够通过降低运行成本带来更多的收益，还可以更方便地申请到低息贷款。许多金融企业如 PHH 抵押贷款公司，都会向通过能源之星认证的家庭提供一定的低息贷款优惠（利息优惠额度约为 0.125%），这样一来，虽然能源之星认证的建筑造价要稍高一些，业主还是可以更快地偿还购房贷款。

正如同能源之星房屋建造者和抵押贷款公司所宣传的那样，建造房屋的初投资并不是全部的花费，房屋在整个寿命期中的运行和维护费用也应被计算在内，因此，建房时多投入少量资金使房屋达到节能标准在经济上是很合算的。

在设计可持续建筑时需要考虑多方面的因素，能耗并不是唯一的指标，其他诸如绿色建材的使用、中水回用、雨水收集、立体绿化等技术都应该被考虑在内，在最后一章，本书将对这些技术进行概述。关于以上这些技术，笔者还编写了《自然建筑》（《The Natural House》）一书加以详述（也由 Chelsea Green 出版）。

第3章 被动式太阳能采暖：规划选址及设计方法

笔者第二所房子的建造者在建筑节能和新能源利用方面有很多的创意，这所房子是他设计建造的第一栋被动式太阳能住宅，而笔者则是这所房子的第二任主人。

如图 3-1 所示，这栋住宅看上去非常美观，内部空间也分隔得很好。它有一个 16ft 高的拱屋顶，这栋住宅使用了三种不同方式的被动式太阳能设计手法：直接受益式、附加阳光间式和集热蓄热墙式（本章后面的章节将对这三种设计手法进行详细的介绍）。另外，这栋住宅朝向安排合理、围护结构保温性能良好，虽然建在树林中，但每天上午 9 点到下午 5 点还是可以有效的利用太阳能进行采暖（利用太阳能的具体时间随季节有所不同）。

图 3–1
作者第一栋真正的太阳能建筑。尽管这栋太阳能住宅是作者在其多年的研究中见过的最漂亮的太阳能住宅之一，但却存在着许许多多的问题，这些问题主要是由于窗墙比过大以及系统搭配不合理造成的。

尽管这栋住宅看起来不错，但作者很快就发现了一些重大缺陷：建筑师设置了过多的天窗，西墙也使用了大面积的玻璃窗，虽然居住者通过大面积的玻璃窗可将埃文斯山（海拔 14000ft 高）的景观尽收眼底，但同时也在夏季引入了过多的太阳辐射。建筑师使用的南向玻璃面积超过了被动式太阳能采暖所推荐的数据，导致了冬季部分时段室内过热，在隆冬时节作者常穿着一件 T 恤还感觉很热，而且整个房子内的空气非常干燥，舒适度较差。

房间过热是夏、秋、冬三季的主要问题，另外，还有一些其他问题，例如：高高的拱屋顶使得热空气上升聚集在顶部，热量通过天窗和屋顶大量散失到室外，因此，这栋白天把居住者烤得受不了的房子，在夜间又把人冻得像冰箱里的冻鱼。

房屋的建造者也预见到了房间过热的问题，而且设计安装了 2 台风机用于把聚集在房间顶部的热空气抽到 1 层，这个主意是很好的，但在实际运行中，发现这 2 台风机风量太小，而且效率不高，将它们换成功率更大的型号，效果还是不理想，又增设的一台屋顶风机同样没有起到太大的作用。

另外，建筑师使用了昂贵的玻璃推拉门，冬季冷风渗透非常严重，在晚上，刺骨的寒风让人难以入睡。

建造者还犯了另外一个大错误，他忘记了在墙体和屋顶中设置隔汽层，也没有设置屋顶通风系统。结果，作者搬进这栋住宅 2 年后，也就是房屋建成后的第 5 年，屋顶的木瓦就开始弯曲了。

当年负责屋顶施工的人赶来解决这个问题的时候，作者发现屋顶顶棚的装饰件都浸在水中，保温层也是潮湿的，水分都是由穿过屋顶的水蒸气凝结而成的，这些都导致了房屋耐久性和保温性的下降。

随着居住时间越来越长，作者又发现了更多的问题。例如，在晴天时，设有直接受益窗的房间中阳光照射到的区域几乎无法使用，光线太刺眼，眩光严重，根本无法看电视、阅读或者操作电脑。

在随后的日子里，作者逐渐意识到自己学习被动式太阳能建筑设计的动力很大程度上都来源于对自己家这座不太成功的太阳能建筑的关注。为了补救这些问题，作者耗费了大量的时间和资金——约 $15000，主要花费在为天窗和推拉门换装树脂玻璃、修正屋顶以及为了排除屋顶下的水蒸气而增设的通风系统。

3.1　被动式太阳能采暖

被动式太阳能采暖系统可以用于住宅、学校、医院、办公室等多种建筑中。不同于太阳能热水等其他太阳能利用系统，被动式太阳能采暖系统只有一个运动部件——太阳（当然，太阳在天空中的运动是由地球自传引起的）。太阳在天空中的运动轨迹为一弧线，而且这条弧线随着季节的变化而有所不同（图 3–2）。夏季，太阳运动轨迹较高；冬季较低；春秋季节，太阳运动轨迹在两者之间。

被动式太阳能建筑的设计者利用太阳运动轨迹的变化特点，使用南向窗户引入太阳辐射，同时利用悬挑出的遮阳板控制进入房间的辐射量，在需要采暖的时候引入辐射，不需要采暖的时候阻挡辐射进入室内。设计师还会利用其他建筑构件如墙和地板来储存多余的热量供夜间使用。

太阳光包含多种形式的能量，如可见光、红外线、紫外线、宇宙射线、伽马射线等。对我们来说，可见光和红外线是最重要的。在被动式太阳能建筑中，由南向窗户进入室内的可见光被建筑结构吸收，转换为热能。这部分热能的去向遵循一条最基本的传热定律：热量总是由高温处传向低温处。因此，随着南向房间温度不断升高，墙体不断吸收热量，并通过对流、辐射和导热的方式将热量传递给周围的空气和内部的房间。

在白天，可见光转化为热量加热墙体和房间，在夜间或阴雨天气，热量又从墙体中释放出来加热空气。在设计和建造都非常好的被动式太阳能建筑中，不需要设置任何的机械设备，人们只需每天开关窗户上的保温板即可达到很好的效果，这就是“被动式”的含义。

在大多数需要采暖的地区，被动式太阳能采暖至少可以承担 25%～80%的采暖负荷。被动式太阳能建筑必须经过正确的设计和施工才能真正达到理想的采暖效果。太阳能建筑设计应遵循第 1

室内净高

人们都比较喜欢高大的空间，但是，在寒冷地区，空间过高会导致一系列问题，热空气密度低，从最需要采暖的底层上升到顶棚附近，却很难再次回到底层。许多热量由此通过屋顶散失掉了，使得冬季夜间室内温度大大低于预期的温度。另外这需要在采暖期消耗更多的热量加热整个空间，更加加重了热量损失。

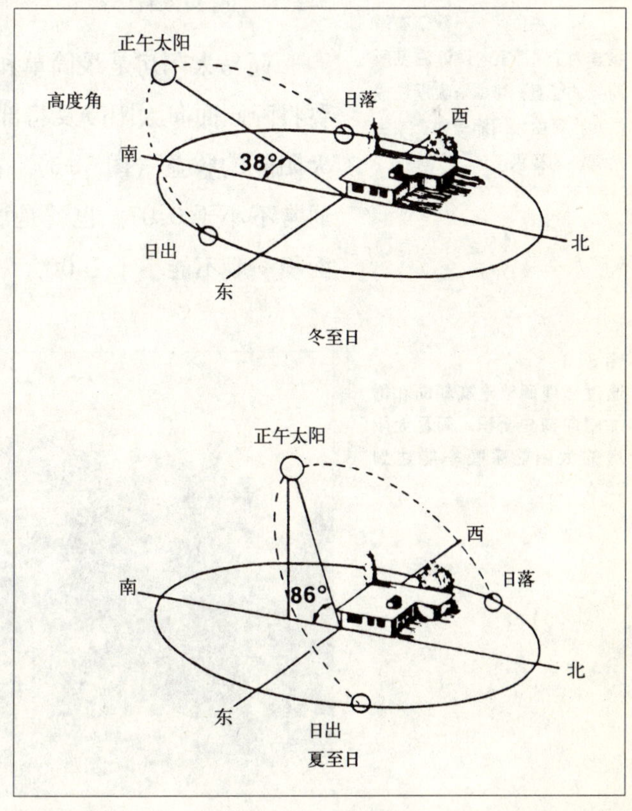

图 3–2
以佛罗里达州为例，太阳在冬季的运动轨迹是在天空中一条比较低的弧线，这样有利于被动式太阳能建筑的南向受益窗接受太阳辐射热；而夏季太阳的运动轨迹是一条比较高的弧线，这样夏季由南向窗进入室内的热量就比较少了，不会对夏季室内热环境造成不利的影响。

章中所提出的14条原则，要重点确保太阳能建筑的合理选址和正确朝向，以保证在采暖季有充足的阳光进入室内，还要使太阳房的保温性能和气密性能达到较高标准，并且在合适的部位使用适当的蓄热材料，另外，一体化设计也是非常重要的。在本章中，将探究如何因地制宜地设计被动式太阳能建筑，使之在全年过程中无需或只需使用很少的辅助冷（热）源。将典型座北朝南的普通建筑与太阳能建筑进行对比，然后对典型的太阳能建筑深入剖析，分析其各种设计手法与太阳能得热率之间的关系。在随后的章节中，作者将对三种典型的被动式太阳能建筑设计手法：直接受益式、集热蓄热墙式及附加阳光间式进行深入的讨论，对每种设计手法的设计要点进行归纳总结，并且根据不同的气候条件做出适宜的设计调整。

太阳能名词解释

太阳能收益——描述太阳辐射能（包括可见光和辐射热）进入室内的量。

蓄热材料——可以吸收太阳辐射能或其他热能并储存其中，当室温降低时又可将热量释放给室内空间的建筑构件或建筑材料。

太阳能窗——太阳房中用于在采暖季将太阳辐射热引入室内的南向窗户。

采暖季——一年中需要对室内进行采暖以保证室内热舒适的时期，在温带地区，通常为每年的深秋、冬季以及早春。

制冷季——房屋需要降温以保证室内热舒适的时期，通常为夏季，在一些地区也包括了晚春和初秋。

采暖热负荷——建筑在采暖季为了保持室内设计温度所需要的能量，可由采暖系统提供，也可由太阳能提供，或由两者协同提供。

3.2 太阳能设计要点

被动式太阳能建筑可分为两大类：简易太阳房和被动式太阳能建筑。

3.2.1 简易太阳房

简易太阳房是最简单和最经济的太阳能采暖建筑。简易太阳房主要将南侧面向太阳以及将部分东西向窗户的面积移向南向窗从而增加太阳能的收益（图3–3）。在简易太阳房设计中，南向窗户的窗地比通常不小于0.07。也就是说，在一栋2000ft^{2}的建筑中，南向窗户的面积一般不能小于140ft^2。

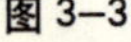

图3–3
通过合理调整建筑朝向和增加南向窗户面积，简易太阳房的太阳能采暖率能达到25%～30%。

简易太阳房在被动式太阳能设计中造价最低。这种方式不需要附加蓄热体，室内的附加蓄热地板、墙体、顶棚和家具等就足以防止过热。

如果能满足当地建筑设计标准规定的保温级别，简易太阳房就不必再考虑额外的保温措施。达到美国环保署能源之星或者国际节能标准规定的节能设计只需很少的额外投资。

简易太阳房与传统建筑造价基本相同，但在其建筑使用周期内能创造更好的室内舒适度并减少能源消耗。基于当地地理条件、建筑方案设计、建筑细部构造设计（包括保温材料设计）再加上很少的附加措施，这些建筑从被动式太阳能采暖中获得的热量可占年热负荷的 20%～30%。对那些建筑开发商来说，简易太阳房是一种理想的选择。

简易太阳房

简易太阳房是最简单、花费最低的被动式太阳能采暖方式，即建筑面向正南方，适当加大南窗面积。不需要附加蓄热体，仅仅依靠单独或附属的建筑构件（如框架、墙体和家具）即可实现。

来源于《被动式太阳能设计策略》

3.2.2 被动式太阳能设计

真正的被动式太阳能设计能够提供比简易太阳房更多的热量。被动式太阳能建筑设计需要增加建筑南面的开窗数量及尺寸，减少北面、东面和西面的窗户数量。被动式太阳能建筑设计比简易太阳房需要更多的蓄热体，以此防止室内过热并保持更长时间的热舒适环境（图 3–4）。这些措施增加了建筑的总得热量，一般能达到全年需求的 50% ~ 80%，甚至更多（这取决于当地气候、日照、建筑设计和构造）。

被动式太阳能建筑设计

被动式太阳能建筑设计要对建筑南向开窗与蓄热体进行综合考虑，以达到储存热量和防止室内过热的目的。窗地比应控制在 7%～12%。以下三种被动式太阳能设计最为常见：直接受益式、附加阳光间式（独立得热）和蓄热墙式（间接得热）。

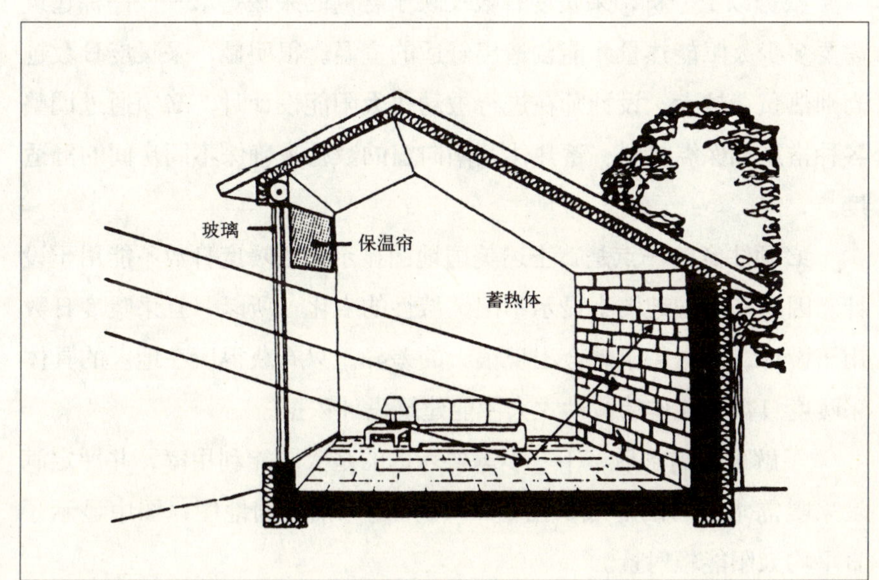

图 3–4
由于在采暖期通过南向窗得热来提高室内温度，而称之为直接得热式。

本章内容主要集中介绍被动式太阳能建筑设计的几种方式，特别是直接受益式、附加阳光间式（独立得热）和蓄热墙式（间接得热）。在详细分析这三种被动式太阳能设计方式及如何因地制宜来设计前，首先要针对具体区域（反映太阳能利用率及热负荷的不同）的采暖需求量及太阳能利用率进行分析。

3.3 因地制宜的设计：采暖需求及太阳能利用率

采暖和制冷度日数

采暖度日数是标定平均一年内有多少天室外温度低于 65°F 的指标。在这个室外温度下，通过利用内部热源（如电灯、人和设备等）以及在无日照房间中获取的太阳得热量，使室温保持在 70°F 左右，这是一种比较舒适的室内温度。制冷度日数是标定一年内平均多少天室外温度超过 65°F 的指标。

在特定地域要求下设计被动式太阳能建筑，设计师可以通过了解采暖期间室外温度来估算出采暖需求。不过与运用平均温度计算的方法相比，设计师大多采用采暖度日数作为设计基准（详见第 7 章）。

采暖度日数是确定平均一年内有多少天室外温度低于 65°F 的指标。在这种条件下，室内温度通常在 70°F 左右，具体参见旁注。

用一个简单的例子来解释这个数字的推算过程。如果在一天内室外温度恒定为 64°F，那么我们认为是 1 度日数。如果一天内室外温度恒定为 60°F，那么我们则认为是 5 度日数。如果室外温度在两个星期内平均为 0°F，那结果是 910 采暖度日数（65 度 ×14 日 =910 采暖度日数）。采暖度日数越高则天气越冷。

图 3–5(a)是一幅显示美国地区的采暖度日数区域图。显而易见，采暖度日数从南向北增递。例如北部明尼苏达州测定为 10000 采暖度日数，而南部弗罗里达州测定为 500 采暖度日数。

根据以上分析，采暖度日数反映了普遍的采暖需求——一栋建筑需要多少太阳能热量才能创造出舒适的室温。很明显，采暖度日数越高则热负荷越大。设计师在进行被动式太阳能设计时，必须通过调整各种措施如保温材料、蓄热体及南向窗的数量来确保不同房间的舒适度。

采暖和制冷度日数信息来源

可以登录 www.nws.mbay.net/hdd.html 获取需要查找地理位置的有关采暖度日数的数据资料，或是登录 www.nws.mbay.net/cdd.html 获取有关制冷度日数的数据资料。

必须注意的一点是，上述美国地图显示的采暖度日数不能用于设计。因为在全国地图上显示不出区域性的变化，所以一旦采暖度日数用于设计，采暖需求就会出现很大的差异。只有获得所在地区的具体采暖度日数才能作为被动式太阳能建筑设计依据。

了解采暖需求后，下一步需要考虑的是太阳能利用率，并评定满足采暖需求潜力的等级。图 3–5（b）是一幅美国地图，图中显示了日平均太阳能辐射量。

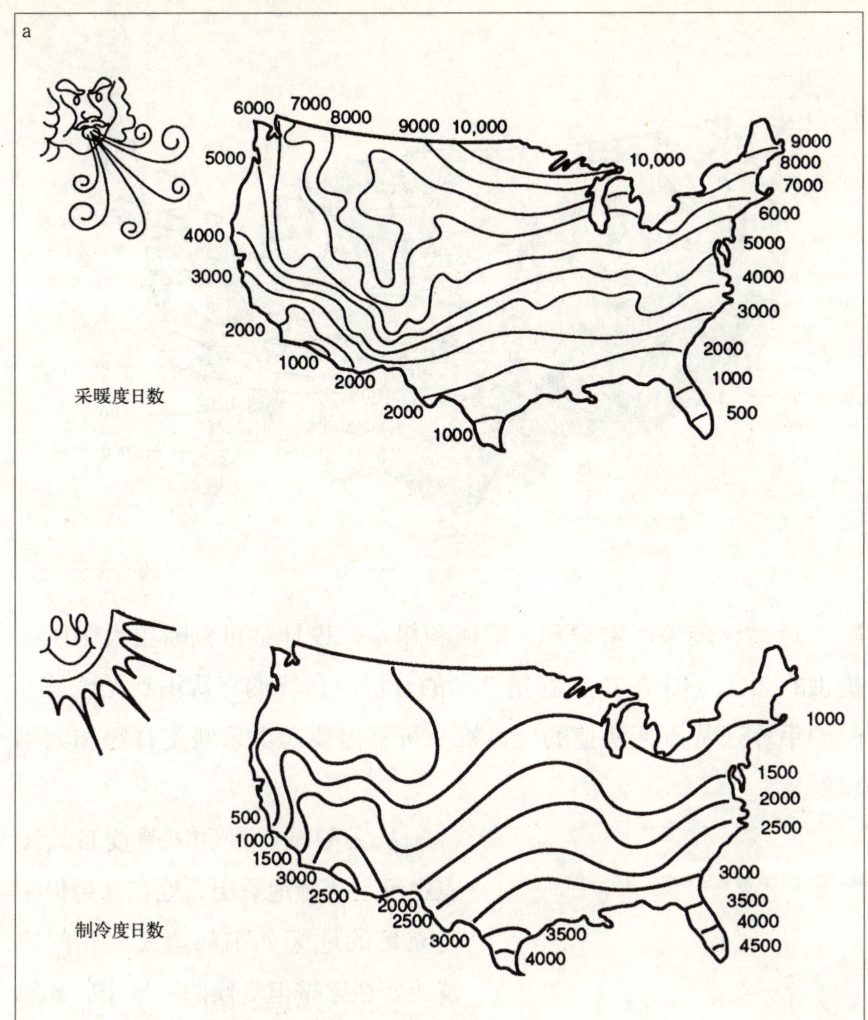

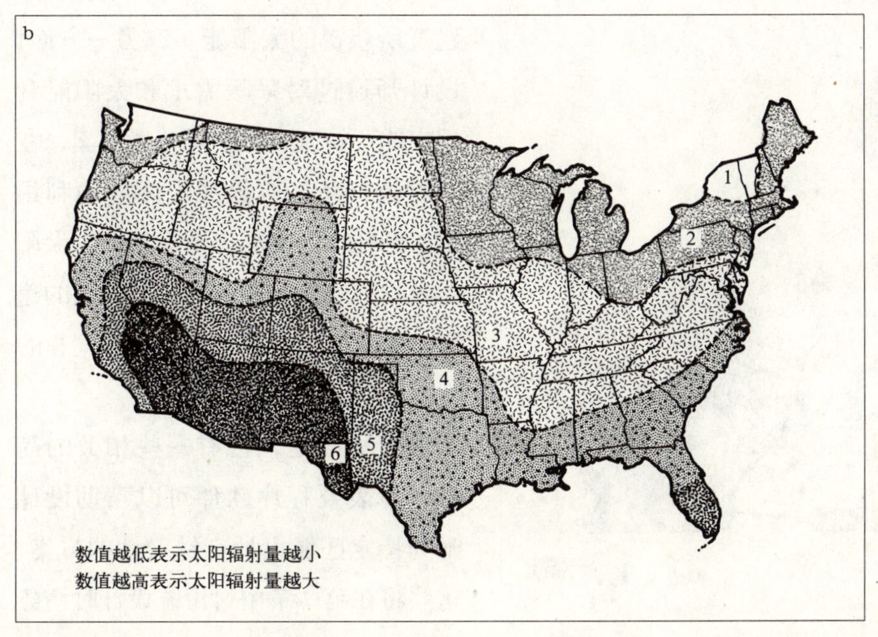

图 3–5

(a) 采暖和制冷度日数反映一个地区的冷热变化。要使用特定区域地图的数据资料来设计住宅。

(b) 日平均太阳辐射量。这些信息帮助设计师确定太阳能利用率。再强调一次，设计时务必采用特定区域地图显示的数据资料。

图中数值越低表示太阳辐射量越小；数值越高表示太阳辐射量越大。

图 3–6
利用日平均太阳辐射量及采暖度日数图表，设计人员可成功设计出被动式太阳能采暖设计方案。

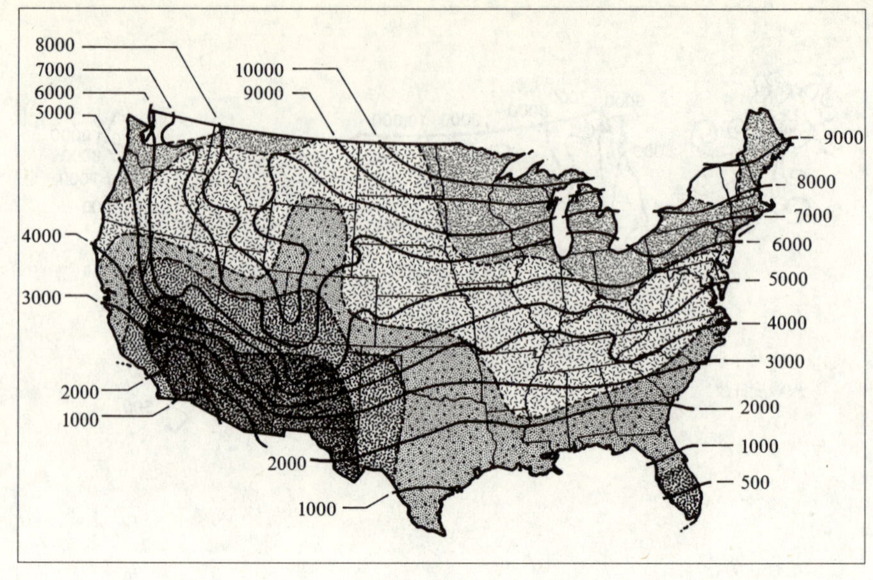

图 3–7
加利福尼亚州的太阳辐射图。此图显示在一个地区，平均日太阳辐射量会随着区域的变化而产生较大变化。

通过比较采暖需求和太阳能利用率，设计师可判断出太阳所能提供的热量（图 3–6）。在第 7 章的分析中，我们将认识到无论是过时的手算还是方便快捷的计算机分析都需要考虑采暖度日数和太阳辐射量。

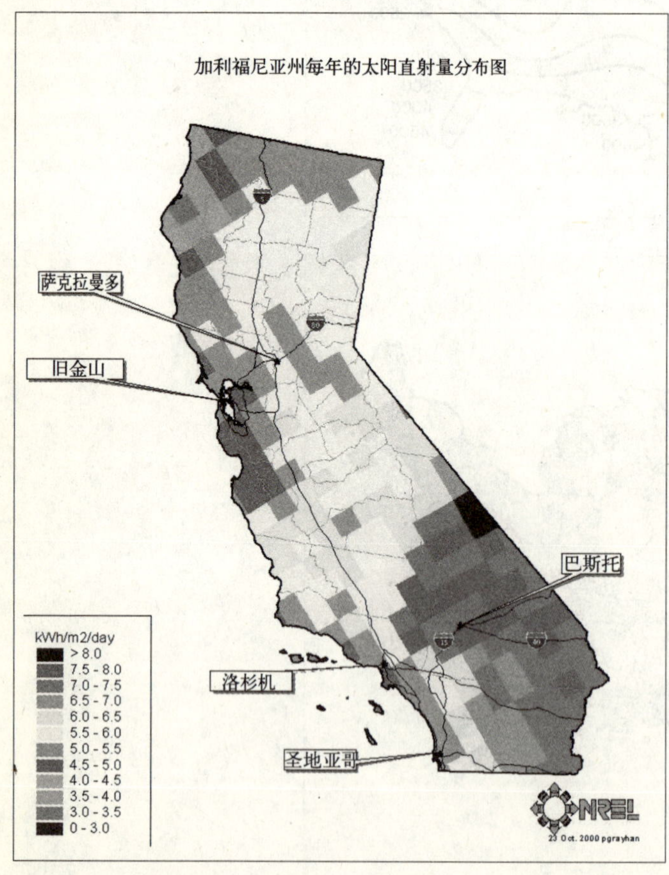

从太阳辐射量和采暖度日数图表中可以清楚地看出，处在寒带但阳光充足的地区如东部蒙大拿州的建筑比处在寒带但气候阴冷地带，如北部缅因州、新汉普郡州和佛蒙特州的建筑所获得的太阳能多。另一方面，设计师通过对采暖需求和太阳能利用率的了解制定出能耗补偿方案，在这种情况下，应提高太阳能的利用率，例如加强保温、提高窗户的太阳能吸收率等。处在缺乏阳光区域的建筑，采取这些措施也可以获得同样的太阳能。

可喜的是，已有一些相关的简易计算表及程序软件可以帮助设计师为特定区域设计有针对性的方案，这些将在第 7 章中讨论。设计时请务必使用所处地区的太阳能辐射数据（图 3–7）。

下面将重点介绍三种被动式太阳能设计，首先讨论的是直接受益式系统。

3.4 直接受益式太阳能采暖

直接受益式是被动式太阳能采暖设计中应用最广泛的形式。在温和气候条件下，直接受益式是一种相对简单和便捷的措施，它利用南窗引入高度角低的太阳光，太阳光被室内表面吸收然后转化成热量（图 3–8），进而提高室内温度。那么获得足够太阳热量需要的窗户尺寸是多少？

图 3–8
直接受益式被动太阳能建筑。阳光透过南窗入射转化成为热量，直接加热室内。该建筑位于美国科罗拉多州莫里森，由科拉罗多州建筑师 James Plazmann 设计。

3.4.1 直接受益系统中的直接受益窗

在直接受益式被动太阳能建筑中，直接受益窗面积应该占到总建筑面积的 7% ~ 12%。在有效利用气候条件和太阳能的基础上，满足这个标准的直接受益窗可以提供 50% ~ 80% 的年均热量需求。

在直接受益式被动太阳能系统中，直接受益窗面积应该控制在总建筑面积的 7% ~ 12%。要注意防止漫无目的扩大窗户面积!

直接受益窗有很多设计方式。最常见的是利用建筑南向墙体上的垂直窗户让阳光直射，南向天窗也可以获取阳光。下面针对这几种方式分别论述。

1. 南向垂直窗与倾斜窗的对比

南向窗户可能是倾斜的（窗户有一定角度或墙面倾斜）或垂直的（图 3–9）。在大多数的被动式太阳能设计中，垂直窗可以获得足够的太阳光，这也是设计师的首选。但是倾斜窗比垂直窗更具优势。一方面，

图 3–9
南向窗可垂直或倾斜设置。设计师更趋向于垂直窗。

倾斜窗在冬季太阳高度角较低时可以吸收更多的太阳能，阳光几乎垂直照射在窗户上，此时反射量最小而太阳能吸收量最大，可获取更多的太阳能。

由于倾斜式窗户不易被建筑上的突出物遮挡，在其他季节也可以获取更多的太阳光，因此更适用于寒冷地区。常年太阳照射也有利于植物生长。

虽然倾斜式窗户有很多优点：在冬季增加了太阳得热量，使室内阳光充足，利于植物的生长，但问题也很明显。在其他季节（春、夏、秋）倾斜式窗户会导致太阳能得热量的增加。导致室内过热，把太阳能建筑变成一个“火炉”——而并非原来人们所期待的那样！此外，曾有太阳能工程师指出：由于温度变化，从而导致玻璃和窗框的热胀冷缩，进而破坏了窗户的密封性，必然导致水和空气的泄漏。渗漏是很严重的问题，气密性不佳会有损建筑的舒适性。此外，倾斜窗比垂直窗更难设置遮蔽措施，所以有些当地规范规定必须使用钢化玻璃，这样造价就会随之提高。

使用垂直窗还是倾斜窗？

大家普遍认为垂直的南向窗户优于倾斜窗户。虽然通过垂直窗户的阳光射入少，但它可以减少渗漏，在夏季和初秋时节也不会使室内温度过高。

对倾斜窗的看法褒贬不一，不过大多数被动式太阳能设计师都不推荐使用。综合考虑，作者认为普通垂直窗户是一个更好的选择。可持续建筑发展委员会（SBIC）的研究表明，在冬季由于高度角较低的太阳光通过积雪反射进室内，垂直窗也能够获得与倾斜窗同样多的热量。

2. 竖向天窗

由于天窗能够使更多的阳光照进建筑，一些设计人员采用天窗使阳光照射到建筑的更深处，甚至达到北面的墙体，如图 3–10 所示，竖向天窗增加了太阳得热量和自然采光。虽然现在广泛采用典型的垂直窗户。但是也偶尔使用倾斜式竖向天窗。在一些建筑中，竖向天窗

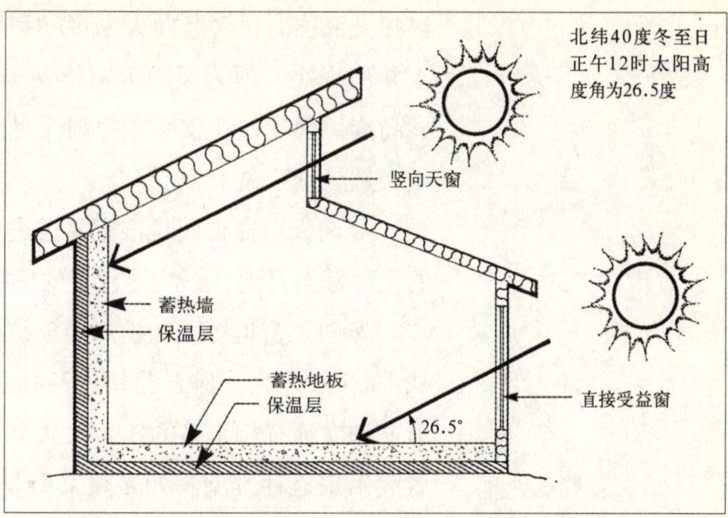

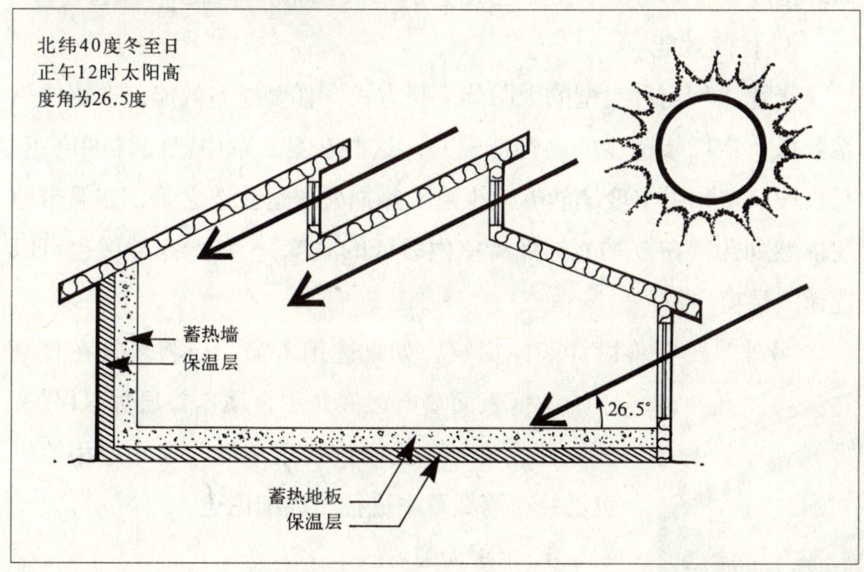

图 3–10
竖向天窗使阳光照射到房间的更深处，直达建筑最内部的蓄热体，同时提高了自然采光。但是，如果竖向天窗没有保温措施，夜间大量热量将会通过竖向天窗散失。

图 3–11
某商场建筑的锯齿型竖向天窗使阳光照射到了建筑物的深处。

被设计成锯齿状，如图 3–11 所示，这种设计进一步提高了太阳得热量和自然采光（采有该设计方法应确保有完整的屋顶排水系统）。

竖向天窗需要设置在蓄热墙外侧，通常与墙体距离为墙高的 1 ~ 1.5 倍，使蓄热墙获得尽可能多的热量。例如，假设北墙为 10ft 高的蓄热墙（外保温），竖向天窗需要设置在离此墙 10 ~ 15ft 的外侧（南面）。

竖向天窗除了使阳光深入照射还有其他优点，例如可以减少眩光、提高私密性等，这正是普通南向窗需要解决的问题。当普通南向窗被树木、邻近建筑或其他建筑物遮挡时，竖向天窗的作用更加显著。

尽管竖向天窗有很多优势，但需谨慎考虑，否则它会变成主要的热损失部位。尽管竖向天窗可以利用保温卷帘来避免热损失，但实际上并不现实，因为竖向天窗通常离地面有 12 ~ 15ft，卷帘无法达到此高度。因此，在夜间和阴雨天时竖向天窗处于无遮挡的状态，会造成大量热量流失。

竖向天窗在夜间也很容易透进光线：街道路灯的光线、邻近建筑的光线甚至月光，影响居住者的睡眠。

竖向天窗也可以和拱形屋顶结合设计，随之增加的空间必须采暖。从 1987 年开始，作者曾住过两栋这样的被动式太阳能建筑，对竖向天窗和穹顶有相当多的体会，从个人感受上来说，作者反对在寒冷气候区采用这种类型。如必须采用竖向天窗，则要安装最节能的窗户，同时也应该考虑为窗户设置电动卷帘，以达到晚间保温的目的。

3. 提高效能

无论采用何种类型的太阳能采暖方式，都要提高效能。选用传热系数低、空气渗透少的高性能窗户。这些在第 2 章中已经详细论述。双层玻璃窗和中空玻璃能够减少建筑热损失，是首选之策，在温带地区依然如此（在夏季能够保持室内较低的温度）。在严寒地区也可以选择三层窗户。

另外，要妥善设计南向窗户。如果选用木窗，应将暴露在日晒下的木框表面喷电镀漆并用金属覆盖层加以保护。保温性能最好，且维护费用最低的窗户选用原则也已经在第 2 章中进行了详细论述。

图 3–12
南向屋面的天窗提高了太阳得热量和自然采光，但是夜间和阴天时会造成大量的热损失。

4. 水平天窗

此处介绍的天窗仅是设置被动式采暖建筑的南向屋面（图 3–12）。南向屋面越陡，冬季得热则越多；在太阳高度角最低的隆冬季节，屋面越平缓，得热则越少。

水平天窗不仅应用在被动式太阳能建筑中，也广泛应用于其他所有类型的建筑。不过遗憾的是，现在很多倾斜式天窗出现了一些问题，例如夏季阳光的大量入射导致室内过热。设置卷帘会提高天窗的成本。尽管卷帘可以防止夏季过热，减少冬季热损失，不过操作起来比较困难，而且卷帘和隔热窗造价较高。更大的问题是在日常运

行中，没有人会去关注这些卷帘是开启或关闭，

尽管新型的遮雨板及安装费用不断降低，而且耐久性也有所提高，不过一旦设计或安装不当，天窗极有可能渗漏，进而破坏屋面材料、保温层及顶棚等。而且，天窗提供了冬季热损失的路径，$1ft^2$ 的天窗玻璃一年约损失 2400Btu（英制热量单位）的热量。

BTU 或 Btu 是一个在美国使用的能源单位。在英国较老的关于加热和冷却的系统文章中也能偶尔遇到。在其他的大部分区域，它已经被 SI 热量单位焦耳（J）取代。1Btu 被定义为将 1lb 水的温度增加 1°F 所需的热量。143Btu 能融化 1lb 的冰。按照现在卡路里情况，几种不同的 Btu 定义存在，其基于不同的水温，因此有大概 0.5% 的浮动。其作为热能或其他形式能量的单位，等于 1055J。

Peter van Dresser 在他的著作《被动式太阳能住宅基础》（《Passive Solar House Basics》）中指出："天窗夜间的热损失量通常超过白天得热量，除非安装保温装置。"在作者的建筑中为避免这个问题，作者和他儿子 Forrest 发明了一种安装在轨道系统上的保温板，应用在温室的天窗（图 3–13），作者正考虑为此产品申请专利。保温板由 R 值为 7 的硬质泡沫保温材料制作，外层覆盖织物，保温板嵌入固定在顶棚上的木制导轨中。在夜间或阴天时通过滑动保温板遮挡天窗来减少热损失。如果没有这些保温板，天窗一年就会损失 1400000Btu 的热量。

天窗应选用附带高标准性能的玻璃。有些天窗采用了比玻璃廉价的材料如塑料等，尽管降低了造价，但塑料天窗无法达到玻璃天窗的热性能。

一种更好的选择是设置导光管或其他类似装置（图 3–14），导光管由柔性导管组成，从顶棚延伸出屋面，在屋顶设置聚光的透镜，管

图 3–13
由作者与其儿子 Forrest 发明的保温板。

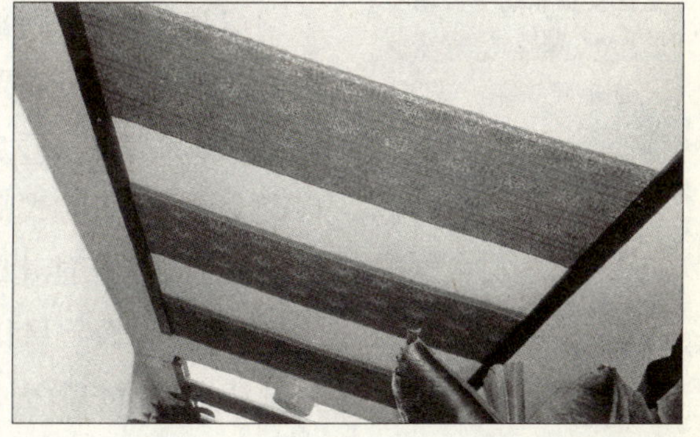

图 3–14
导光管将阳光引入室内，但不像传统天窗一样会造成大量热损失。

道内表面设置成反射面。这种装置能够利用一个很小的反射面产生大量的漫射光，具有导光效率高、热损失小的优点。导光管外观看上去像顶棚灯，导光管、太阳能通道、光导纤维以及其他新产品目前还应用较少。

3.4.2 非直接受益窗

高性能的直接受益式被动太阳能建筑还要考虑非直接受益窗，即阴面的窗户。有两点特别重要：玻璃位置和面积的确定与窗户类型的选择（可开窗和固定窗），详见第 2 章。

对大部分气候分区的直接受益式被动太阳能建筑来说，北向和东向的窗户应尽可能减小面积，每个朝向的窗地比尽量控制在 4% 以下，西向窗地比不应超过 2%。这些比例很容易受到窗户视野和安全等因素的影响而改变——例如为达到防盗目的而设置成能看到整个院落的大开窗或者扩大开窗以备火灾逃生等。不过，改变窗地比常常会产生负面影响，最常见的就是导致夏季过热。

当地气候条件对窗户布置是至关重要的。例如在寒冷地区，夏季过热问题就没有温带地区严重，因此西向窗地比稍高于建议值也不会产生什么负面影响，而且利用遮阳、节能玻璃以及其他措施也能弥补。

温带地区冷负荷较大，如果同等的设置北向窗和南向窗，则会进一步增加负荷。在这些地区，应该减小南向窗地比来降低太阳得热量，同时增加北向窗地比进行散热。如果设计恰当，夏季完全可以营造出凉爽的室内环境。

通风窗

窗户在被动式降温中起着重要的作用，关于这个问题将在第 5 章中予以详述。此处需要说明的是，在被动式建筑设计中，部分直接受益窗应该设置成可开启式，以利于自然通风。将北向窗、东向窗和西向窗设置成可开启式则有利于形成穿堂风。

在双层太阳能建筑中，可以利用热压作用（或称烟囱效应）使热空气上升，结合首层和二层可开启窗的组合，促进建筑通风。在夏季，热量从上部窗户散失，同时凉爽空气从建筑北向或东向的窗户进入，

直接受益系统中各朝向窗地比

直接受益窗——7%～12%

北向窗户——不多于 4%

东向窗户——不多于 4%

西向窗户——不多于 2%

百分比以房间地面总面积为基数，窗户面积指玻璃面积（窗户总面积减去窗框面积）。

使室内比较凉爽舒适。不过可开启窗比固定窗（不可开启）的渗漏概率和造价都要高，所以不应该设置过多，少量的可开启窗就能带来足够的通风。

3.4.3　保温材料和蓄热体

良好的保温是直接得热式系统成功的先决条件。包括墙体、地板、顶棚、基础保温以及能够保温的节能窗。此部分在第 2 章中有详细论述（针对特定区域的保温调整将在后面论述）。

蓄热体也是直接得热式系统中非常重要的因素。增加的窗地比超过限制的 7% 就需要附加蓄热体（除建筑本身的蓄热材料外还要附加蓄热体）来吸收所增加的太阳能得热量。蓄热体能够防止过热和储存热量，当室内温度低于蓄热体表面温度时，蓄热体就开始放热。所以，蓄热体能够提供更多热量并保持更好的热稳定性。窗地比超过限定或蓄热体设置数量不够很可能产生一系列问题，最严重的就是冬季室内过热。

注意夏季降温

窗户遮阳对直接得热的被动式太阳能建筑来说是至关重要的，Ron Judkoff 发现，夏季大多数气候区大约有 7000 度日数需要采用遮阳来降低冷负荷（以防止过热）。窗户遮阳对减少暮夏初秋季节的太阳得热量有显著作用，在温带气候区效果更明显。如第 1 章所述，室内外部遮阳比内部窗帘效果要好。

在直接受益式被动太阳能建筑中，蓄热体只有设置在恰当位置才能充分发挥作用。通常蓄热体可以均匀地分布到房间内。均匀放置要比集中设置好得多，受太阳光直晒到的蓄热体越多越好。另外尽量使光线照射到房间的深处，如天窗可将阳光投射到房间更深处甚至北向的蓄热墙上。

美国国家可再生能源实验室建筑热能中心主任 Ron Judkoff 指出："把握这样一个原则：对于石材一类具有较低传热性的材料，表面积要比厚度重要，因为石材只有其表面的几英寸会起作用；对类似水一样的高传热性材料来说，最好集中设置。"

如第 1 章所述，多年来太阳能倡导者一直认为室内的蓄热体应为深色，深色蓄热体比浅色蓄热体能够吸收更多的可见光，产生更多的热量。不过经验表明并非如此：深色蓄热体产生的热量又会被材料本身吸收大量热量又辐射到附近空气中，会在房间内产生一个令人不适的热区域。

蓄热体的安置

在直接受益式系统中，蓄热体应该均匀分布到太阳直接照射的地方，这种方式优于集中放置。总体上来说，受太阳光直射的蓄热体越多越好。

与采用深色的蓄热体相比，许多建筑师更倾向于采用易于反射和吸收的蓄热体（图 3–15）。换言之，他们在房间的前表面采用较浅颜色蓄热体，在后表面则采用较深颜色蓄热体。位于窗户附近的浅色蓄热体将阳光转化成热量，它还会将相当一部分的阳光反射到建筑物内

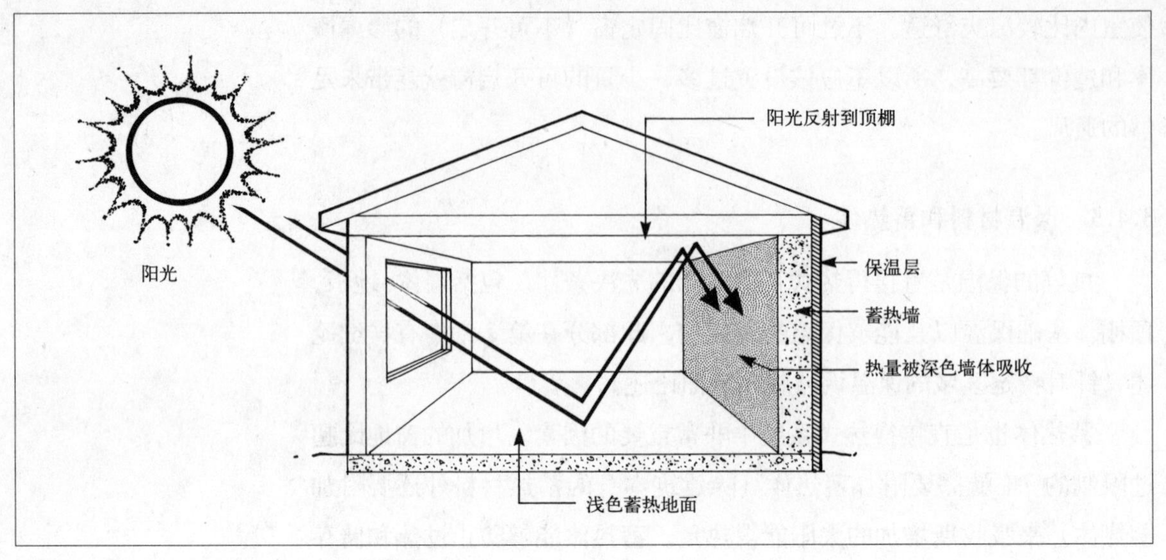

图 3–15
日光从位于被动式太阳能建筑南面的浅色蓄热体反射到建筑内部的深色蓄热体上。

部。这样，这部分阳光被房间内部的深色蓄热体吸收并转化为热量。通过把阳光反射到房间内部的深色蓄热体，使住户处于墙体热辐射所围合的空间中。

通常蓄热体和保温材料与建筑构件有很大不同，不过有些建筑材料和墙体系统同时具备蓄热和保温功能。例如，前面所述的木结构建筑就是蓄热与保温的统一体。

建筑内部的蓄热体从已加热的房间空气中吸收热量，不过这样吸收的热量要比受阳光直接照射吸收的少。

3.4.4 直接受益窗与蓄热体的比例

直接得热式太阳能建筑细部设计中最重要的一点就是直接受益窗与蓄热体的比例——即建筑中蓄热体数量与直接受益窗相匹配。遵循相关原则即可避免室内过热。

当确定与直接受益窗有关的蓄热体的数量时，被动式太阳能建筑中窗户得热量的 7% 被建筑的附加蓄热材料吸收，如石膏墙板、框架、地板和家具等（另外的，在指窗户面积与地板面积的比例中，7% 是日晒调节设计中窗地比的上限）。

当直接受益窗窗地比超过 7% 后，就需要设附加蓄热体。根据直接受益窗和三种不同蓄热体面积的比值，来确定蓄热体的数量（图 3–16）。

图 3–16
地板与墙的蓄热比例

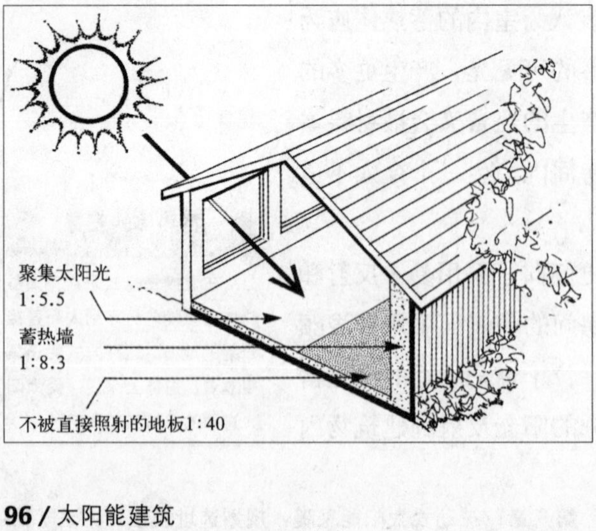

木结构建筑：蓄热与保温的统一体

木结构建筑对居住者来说有很多好处，对那些厌倦钢筋混凝土建筑的城市居民来讲，单是那极具田园风格的返璞归真式的外观就很具吸引力。那么为什么认为木结构建筑是一种内在的被动式太阳能建筑呢？

对于木结构建筑的能效有截然相反的说法。有人认为木材"不是特别好的保温材料"，并且木结构的墙体也不够结实，甚至不如玻璃纤维毡墙体的框架结构好；而有些人则认为，木料是"最好的天然保温材料"，木结构建筑的性能甚至优于传统墙体结构建筑。

"木材是自然界最好的保温材料"，这个观点是正确的。木材的热阻值比混凝土高四倍，比砖高六倍，比石材要高15倍。然而单把木材与混凝土块、砖和石材放到一起比较是毫无意义的。工业化国家的大部分建筑都采用纤维玻璃或其他纤维保温材料制作的2×6 或 2×4 的模块来建造，若仅用热阻值作为唯一的衡量标准，木墙与填充墙相比毫无优势可言。例如一根直径为6in的五针松木热阻值约为8，相同直径的西部铅笔柏木热阻值是6.5，无法与热阻值为19的2×6玻璃纤维保温填充墙或与热阻值约为22的纤维质填充墙相比。

然而木材也是能储存热量的蓄热体，研究人员发现，如果将蓄热能力考虑进去，在防止热量散失方面原木墙体与传统保温结构墙体能起到相同的作用，甚至更好。美国国家标准局对原木墙体进行了实验，测试表明，在除了严冬外的其他季节，厚度6in的原木墙体与其他任何墙体相比保温效果相同甚至更好，只有在冬季，其他保温结构墙体才略占优势。可见，木结构的蓄热功能弥补了其热阻值的不足。

《Log Homes Made Easy》一书的作者Jim Cooper写过大量有关木结构建筑的文章，他指出："人们过于关注'能量使用效率'这一点，却忽视了更深层次的能源节约措施。他们过于追逐低能效的高大穹顶，窗户数量和位置也设置不当，并且对节能建筑嗤之以鼻"。我们不能陷入这类建筑的技术误区中。"

所以，在建造一所被动式太阳能木结构建筑时，要确保顶棚、地板以及地基的保温性能良好，若超过了窗地比7%的上限，就要增设附加蓄热体。

选自 The Natural House: A Complete Guide to Healthy, Energy-Efficient, Environmental Homes. Daniel D. Chiras 著

第一个比值是直接受益窗面积和受太阳直射的蓄热地板面积之比。在此条件下，窗地比超过7%后，直接受益窗每增加1ft^{2}需要阳光直射的蓄热地板5.5ft^{2}与之相匹配。

第二个比值是同房间内直接受益窗和不受太阳直射的蓄热地板面积之比。在此条件下，每1ft^{2}直接受益窗需要不受阳光直射的40ft^{2}蓄热地板与之匹配（如果蓄热地板铺设地毯则其蓄热效果会急剧下降）。

第三个比值是直接受益窗和房间内受阳光直接加热的蓄热墙之比。在此条件下，窗地比超过7%后，直接受益窗每增加1ft^{2}需要8.3ft^{2}蓄热墙与之匹配。可持续建筑发展委员会宣称，蓄热墙的效率与是否受太阳直接照射无关。然而很多专家并不认同这一观点，他们认为受太阳直接照射的蓄热墙能吸收更多的热量。

蓄热地板和蓄热墙的厚度应在4～6in之间。根据SBIC的资料，无限增加厚度并不能吸收更多的热量。但很多设计人员并不同意，他们提倡增加蓄热体的厚度，以此来提高热稳定性和延长蓄热周期，详见第1章。

怎样确定所需的蓄热墙和蓄热地板的数量，下面举例说明：

假设要建造一座面积2000ft^{2}的房子，设置240ft^{2}直接受益窗（占建筑面积的12%）。按照7%的标准，有140ft^{2}的直接受益窗可与建筑

物本身的蓄热材料相匹配（7%×2000=140），剩余 100ft^2 蓄热窗需要在墙或地板中设置附加蓄热体与之匹配。

为了计算受阳光直接照射的蓄热地板面积，按照每平方英尺直接受益窗匹配 5.5ft^2 蓄热地板的标准，将 100ft^2 直接受益窗乘以 5.5，即可得到需要 550ft^2 受阳光直接照射的无覆盖蓄热地板。换言之，为防止室内过热、减少温度波动，建筑物需要 20ft^2×27.5ft^2 无覆盖蓄热地板—如混凝土基面上的瓷砖全被进入室内的太阳光直接照射，其厚度应在 4 ~ 6in。

如果房间平面仅能与多出直接受益窗的一部分相匹配，那就需要在太阳能够直接照射到的空间中增加附加地板蓄热材料来弥补差额。不能受到阳光直射时要设置蓄热墙或两者同时设置。如假设直接受益窗多出 50ft^2，那么，将需要 2000ft^2 的不受太阳直接照射的无覆盖蓄热地板（50ft^2×40ft^2 蓄热地板 =2000ft^2 蓄热地板），或者 415ft^2 的蓄热墙（50ft^2×8.3ft^2 蓄热墙 =415ft^2 蓄热墙）。很明显有时候两者需要结合设置。

3.5　特定区域的直接得热式系统设计

了解以上基本知识以后，下面对特定区域的直接得热的被动式太阳能建筑设计进行分析。

温和气候适合直接得热的被动式太阳能系统，其设计标准也是一样的。不过，为使系统设计更细致周到，有以下四项因素应随着区域的改变而调整：（1）南向窗户数量，（2）蓄热体数量，（3）保温等级，（4）挑檐尺寸。

3.5.1　直接受益窗

区域性设计中最复杂的一项就是直接受益窗。在被动式太阳能建筑中，热负荷越大，需要设置的直接受益窗也越多。

表面上看似简单，然而这个原则可能会将设计引入误区。冬季，设置太多的玻璃窗可能会在白天导致室内过热，而夜间或阴天时，又会导致热量大量流失和温度降低。当建筑定位不当导致太阳垂直照射时，会使夏季室温过高。

作为一般性原则，直接受益窗的窗地比应控制在 7% ~ 12% 之间。直接受益窗与蓄热体的比例关系详见前述。如果建筑处于比较温暖的气候区，可能只需 8% 或 10%，如果处于较寒冷的气候区，则需要

12%。依照可持续建筑发展委员会（SBIC）的意见，通过整合太阳能建筑设计各个因素，这个比例可以超过 12%——如为直接得热的被动式太阳能建筑增加一面蓄热墙。在这种情况下，直接受益窗的总面积不得超过建筑面积的 20%。对于非直接受益窗，请参照前面提到的设计原则。

3.5.2 蓄热体

区域性设计的第二个调整项是蓄热体。设置蓄热体是被动式太阳能建筑发挥作用的必要条件。蓄热材料应该均匀布置在太阳能直接照射到的地方，在阳光能直射到或反射到的地方布置蓄热材料越多越好。同时应分配好蓄热体的表面颜色，尽量将光线向房间深处反射，通常房间前部的蓄热材料颜色设成浅色，后部的设成深色。

另外要注意，对蓄热体表面涂漆或抛光将大大减少热量吸收，在蓄热地板上层铺设地毯不利于热量的吸收。粉刷基本不影响蓄热墙吸热，其能将热量从表面传递到内部。与之相比，如果清水墙和蓄热墙砌筑不够密实则会减少其蓄热量。蓄热体厚度及其与直接受益窗的比例关系详见前述。

蓄热体尺寸和直接受益窗的面积有关。一旦确定直接受益窗，就可以由此计算所需的蓄热体，然后根据建筑平面图确定蓄热体的分布，再进一步决定所需每种类型蓄热体的数量，以此和直接受益窗相匹配。

有关蓄热体的注意事项

蓄热体将日照转化成热能并吸收，同时蓄热体也从空气中吸收热量，不过这种传热方式比直接接受阳光照射效率低。Steven Winter Associates 认为："相同材料构成的蓄热体，如果要产生相同的热效应，由室内热空气加热的蓄热体面积是由阳光照射加热的蓄热体面积的四倍。"通常墙体蓄热要比地板蓄热和顶棚蓄热效果好。

3.5.3 保温

围护结构保温在所有直接得热式系统中都非常重要。气候越寒冷，保温等级越高（表 3-1）。在缅因州或明尼苏达州这样的寒冷气候区，在效能较高的被动式太阳能建筑中 *R* 值为 30 ~ 40 的墙体和 *R* 值为 50 ~ 60 的顶棚都是很常见的。在设计建筑时，应对墙体、顶棚、屋面和地板中的结构构件进行合理设置，尽量减少或消除热桥。如第 2 章所述，热桥指通过热传导造成热损失的结构构件和基础等部位（如何减少热桥请参阅第 2 章）。为了充分利用太阳能设计为建筑保温，很多设计师采用了超出当地建筑规范规定的保温标准。尽管当地规范每年都更新，但是很多设计师还是采用美国环保署能源之星推荐的保温标准，有时甚至还要高于这个设计标准。许多区域采用另外一些符合或高于国际能源节约法的保温标准。在第 7 章中将利用计算机软件

不同气候类型的保温要求 表3-1

气候类型	保温墙	保温顶棚
温带	*R*-30	*R*-60
寒带	*R*-40	*R*-80
热带	*R*-40	*R*-80

引自：Ken Olson and Joe Schwartz,"Home Sweet Solar Home," Home Power, Issue 90 (8 月 /9 月，2002)，86 ~ 94。

对各个不同等级的保温标准进行对比，当然也可以手算，不过那样比较耗时费力。不同气候类型的保温要求如表 3–1 所示。

在直接得热式系统中，窗户保温尤其重要。同墙体和顶棚保温一样，气温越低，窗户越需要采取保温措施。保温性能良好的窗户可以在夜间或阴天时减少热损失，提高能源利用率。

窗户保温有很多形式，例如在内部或外部设置百叶和卷帘。尽管百叶不如卷帘等操作简便，特别是当其安装在室外时更不方便，但是制作优良的保温百叶比卷帘保温效果好。

在直接得热式系统设计中，地板保温，尤其是兼作蓄热体的地板保温是至关重要的。在最温暖气候地区以外的其他气候区进行保温设计时，最好在地板中单独设置蓄热材料——如安装在地板夹层中，同时应该在基础下设置刚性泡沫保温材料（详见第 2 章）。外部冷空气不断从被动式太阳能建筑中吸取热量，降低舒适度，湿度较高的土壤也对建筑产生同样的影响。所以应该采用排水、起坡或其他方式来保证建筑的基础和地面干燥。第 2 章中已经介绍过几种保持基础干燥的方式，并探讨了一些被动式太阳能建筑设计中最有效的基础体系，其中也包括浅基础的结露防预措施。

地板保温在其他构造设计中也是很重要的。如当较薄的地板砖铺设在位于架空层或地下室之上的木地板上时，通常位于架空层之上的蓄热地板比位于地下室之上的蓄热地板保温要求更高。温度越低，楼地面的保温等级越高。

另外，要严格控制空气渗透。建筑密闭性越好，需求的热量越少。但是如果房间过于密封将导致空气污浊，会危害健康（详见第 6 章）。

图 3–17
固定式遮阳调节太阳得热量，决定让阳光照射进室内或遮挡阳光的精确时间。

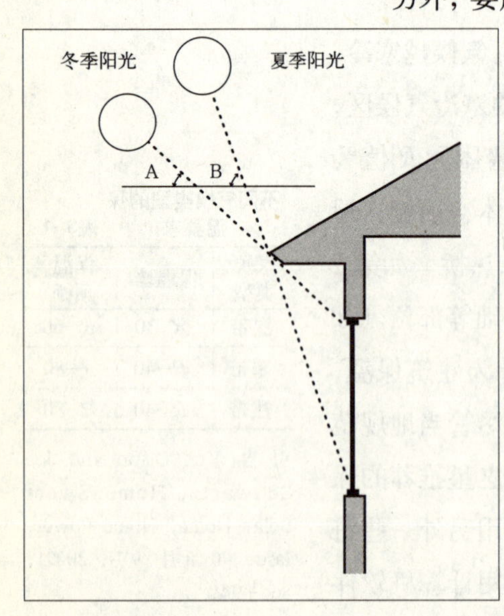

3.5.4 遮阳设计

遮阳板可以用来控制太阳得热周期，决定直接受益窗接收太阳能的时间。固定式遮阳板应该与窗口上沿隔开一定距离，如图 3–17 所示。这样，结合遮阳板的出挑长度，可让高度角较小（图 3–17 中角 A）的冬季阳光照进室内，同时遮挡太阳高度角较大（图 3–17 中角 B）的夏季阳光。利用下面的公式计算遮阳板出挑长度：

遮阳板出挑长度（L）= 窗口高度（H）/ 系数（F）

公式中系数F是一个随纬度变化的参数，见表3-2。如假定在北纬44°的威斯康星州建造一所建筑，窗口高度为6ft。将6ft除以系数F即可得到遮阳板出挑长度，此处F按表中取值为2～2.7。为使设计具有一定的灵活性，系数F位于一定的取值范围内，取较大值会获得更多的太阳辐射。明确采暖需求（采暖度日数）和太阳能利用率（季度平均日太阳辐射）有利于系数F的确定。

一般来说，温度越低，需要的太阳辐射量越多，屋檐出挑长度也越短。不过，对寒冷气候的设计还要进一步区分（图3-18）。有些地区寒冷却日照充足，有些则寒冷多阴，例如东部的蒙大拿州属于第一种情况，缅因州和佛蒙特州则属于第二种。设计师应该针对不同地区调节遮阳设计，阳光利用率低的地区，遮阳出挑长度较短。

在大部分地区，2ft长的遮阳板能够遮蔽8～9ft高的墙，不过很多遮阳板长度比前面理论计算得要长。因为窗口上沿距遮阳板下沿的距离也是一个影响因素。请登陆 www.susdesign.com/overhang/index.html 查询不同国家和地区遮阳设计的相关资料。

在被动式太阳能建筑设计中遮阳板出挑长度的系数F　表3-2

北纬	系数F
20°	5.6~11.1
32°	4.0~6.3
36°	3.0~3.5
40°	2.5~3.4
44°	2.0~2.7
48°	1.7~2.2
52°	1.5~1.8
56°	1.3~1.5

3.5.5 直接得热的被动式太阳能建筑的优缺点

直接得热式是最容易实现的被动式太阳能建筑设计方法，维修也是最方便的。早期的设计师一般都没有把其作为一个整体的系统来考虑——特别是对蓄热体和直接受益窗的平衡问题以及阳光照射不到的

图3-18
炎热的季节遮阳板可以遮蔽墙体和窗户。

遮阳和窗帘

除设置好南向窗、保温材料以及蓄热体外，直接得热式被动式太阳能建筑还要设置遮阳板来调整太阳得热量。在采暖季节需要采取措施防止热量流失，如第1章所述，窗户保温能有效地减少夜间和长阴天时通过窗户的热量流失。气温越低，窗户保温越重要。

区域的供热问题等。现代的设计方法和设计工具，如第7章所述的能耗分析软件，极大地提高了设计效率，使直接得热的被动式太阳能建筑设计变得轻而易举。

在选择直接得热的被动式太阳能建筑方案前，应该仔细分析其优缺点，以便针对其不足采取相应措施。

其优点就是设计简单：建筑要面朝南方，在南墙集中开窗，做好保温措施，设置好遮阳、窗帘和蓄热体。其最明显的好处就是暖和、舒适，只要没有太大的设计问题，基本不需要采取额外的采暖和降温措施。在其他诸如建筑规模、材料使用等方面，直接得热的被动式太阳能建筑也都能达到建筑与环境的和谐相处，因此其应用前景非常广阔。

直接得热式太阳能建筑还有其他一些优点。许多被动式太阳能建筑外观非常别致（图3–20），而且还可设计成各式各样的建筑风格，几乎能与各种毗邻建筑相融合。此外，直接受益窗可设置于建筑的前、后方或侧面，因此东西向街道两侧的建筑均可采用。如第1章所述，也可以通过建筑的整合设计使其适合于南北向的街道。

被动式太阳能建筑的另一些优点就是采光良好、利于通风。直接得热式太阳能建筑通常都给人一种清新明亮的感觉。在阳光明媚的冬天，当阳光照进室内的时候，房间很快就充满了生机与活力。

直接得热式太阳能建筑日照充足，能够减少电费开支，营造一种舒适的工作生活环境。关于如何防止眩光和减少暴晒，详见第1章。

许多太阳能建筑设置开敞空间提高了热量的均匀分布，改善了室内的视觉效果。开敞式空间适用于面积较小、能量需求较少的建筑。

南向窗户视野开阔。在郊外，可以眺望远处的草场、森林和山脉。美丽的风景能让人身心愉悦，同时也提升了建筑自身的价值。

图3–20
这座位于丹佛的被动式太阳能建筑，其设计令人瞩目。

直接得热式太阳能建筑的密闭性优于其他传统建筑，只要设计数量足够、放置得当的蓄热体，建筑便可温暖舒适。

但是有些建筑可能设计不当。窗户设置过多和蓄热体设置太少是过去经常遇到的问题，这样会导致过热。只有设计好直接受益窗和蓄热体的比例关系才能创造最好的舒适环境。

太阳能蓄热地板

这是由《被动式太阳能建筑》(《The Passive Solar House》) 的作者 James Kachadorian 发明的一种利用地板来收集太阳能的采暖措施。他是一位具有创新精神的设计师和工程师，已经在美国东北部建造了许多经济实用的被动式太阳能建筑。他发明了这种在混凝土板下设置混凝土空心块的蓄热地板（图 3–19）。

将混凝土空心块整齐排列，并使内部空腔南北贯通从而为空气流动提供通道，然后在阵列的空心块上浇筑 3 ~ 6in 厚的混凝土板。在房间的南边和北边设置出风口，这样房间中的空气就能经由下面迷宫式的蓄热材料进行循环。

在此方案中，阳光通过南向窗户照到室内表面后转化成热量，热空气借助风扇实现对流，穿过混凝土板下面的蓄热系统。空气从后面的通风口进入房间，从前面的通风口（沿着南墙）排出。当空气通过地板时，释放的热量被混凝土块储存，到夜间，热量从混凝土空心块和混凝土板辐射到房间中。在佛蒙特州这样的寒冷气候中，此方案能够常年保持房间的温暖。

尽管这套方案看上去运转良好，特别是借助风扇可以将空气吹进地板下曲折迂回的通道，效果显著，不过有设计师担心空气经过通道时湿度会增加，他们认为寒冷潮湿的环境可能滋生细菌和霉变。细菌会随着空气流通污染室内环境，导致严重的健康问题。另外风扇也需要额外的动力运转。

考虑到诸如此类问题，纽约爱丁堡 Adirondack 新能源公司的被动式太阳能建筑设计建造师 Bruce Brownell 通过混凝土面板下的循环盘管来循环空气。这是一套位于地板最下层的 70 ~ 100t 重的蓄热系统，在顶棚内被加热的空气通过通风井流通到地板下。这种盘管与混凝土空心块构成的通道相比，清理方便，不易滋生细菌发生霉变。像 Kachadorian 设计的一样，Brownell 设计的这种建筑在室外温度极低的情况下仍能保持室内温暖。

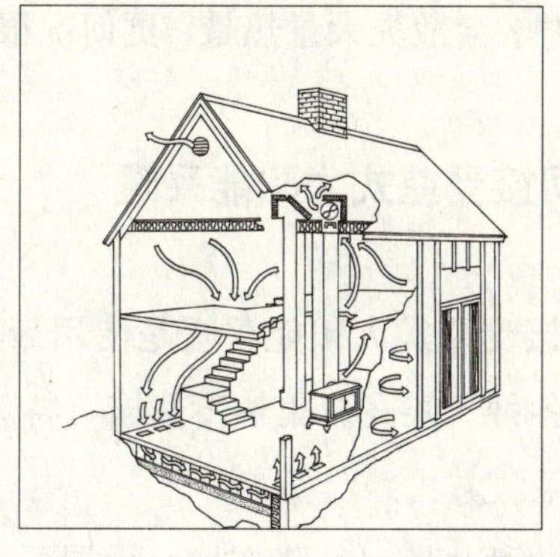

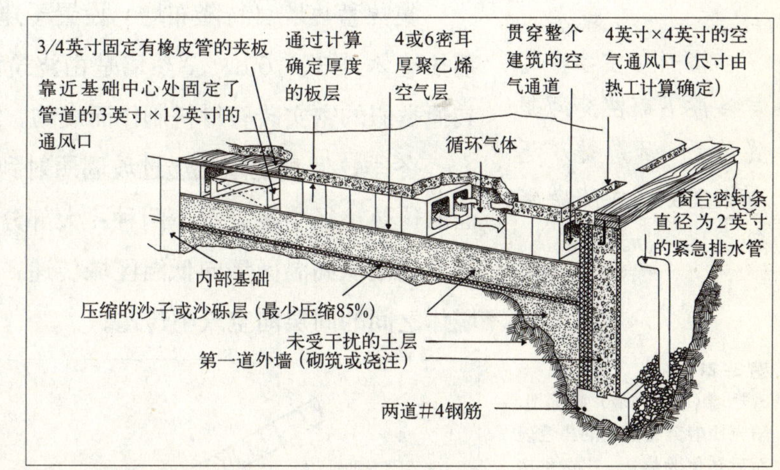

图 3–19

太阳能蓄热地板：温暖的室内空气在混凝土面板下空心砌块组成的通道内循环。热量被砌块吸收后传递到上层的混凝土板，再辐射进室内。风扇能有效地协助空气在通道内循环。不过有些设计师担心砌块会产生霉变，有害健康。

充沛的阳光可能会导致照射过量。尽管有些新型的玻璃窗能够减少紫外线透过率，但透过的紫外线仍会破坏地毯、窗帘和家具等。可以设计太阳直射不到的空间来提高居住的舒适性，详见第 1 章。

直接得热式太阳能建筑也不利于室内盆栽植物特别是热带植物的生长。在夏季，热带植物可能接受不到足够的阳光；而在冬季可能又接受过量。因为许多热带植物不能接受阳光直晒，大量的直射光通过南向窗照进室内会使叶子变白甚至灼伤。为避免伤害这类植物，人们应该在冬季将它们搬到阳光直射不到的地方，或者改养一些喜光的植物，如：仙人掌、多汁类植物、天竺葵属类的传统花卉、耐旱植物以及像龙血树、木槿、九重葛、桔树等的亚热带植物，这些植物正适合这类室内环境。

一些地方，太阳能建筑的私密性可能是一个问题，大的南向开窗减少了家庭的私密空间。不过窗帘可以解决这个问题。

在冬季，大面积的玻璃窗变成了散热构件，热量通过窗户从室内流失，大大减少了室内舒适性。夜间，如果没有卷帘或固定保温构件遮挡窗户，会散失大量热量，更何况很多人不喜欢去频繁地开关卷帘。

3.6 间接受益式太阳能采暖

间接受益式太阳能采暖是使用最广泛的被动式太阳能采暖方式，适用于各种气候区。集热蓄热墙（特隆布墙）就是典型的间接受益式太阳能采暖方式。

蓄热墙在各种气候条件下都在夜间提供热量，因此被广泛用于被动式太阳能建筑。

集热蓄热墙（特隆布墙）设置于建筑南向（图 3-21），玻璃位于蓄热墙体外 3 ~ 6in，蓄热墙是由浇筑混凝土、混凝土砌块、夯土或其他类似的密实砖石材料制作而成的。

冬季，低角度阳光透过玻璃照射到蓄热墙的黑色表面。蓄热墙表面的传热途径主要有以下两种：大部分的热量被蓄热墙吸收，这部分热量逐渐从高温区域向低温区域传递；另一部分热量通过玻璃和蓄热墙体之间的间层向空气中传递。

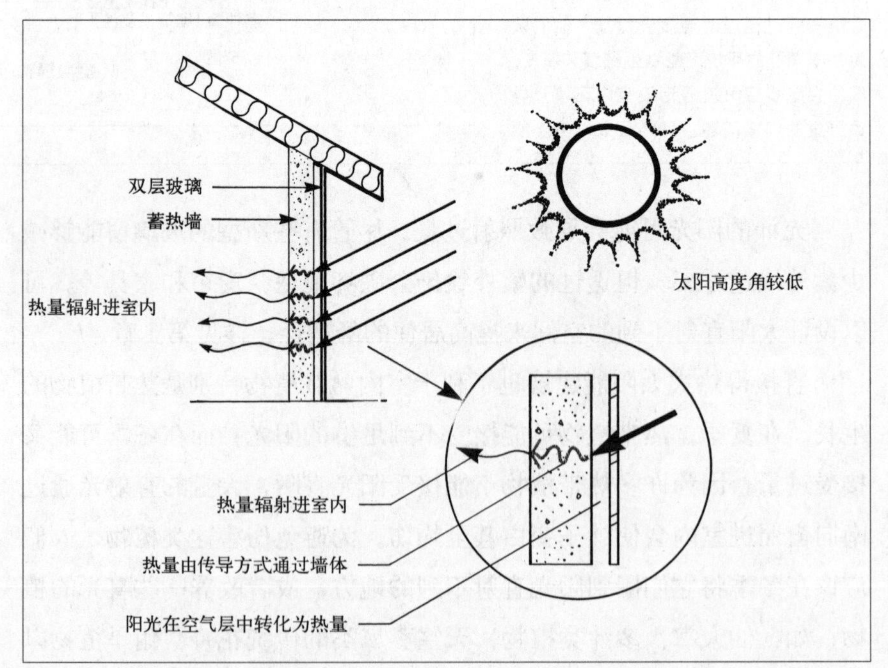

图 3-21
蓄热墙（特隆布墙）断面图。阳光照射到蓄热墙的黑色表面后转化为热量，在这种密闭空气层的蓄热墙中，热量通过墙体直接传导进入室内。

冬季当太阳升起时，要求大多数蓄热墙储存的热量能够传递或延迟传递到墙体内表面。因此在采暖季节，热量传递到墙体内表面；随后墙体开始向室内持续地传递热量，提高室内热舒适度，直到夜晚。这就是所谓的太阳得热延迟现象。

集热蓄热墙材料和厚度　　表3-3

材料	密度 (lb/cf)	厚度 (in)
混凝土	140	8~24
混凝土砌块	130	7~8
黏土砖	120	7~16
轻质混凝土砌块	110	6~12
土坯	100	6~12

时间延迟是指从太阳开始加热蓄热墙体到热量开始向室内传递的过程。持续时间长短取决于蓄热墙的厚度和密度。蓄热墙体的厚度不一，厚度范围一般为6～24in，8～18in是最普遍的。在住宅中，蓄热墙的厚度取决于墙体材料和蓄热能力，表3-3显示了不同材料的不同厚度值，墙越厚，传到室内的热量时间就越长，此外，墙越厚，室内墙表面温度每日变化就越小。

有些设计师用水代替石材做蓄热墙，水比石材的热容性更高，也就是说每立方米的水能储存更多的热量，但是，水的散热速度也快。

在多数情况下，可以在玻璃后面放置自立式塑料容水器来吸收太阳能存储热量，晚上或寒冷阴天的日子，蓄热墙还可以向相邻房间辐射热量。在多数装置中，来最优化它们的运行效率水管是可见的，对居住者来说，放在墙板内部可以提高美学效果，但是那样降低了运行效率。

可以在蓄热墙上安装窗户引入室外景色和日光，可以直接获得热量，也可以作为防火疏散渠道，规范上要求所有卧室要有可开启窗作为紧急出口。

特隆布墙还包括通风口，用以抽取室外热量或在玻璃和集热墙之间的热量，提供直接或白天太阳得热。下述为其工作原理，如图3-22所示，冷的室内空气通过墙体下部的小孔进入阳光照热的特隆布墙的空气间层，空气上升的过程中，继续被加热，产生对流，空气从墙体上部的小孔回到室内，进入室内的空气温度大约为90°F，同时推动室内冷空气从下部小孔中进入墙体。

正确设置小孔以确保其能够通过足够的空气流，一般来说，每100ft^{2}的特隆布墙，需要2ft^{2}的小孔，小孔在墙体的上下部分均匀分布，例如，一个300ft^{2}的墙体需要6ft^{2}的小孔，3ft^{2}小孔分布在墙体上部，其他3ft^{2}分布在墙体下部。

当蓄热墙上安装小孔后，在墙体顶部安装紧密的小孔是一个明智的选择，可以阻止晚上热量流失，夜间热量流失是因为相反的虹吸作用，从室外吸收热空气，当对流加热室内空气时，反对流作用开始运

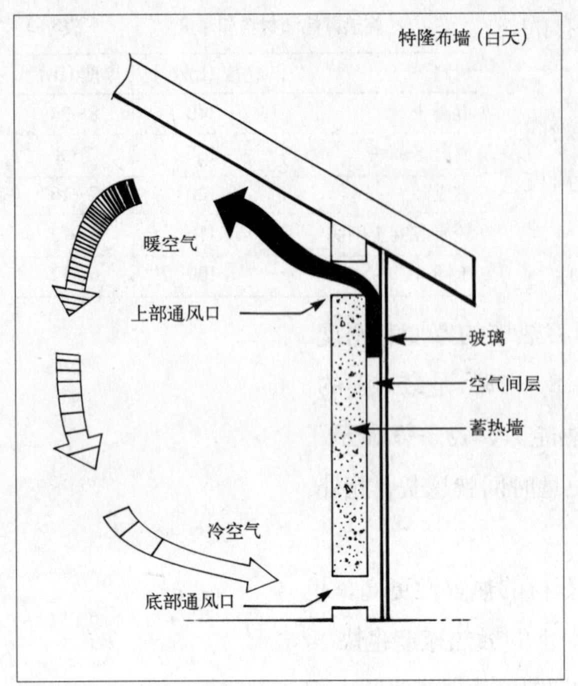

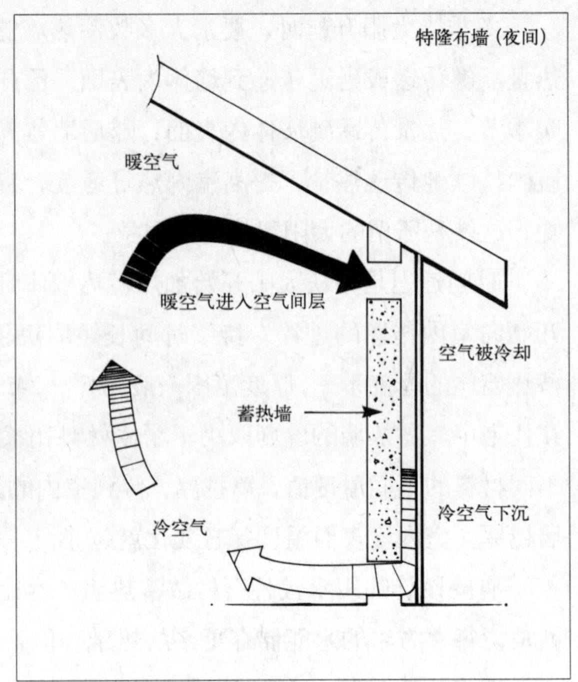

图 3–22（左）
在设有通风口的集热蓄热墙体上，热量可以通过自然空气对流进入到临近的房间中。

图 3–23（右）
在夜间，热量通过设有通风口的集热蓄热墙体排出室外。要注意冷空气倒灌。

行，如图 3–23 所示，热空气通过上部的小孔进入室内。在空气间层里，暖空气冷却下沉，通过上部的通风口吸收暖空气，通过下部的通风口排除冷空气。

如果不关闭设置在通风口的盖板或节气阀，反向对流就会导致热空气流向室外。这两种装置虽然效果都很好，但是需要有一个操作员进行日常控制，即必须每天早晨把它们打开，晚上关闭（作者在曾经住过的住宅中发现，如果堵住通风口，而完全依靠蓄热墙体上窗户的延迟得热和直接得热，就能达到满意的效果）。

在其他成功的被动式太阳能住宅中，蓄热墙体在制冷季节能够防止过热。挑檐是最常用的方式。根据本章前面列出的公式可以计算出挑檐的长度。在白天，置于窗户上侧的移动式保温板或其他装置也可以提供遮阳。

在冬季，集热蓄热墙体应采取保护措施防止热量流失，特别是在寒冷气候区。为了解决这个问题，一些建造者夜间在窗户上侧安装硬质泡沫保温板。

注释

从远处看，特隆布墙类似于墙的形式，因此房间无需关闭来阻止阳光进入。

虽然集热蓄热墙非常有效，但是很多人都因为影响建筑外观而避免使用。事实上，从远处看集热蓄热墙类似于普通的直接受益窗（图 3–24）。在室内，可以用石膏或涂料装饰集热蓄热墙体。当打开窗户的时候，居住者就不会感受到集热蓄热墙带来的压抑感。

图 3–24
远眺，作者原有住宅中的蓄热墙类似普通的直接受益窗。蓄热墙体上的窗户可以直接得热，有良好的视野。

3.6.1 成功设计间接得热式太阳能采暖系统的关键问题

特隆布墙是理想的太阳能收集器，但是在某些太阳能建筑设计中也存在着不足。

首先，蓄热墙应设置于正南向 ±10° 的范围内。对于被动式太阳能采暖系统，偏离正南向的角度越大，冬季获得的热量越少，而夏季获得的热量越多。

其次，虽然一些建造者已经成功地使用了玻璃纤维、丙烯酸树脂和聚碳酸酯（树脂玻璃）等材料，但仍建议蓄热墙使用高性能玻璃。因为，玻璃的不透明度越高，所获得的太阳能越少。

通常来说，双层玻璃窗性能最好。在较冷的气候区，要选择具有高 R 值（或低 U 值）玻璃。高性能玻璃产品包括镀膜 Low–e 玻璃（镀在玻璃上的薄膜）、塑料贴膜玻璃（如热反射玻璃）和加气玻璃（间层中充满氩气）。除非是在最温和的气候区，单层玻璃窗一般来说是不可取的。在这种情况下，移动式保温材料或许可以改善系统的性能。

第三，要确保在玻璃内侧设置集热蓄热墙体。否则，在夜间或多雨天气可能会导致过量热损失。金属构件是热桥，如果不单独进行保温处理则也会导致夜间热损过多。木构件是较好的选择；但是，木材会吸收热量（来自于玻璃窗和蓄热墙体之间的热空气，温度高达 150 ~ 180°F）。

第四，在建造蓄热墙体时，应该使用嵌缝密封剂将缝隙填实，防止由于温度变化引起的热胀冷缩。

第五，蓄热墙体表面的涂层可以抵抗高温。要想提高其性能，可

直接得热式蓄热墙体的遮阳选择*

1. 外部遮阳选择
(1) 挑檐
(2) 抛光面的硬质泡沫（可以在冬季提高得热量）
(3) 遮阳植被
(4) 格架遮阳蓬
(5) 百叶窗
(6) 翼型墙体
2. 内部遮阳选择
(1) 窗帘
(2) 遮光物
(3) 遮阳卷帘
(4) 内部刚性百叶窗

*以上选择还可以提高夜间保温性能。

以在蓄热墙的外表面安装可选择性材料，通常将可选择性材料做成薄板粘贴在外墙上。因为黑色的外墙表面材料可以吸收大量的阳光，只有很少的热量释放到空气间层中，热量则更难透过玻璃散逸到空气中。其结果能获取更多的太阳能。因此，气候越寒冷，涂层材料的作用就越明显（注：选择性材料提高了采暖效率，减少了夜间的保温需求）。

第六，蓄热墙质地必须密实，能够吸收大量的热量，并且散热速度较慢。如混凝土和砖结构、填充砂石的混凝土砌块等石材，都是理想的选择。为了减少劳动量，一些建设者采用干砌混凝土块的方法进行砌筑，比用砂浆砌筑效果好。然后，他们再用表面粘结材料将砌块粘接在一起。表面粘结技术和干铺技术的结合大大节省了劳动力。这种简易的方法尤其适用于经验较少的施工单位。

夯土和土坯等土质材料的砌筑效果也不错。但其密度要比前面提到的材料低。不管使用什么样的材料砌筑，都要与当地该种结构建筑规范中的强度要求进行比对，而且这些材料砌筑的墙壁还是要起到承重外墙的主要作用。

第七，蓄热墙的内表面至少应具有提高热量传递的能力。土坯、石膏和石灰也能起到如水泥或合成装饰水泥等材料的传递作用。当这些材料与蓄热墙粘接在一起时，清水墙就可以起作用了。在建筑外部采用拉毛墙体构造对蓄热墙是不利的，因为它降低了墙体的热传导性能（除了泥土和石膏，所有上述材料均存在潜在的化学物质，可以向室内挥发有毒气体，但是石膏使用起来也具有腐蚀性和危险性）。

在蓄热墙体表面设置可选择吸收性铝箔和涂料

一些建设者选用特殊的黑色涂料或黏性铝箔，通常是将可选择吸收性的铝箔贴敷于蓄热墙体的外表面。与黑色表面一样，选择吸收性材料吸收太阳辐射，但是减少了红外线（热辐射）的发散，因此减少蓄热墙外表面的热损失。高质量的选择吸收性材料与 R 值为 9 的移动保温层性能相似，但不需要使用者的参与。不过，由于选择性吸收材料与建筑不协调，所以最好将其隐藏在高透光率半透明玻璃中，而不是透明玻璃。

第八，在寒冷的气候区，保温是最重要的。美国康涅狄格州 Ashford 地区的 K.T. Lear 协会的工程师 A1 Eggen 认为："最糟糕的是把蓄热墙体设置在阳光照不到的地方，而且在寒冷多雨的季节，除非你能将一个 R 值在 20 左右的的毯子盖在外墙上，否则该墙体就会变成冷墙。"为了避免这个问题，设计师可采取两种措施：(1) 外部保温：将保温材料置于墙体外表面，例如硬质泡沫保温板；(2) 内部保温：即将保温装置设置于玻璃和重质墙的空气间层中。虽然后者较难安装，但内部保温和外部保温都可以起到良好的保温效果。硬质泡沫外墙外保温，每英寸的 R 值一般在 4 ~ 8。如果使用硬质泡沫保温材料，至少应选择与玻璃同样尺寸的硬质泡沫保温材料牢固的安置在墙体外侧。如果选择内部保温，将会需要一个更为复杂的系统，以确保蓄热墙正常工作。

3.6.2 具体区域的蓄热墙设计

像其他系统一样，蓄热墙的设计在很大程度上取决于对采暖要求和可利用的太阳光。温和气候条件比多云和寒冷的气候条件的设计要求低。

1. 温暖的气候条件

在温暖的气候条件下，蓄热墙使用单层玻璃，并设置足够的遮阳设施来防止室内过热。然而蓄热墙在夜间释放白天吸收的热量为室内供热。如果白天蓄热墙加热理想，还可以安装一个窗户直接受益或安装通风口将热空气直接引入室内。

2. 温和的气候条件

随着冬季采暖要求的增高，可对蓄热墙进行改进，以优化其性能。像采用高热阻 R（低传热系数 U）的玻璃一样，蓄热墙朝向正南方向可以增加产热量。在温暖的气候条件下，窗户安装在蓄热墙或南向墙面上，以利于及时的提供太阳能。而安装在墙上的通风同样在白天吸收热量。不过，同其他的设计特点一样，它也需要进行整体的设计：出风口散失的热量正是夜间需要利用的部分。可再生能源实验室的 Ron Judkoff 一再强调："设计没有循环（风口）系统的蓄热墙代替带有循环（风口）的蓄热墙，安装玻璃用来直接收益。"

在寒冷的气候下，保温还需要减少在夜间或者是多云天气下的热量损失。

3. 寒冷和严寒的气候条件

在寒冷的气候条件下，蓄热墙需要进一步改进：蓄热墙要更多的朝向正南，安装低传热系数 U 的玻璃窗以增加瞬时的太阳热，并安装循环风机。选择吸收性表面可更好的进行热量传递。建造者注意要减少热传导损耗及密封空气泄漏，采取内保温以防止热量传递到相邻的房间。

在夜晚设置外保温覆盖玻璃仍十分可取。如果保温板可以反光，则可以获取更多的热量。白天保温板可以设置在地上或者放置在木支撑结构上。它们应与房屋保持 5° 的倾角，以保证水或雪融化的水远离地基。白天，打开保温反射板，可使更多的热量反射到蓄热墙体内，集热蓄热墙，并能增加集热量 30% 或 40%。当集热蓄热墙被树荫遮挡时，带有反射板的保温板可以增加太阳能的收益，可以最大限度地实现自给自足。

自动式遮阳帘与手动式遮阳帘

能进行恒温控制的自动遮阳帘是最受欢迎的。但手动式遮阳帘价格便宜，日常维护方便。

《被动式太阳能建筑设计与施工手册》(《The Passive Solar Design and Construction Handbook》)，Steven Winter Associates

设置与不设置风口

设置通风口的蓄热墙可以在白天增加得热量，但同时也减少了夜晚可利用的热量。在寒冷的气候条件下，当白天采暖需要满足时，有通风口的蓄热墙将大量玻璃与蓄热墙之间的热量传递给临近的房间。在温暖的气候条件下也可以安装通风口，可以随时关闭它。

在更为寒冷的气候条件下，设计人员往往通过增加集热蓄热墙面积来提供更多的热量。一般来说，越靠北或越寒冷的地区，需要的集热墙面积越大，表 3–4 中为设计大面积的蓄热系统提供了具有参考价值的资料，其使用方法如下，假设基地位于北纬 48°，1 月室外平均温度为 30°F，在表的右边栏中，找到北纬 48°，然后向下找到第三行，即可查到推荐的墙地比为 0.70，也就是说，如果房间是 400ft²，集热墙的面积应为 280ft²（400×0.7=280）。如果基地所在纬度与最冷月平均温度表中没有，可以根据表中的数据采用内差法计算或使用地理纬度和气候条件最接近的数据。

集热蓄热墙面积的确定 表3–4

冬季室外平均温度（晴天）*	墙地面积比 36° NL	40° NL	44° NL	48° NL
寒冷地区				
20°F	0.71	0.75	0.85	0.98（夜间需设保温措施）
25°F	0.59	0.63	0.75	0.84（夜间需设保温措施）
30°F	0.50	0.53	0.60	0.70
温和地区				
35°F	0.40	0.43	0.50	0.70
40°F	0.32	0.35	0.40	0.44
45°F	0.25	0.26	0.30	0.33

* 表中列出的温度为最冷月 12 月和 1 月的平均气温。

数据来源：Steven Winter Associates，《The Passive Solar Design and Construction Handbook》《被动式太阳能建筑设计与施工手册》。

3.6.3 集热蓄热墙的优缺点

像其他被动式太阳能建筑设计要素一样，集热蓄热墙也有其优缺点。

早在集热蓄热墙的发展初期，气流倒流问题就受到许多人的批评。不过，这个问题可以通过安装止回阀或可控制的百叶窗加以解决。

集热蓄热墙具有广泛的适用性，既可用于温暖以及严寒的气候条件下的采暖，又可用于房间的被动式降温（见第 6 章的分析）。夏天，集热蓄热墙的遮阴作用大大降低太阳的暴晒，从而减少眩光和对地毯室内装饰和植物的破坏，这点在直接受益式系统中是很有意义的。因此，集热蓄热墙对于居家办公、书房或起居室是十分有好处的。作者还建议将其应用在卧室，尤其是对那些追求夜间无光睡眠环境的卧室设计来讲，是十分有利的。

提供夜间采暖是集热蓄热墙的首要目的，通过安装风口和直接式受益窗，也可以满足部分白天采暖的热量需求。

集热蓄热墙的另一个优点是利用墙体集热蓄热，最小程度地占用了居住空间，提供了较大的舒适度和热稳定性。而且，集热蓄热墙无论是外部还是内部都很美观。

集热蓄热墙的主要缺点是增加了建设成本，成本增加部分主要是由墙体玻璃和蓄热材料组成的。

另外，集热蓄热墙减少了白天进入室内的光线，采光效果受到一定影响；而且，外墙需采取一定的保温措施，否则夜间的热损失相当严重，因此，业主需要在夜间覆盖墙体和关闭通风口，并在玻璃外面铺设移动保温层，但业主又不得不在寒冷的冬天夜晚出入室外，使用起来不是太方便。

如果想要学习集热蓄热墙更多的技术细节，建议参考 Steven Winter Associates 编写的《被动式太阳能建筑的设计与施工手册》。书中提供了许多集热蓄热墙体的详图及各种施工细节。

3.7 附加阳光间

附加阳光间，适用于各种气候条件。顾名思义，附加阳光间是一种设置在房屋南部直接获取太阳辐射热的区域（图 3–25）既可单独使用，又可以与直接受益式和间接受益式太阳能系统联合使用，附加阳光间在提供采暖的同时还可提供部分生活空间，又称为太阳房或者附加阳光房。

在附加阳光间中，阳光穿透南向和屋面的玻璃后转换为热量，被室内表面吸收。一部分热量用来加热阳光间，另一部分热量传递到室内，因此很难达到热量平衡。

图 3–25
附加阳光间是一种非常好的太阳能建筑设计手法，也是理想的太阳能采暖改造方法，但阳光间存在这些问题，在使用时应谨慎设计。

3.7.1 附加阳光间形式的选择

附加阳光间有两种基本形式：一种是凸出式，即凸出于建筑的南立面；另一种是凹入式，即与南向墙体齐平，见图 3–26。前者有三面外墙；后者则仅有一面外墙。

这两种形式中，最常采用的是凸出式阳光间。虽然这种形式比较常见而且更适合于旧建筑改造，但其外墙（窗）面积过大，夜间热损失较大。另外，将热量从凸出式阳光间转移到室内比凹入式阳光间更困难，因此，更容易产生过热现象。

凹入式阳光间比凸出式阳光间的热损失要少，可将更多热量传递给室内。

附加阳光间也可设在地下（图 3–27）。地上阳光间需要良好的围护结构保温隔热以防止热量损失，而地下阳光间由于周围地表土壤的温度波动很小而热稳定性良好，在寒冷的天气里，是半地下阳光间的设计，从土壤中获得的热量甚至比太阳能还多。

附加阳光间可以是"全玻璃"的，也就是说屋顶和墙壁都可采用玻璃；也可以设计成只有南向采用玻璃的形式（图 3–28）。通常玻璃越多，室内温度波动越大，舒适度就越差。此外，全玻璃的阳光间还有较严重的眩光问题。

图 3–26
凸出式阳光间和凹入式阳光间。

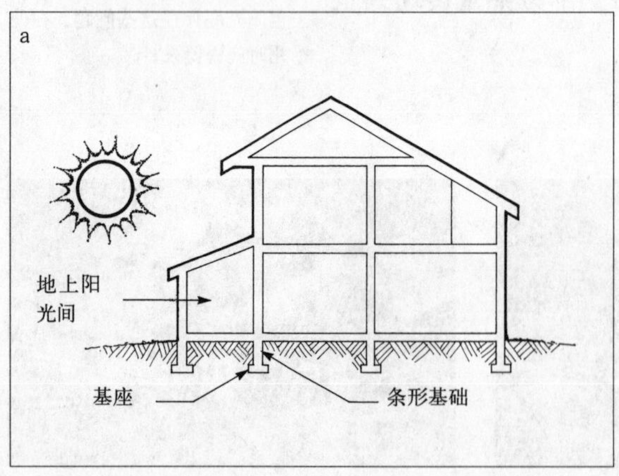

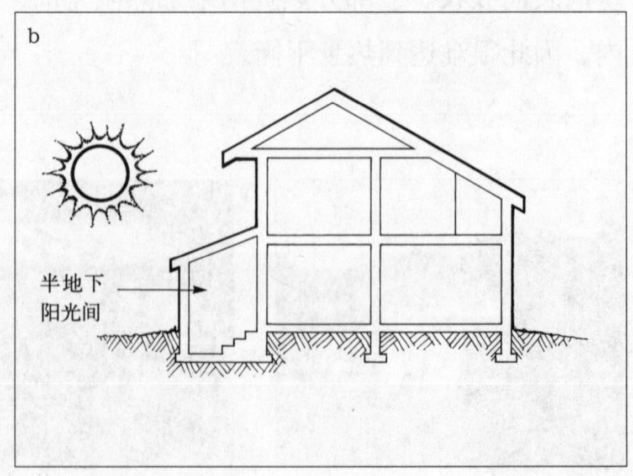

图 3–27
(a) 地上附加阳光间；(b) 地下附加阳光间。

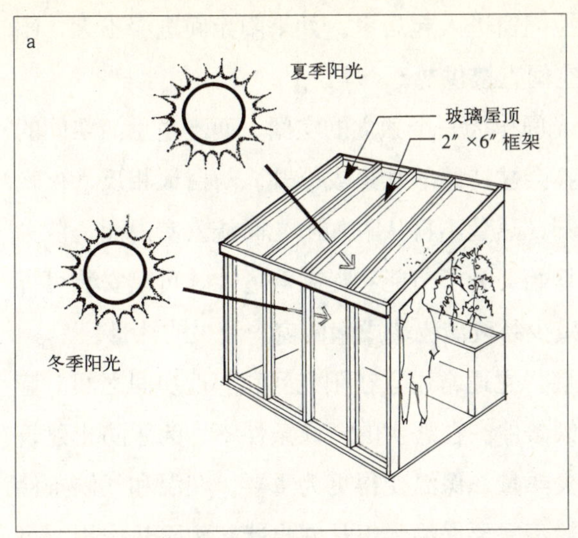

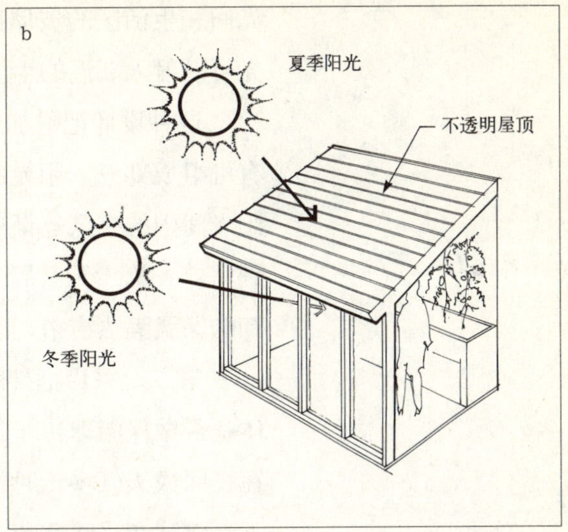

图 3–28
(a) 全玻璃的附加阳光间；
(b) 仅南向设置玻璃的附加阳光间。

采用挑檐和厚重的屋顶虽然使进入房间的太阳辐射量减少了一些，但这样的设计有助于蓄存热量，使得这种形式比全玻璃的阳光间综合效率更高[图 3–28（b）]。

阳光间可以与室内生活空间相连，也可以通过隔墙隔开（图 3–29)。换句话说，阳光间既可以是生活空间的延伸，又可以是一个相对独立的空间，前者称为开敞式设计。

1．开敞式设计

在开敞式设计中，附加的阳光间直接与相邻的房间相连。因此，阳光间被认为是生活空间的延伸[图 3–29（a）]，晴朗天气时，阳光间为整个大空间提供采暖；而阴雨天气时，又需要辅助热源对阳光间进行补热。夏季，阳光间往往会过热，造成整个建筑的冷负荷加大，增加了对空调制冷的需求。玻璃面越大，附加阳光间冬天的散热量和夏天的得热量就越大。因此，为了尽可能地减少冬夏热损失，开敞式阳光间必须使用高性能玻璃等措施做好保温隔热，气候越恶劣，越需要采取严格的保温隔热措施。

通常，仅南向设置玻璃的阳光间比全玻璃的阳光间更有利于提供有用的生活空间。全玻璃阳光间，夏天易过热，冬天又易过冷，除非有很好的遮阳和保温措施。

2．隔墙式设计

隔墙式阳光间是用隔墙将阳光间和生活空间隔离开来。共有以下三种形式：

第一，采用玻璃隔墙[图 3–29（b）]。在温和的气候条件下可采用单层玻璃窗；在寒冷的气候条件下应采用双层玻璃窗。

在玻璃隔墙设计中，阳光透过南向玻璃窗，照射到室内物体表面并转换为热量，从而提高阳光间内的空气温度。这些热量通过连接阳光间和生活区的玻璃推拉门窗进入起居室。如果阳光间进深不大，阳光可以射入邻近的生活空间直接供热。

这种设计把附加阳光间作为一个独立的空间，而不是生活空间的有机组成部分。阳光间不会被持续的加热或冷却。与白天相反，夜晚阳光间内的空气逐渐冷却，热量不再从附加阳光间流入室内而是散失到室外。第二天又周而复始。为了节能和提高舒适性，可以安装可拆卸的保温隔热窗帘，以减少经玻璃隔墙或南向窗户流失的热量。

第二，采用框架隔墙。它通常设立在阳光间和邻近房间之间。墙体是否做保温取决于气候条件。在恶劣的气候条件下，为了防止建筑在夜间或天气多云时损失热量，保温变得更为重要。在温和气候条件下，建筑在采暖季节一般不需要保温，但是它也能起到隔热作用。可持续建筑工业委员会推荐采用热阻值 R 约为 10 的保温隔墙。

跟其他设计一样，在夏季和初秋为避免阳光间过热需采取遮阳措施。有些设计师把通风口安装在阳光间的外墙，夏季室外空气进入室内的，有助于维持舒适的室内温度（本专题将在第 5 章讨论）

如图 3–29（c）所示，隔墙上的通风口把热空气从阳光间传递到

图 3–29
附加阳光间 (a) 开放式及三种隔墙式设计；(b) 玻璃隔墙；(c) 框架隔墙；(d) 蓄热隔墙

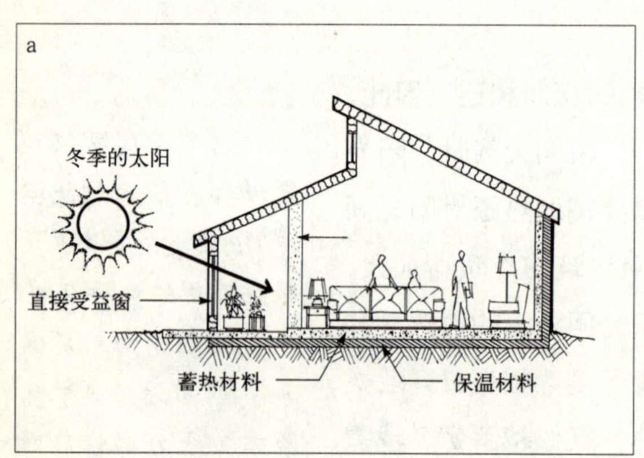

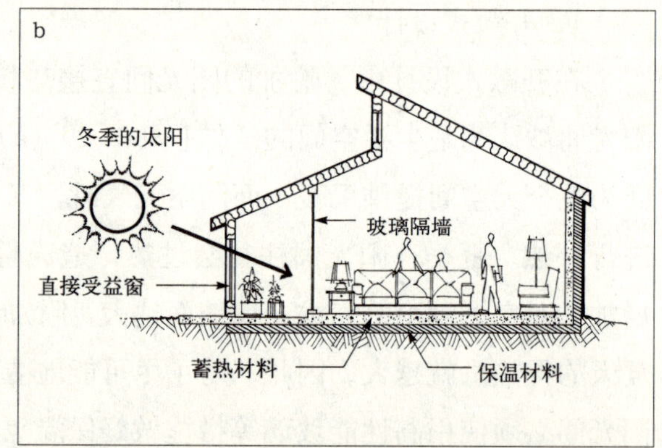

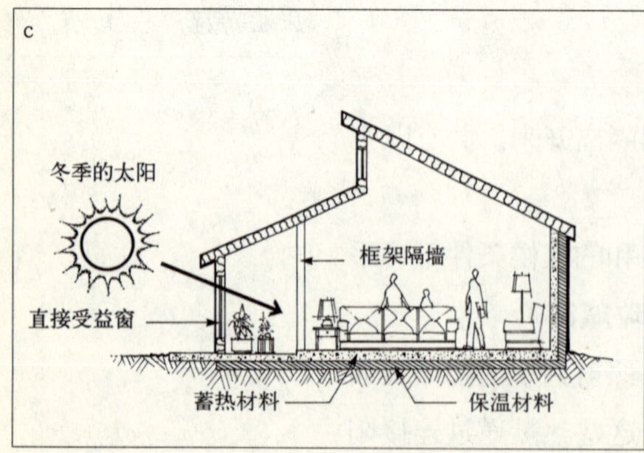

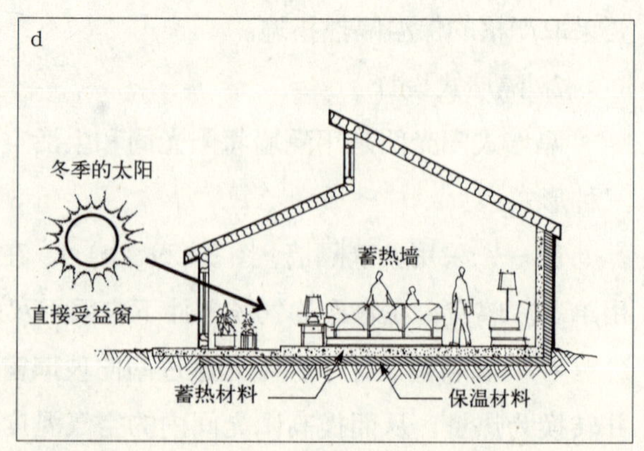

生活空间。通常选用门窗，而门的效果更显著，若依靠门通风，其开启宜结合玻璃窗设置，至少占玻璃窗面积的 15%。而窗户传递热空气的效率低，因此选用窗户，其面积宜占到整个隔墙面积的 40%。

第三、采用蓄热隔墙 [图 3-29（d）]。阳光照射到阳光间物体表面和后面的蓄热墙后，转化为热量。热空气经通风口或门窗进入邻近生活空间，提供白天所需热量。蓄热墙吸收的热量逐步地释放到生活空间，进行长时间供热。此外，安装窗帘和可拆卸保温构件可减少夜间和寒流时的热损失。

3.7.2 阳光间的设计要点

建造同时为居住空间和种植区提供热量的阳光间，具有很大的挑战性，所以建议采用直接得热方式。如果有意建造附加阳光间，就要考虑周全。因为阳光间最大的一个问题是无论是夏季或冬季，都会出现过热现象，不利于植物的生长。另一个问题是附加阳光间常年受到湿热气候影响，减小了它作为生活空间的用途。

附加阳光间的选择形式：开放式和隔墙式

开放式——阳光间和生活空间之间无隔挡。

隔墙式——生活空间和阳光间之间有隔墙，又分为三种形式：玻璃隔墙，框架隔墙和蓄热隔墙。

由于会出现过热现象，建议尽量不要采用全玻璃设计。保温性能好的屋顶可以减少冬季热损失和夏季得热量。挑檐、遮阳板和植被遮阳（如落叶树木），也可以防止过热和阳光暴晒，但也有不利因素，如在夏季用于隔热的屋顶和挑檐，会延缓植物生长。在采暖季节，若阳光间的屋顶有更多个人用途时，其得热量会减少。

附加阳光间有现场施工和预制装配两种施工方式，各有利弊。现场施工的阳光间可以与住宅设计结合，使建筑风格协调统一。但是，现场施工需要许多相应的技术措施，故建筑师和施工人员应充分了解阳光间的构造要求。如在木质框架表面涂金属镀层，以免受日晒、雨、雪以及潮湿和高温的侵蚀。

结合整栋建筑风格来设计现场施工式阳光间时，设置挑檐、遮阳和保温措施是必要的。但仍有不足之处。玻璃和框架构件之间的密封条会因温度变化而热胀冷缩，出现渗漏现象。而使用质量好的木材会避免这种现象，如经烘干的木材，弯曲和裂缝现象减少，效果比未加工的木材或新木材好得多。但是不管使用哪种木材，都要注意防潮。将阳光间内墙刷成浅色也可以减少构件对热量的吸收。玻璃窗材料一般选用高质量的玻璃而不是选用塑料，因为塑料长时间使用会褪色，甚至老化。同时，应选用性能好的保温和遮阳设施，在阳光间内安装自动温度调节控制的通风系统。

预制装配式阳光间的种类较少，像是建筑上的附加装置，外观上很难与建筑协调一致。加上其大部分预制构件为全玻璃制品，如果建筑设计时没有考虑附加阳光间，那么在安装时会出现困难。

尽管预制装配式阳光间造价高，但框架构件由镀膜金属制成，不需要过多的维护保养，变形小。然而，其导热性强，在保温方面存在一些困难，热损失较大。

在直接得热系统中，附加阳光间的南向窗或垂直设置，或倾斜设置。但垂直窗易设置遮阳构件，易防水，得热低，且不易发生渗漏。

3.7.3 因地制宜建造附加阳光间

附加阳光间尺寸灵活。大多数情况下，先要确定需要的活动空间大小，通常要创造充足的生活空间与种植区，然后确定窗洞尺寸。

阳光间的南向玻璃需要根据气候不同而变化。气候越寒冷，窗地比越大。表 3–5 列出了室外不同平均温度下，每平方英尺地面对应的窗户面积。SBIC 建议每平方英尺玻璃窗需要房间内 $3ft^2$4in 厚的蓄热体来搭配。蓄热体可以设在地板、墙壁，或是独立的构件。如：种植器皿、蓄水管(或桶)。在开放式阳光间内，蓄热体还可以用来吸收热量。

蓄热隔墙 4 ～ 8in 厚，一般取决于滞后时间。隔墙通风口大小应该不小于 3% 的隔墙面积。

按照惯例，气候越寒冷，建筑保温越重要，尤其是基础、楼板和玻璃部位。附加阳光间的保温更加重要，因为它不仅提供热量，还为居住者提供了生活空间和种植区。

如果阳光间的热量与生活空间独立，就像一个热量收集器，那么四周作保温是必要的，底板可不作。换句话说，如果底部同样作保温，系统受温度波动的影响就会更小而运行更好。在以前的建筑中，保温可以最大限度的保证阳光间处在最佳状态下。即使室外温度下降到 0℃以下，阳光间的玻璃也能最大限度地防止室内热量流失。温室内的温度仅低于冰点两次，而且一次是在寒冬的时候，一次因为门没有关严。

通常在建筑的外表面安装遮阳装置，尤其是屋顶的天窗。阳光间采用的是窗帘遮阳，在被动式太阳能

附加阳光间的采光要求　　表3–5

12月和1月晴天平均室外温度	窗地比
寒冷气候	
20°F	0.90~1.50
25°F	0.78~1.30
30°F	0.65~1.17
温暖气候	
35°F	0.53~0.90
40°F	0.42~0.69
45°F	0.33~0.53

来源：Steven Winter Associates，《被动式太阳能建筑设计与施工手册》。

系统中挑檐也能起到相同的遮阳作用。

无论是东向墙还是西向墙，墙体都不能是透明的，而且需要做好保温。因为，在冬季，东西向墙并不能获得很多的热量；而在夏季，东西向墙又会由于获得太多热量造成室内过热。对于东西向墙来说，安装适当尺寸的窗户满足自然通风要求即可。

3.7.4 独立得热系统的优缺点

附加阳光间比较常见，但也存在一些严重的问题。下面介绍这项技术存在的优缺点：

附加阳光间为自身和相邻的空间提供热量，即使在阴天，阳光间就像泥土建筑或空气间层一样能提供一定程度的热保护。一些设计中，用实墙将阳光间从建筑中独立出来，能够减少眩光和阳光直射。因此，比直接受益方式空间布置更灵活。

通过精心设计，附加阳光间可以加大生活空间，全年种植植物。附加阳光间也可以为建筑增色。

附加阳光间可以提供循环流动的热空气，这种设计被称为双层围护结构建筑，详见图 3–30。

附加阳光间最主要的缺点是经常达不到预期的效果。在很多情况下，阳光间只能给自己供热，无法满足其他房间的供热需求。

另一个重要问题是，阳光间内部产生的热量很难转移到邻近的房间。热量流动性较差，因此要使用风扇将热量从阳光间转移到相邻的房间。

阳光间常出现过热现象，即使在冬季，在毫无遮挡的阳光照射下温度也会很高，无法作为生活空间使用。此外，夜间阳光间由于温度过低也无法使用。因此，虽然阳光间可以供热，但实际上没有加大生活空间。从本质上讲，它变成了一个巨大而昂贵的太阳能收集器。在阳光间上的投资巨大而得到的热量很少。所以要设计热工效率较高的直接或间接得热式阳光间，以较低成本获取较大的得热量，实现预期目标。

阳光间也往往会使种植区生长环境变差。如前面提到的，除了最寒冷的几个月，全玻璃附加阳光间容易过热，尤其是屋顶也采用玻璃时。大多数植物不能在 85°F 以上生存。即使是仅南向全玻璃的阳光间也无法作为全年的温室。尽管在采暖季节，太阳高度角较低时可以提供大量光照，但在夏季太阳高度角较高时，阳光无法照射到种植区使植物无法茁壮成长。

生活空间还是种植区域？

设计阳光间时，建议使用小天窗，做好屋顶保温。但是，在光线充足的夏季种植蔬菜和喜光植物变得困难。如果要种植粮食作物，需要添加人工照明来促进植物生长。人工照明所需的电能可以由一个小的光电系统提供，这样能减少电费支出。如果要使用绿色能源，风能是一个很好的选择。

种植一年生或多年生农作物时，需要采光屋顶，或天窗或全玻璃屋顶。但无论夏季、冬季阳光间内都很可能出现过热问题。

3.8　综合式太阳能设计特征

在寒冷的气候条件下，需要综合运用太阳能设计方法来增加太阳能得热量，包括直接受益式和蓄热墙式。在作者家中，基本上都采用了直接受益式太阳能设计。然而，阳光间外围护墙采用双层围护结构的做法。双层围护结构实现了三种功能：阻止冷空气通过开关门进入室内，获取热量，还可以做衣帽柜。在采用两种以上太阳能技术的被动式太阳能建筑中，南向窗的面积应相对大一些，但尽量不要超过地面面积的20%。也就是说，一栋$2000ft^2$的房子，$400ft^2$的南向窗就可以满足要求了，其中包括$240ft^2$的南向直接受益窗以及$160ft^2$的阳光间玻璃窗，另外，还需设置蓄热构件以容纳白天多余的热量。

双层围护结构建筑：效果到底如何？

多年以来，人们一直热衷于双层围护结构建筑这一被动式太阳能设计概念，附加阳光间产生的热量通过双层围护结构之间的连续间层循环，同时辐射供热。

双层围护结构建筑也被称为双层皮建筑，这种"房中套房"的设计采用了双层围护结构，在其中间形成了一道6～12in厚的空气间层。白天，日光直射入南向的附加阳光间中转化为热能，并通过对流循环进入室内。

如图3–30所示：热空气从阳光间经屋顶传到北墙的空气间层进入地下风道，又重新进入阳光间，这就完成了一次循环。在循环过程中完成室内供热。

在冬季，双层围护结构建筑的居住者被融融暖意所包围，感觉非常舒适，热量储存在地板下（如混凝土楼板）或其他形式的蓄热体中（如砂砾床、土壤等），当夜晚来临时，储存的热量便被释放出来为房间提供采暖。

双层围护结构的设计理念流行于20世纪70年代末，但只有很少的建筑是按照这一理念建造的，其中一个很重要的原因就是其造价要远远高于直接受益式太阳能建筑。布鲁克林国家图书馆于1980年冬季对双层围护结构太阳房进行过专题研究，结果表明：这种太阳房的采暖效果非常好，与对比的太阳能建筑相比，双层围护结构太阳房的采暖费用更低，这很大程度上得益于双层围护结构出色的保温性能。不过，研究者发现，这种太阳能建筑的热量转化率还不够高，热量没有充分释放给室内空间，另外，双层围护结构的建筑与保温做的非常好的普通节能建筑相比在性能上没有太大的优势，而造价却提高很多。

双层围护结构建筑的另一个缺点是火灾隐患，大量的空气间层和风道为火灾时火焰和烟气的蔓延提供了绝好的通道。因此，使用双层围护结构的建筑通常都设有喷淋灭火系统。

国家可再生能源实验室的Ron Judkoff称：双层围护结构建筑浪费空间、材料和投资，而且在使用过程中经常会出现一些问题，建设时应慎重选择。

地板下蓄热体也是一个隐患，如果空气中的湿度达到一定限度，很容易就会在地下空间凝结成水，发生霉变，孢子会随空气循环进入室内，对健康造成危害。

图3–30
双层围护结构是一种被动式太阳能建筑设计手法。附加阳光间中的热空气通过墙体、屋顶、地面中的空气流道将建筑空间包围，使室内环境比较温暖。尽管该系统运行效果较好，但其造价远高于其他类型，而且还存在着其他一些问题，这些都使得其推广性受到了影响。

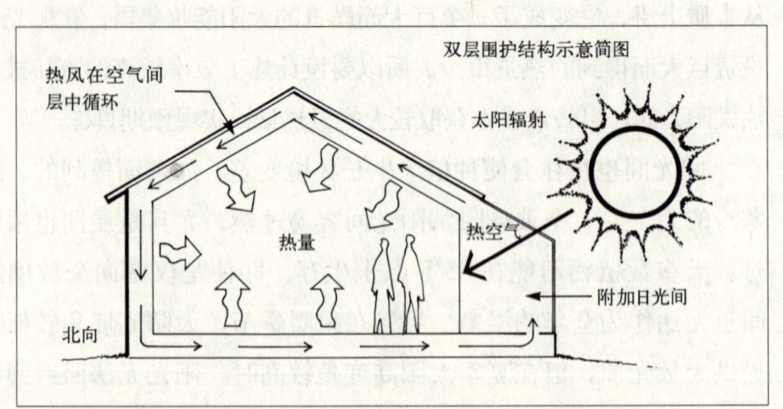

3.9 艺术、科学、建筑学

设计被动式太阳能建筑需要综合掌握艺术学、建筑学、工程学以及建筑技术方面的知识。建筑学和艺术学负责完成建筑空间和立面的设计，工程学和建筑技术则对建筑的结构、热工性能和运行情况等提供支持。这4门学科相互交融，共同创造了舒适的居住环境。本章给出了被动式太阳能建筑设计的基本原则，这些原则必须全盘考虑，以做到技术与艺术完美的一体化设计。为了确保设计的太阳能系统正常运行，达到设计的室内温度和太阳能保证率，建筑师应对建筑热工和太阳能系统进行计算。在第7章中，本书将介绍两种计算方法：传统算法和计算机算法，计算机算法通过操作简便的运算程序，在瞬间就可算出所需的数据并对今后的运行作出预测分析。

第4章 辅助热源的可持续设计

大多数的被动式太阳能建筑需要采用某些形式的辅助采暖系统。即使那些能够从阳光获得100%所需热量的住宅有时也需要辅助采暖系统，如在寒冷和多云的日子里。

安装辅助采暖系统的主要目的之一是确保全年舒适，但通常当地的建筑部门要求安装辅助采暖系统。此外，抵押以及出售住房时，一些买方可能不了解被动太阳能采暖系统的巨大潜力，会坚持采用其他形式的辅助采暖系统。如房子中没有一个可靠的辅助采暖系统，买方可能会选择其他房子。

4.1 选择与思考

选择辅助采暖系统并非易事。辅助采暖系统可分为四种：主动式空气采暖系统，地板辐射采暖和壁式或墙式采暖系统，炉灶及炉墙（见旁注）。而且，一些系统，如主动式空气采暖系统或辐射采暖系统，可以选择不同燃料和热源。热源有燃油（或燃气）炉、锅炉、热泵、燃木壁炉和太阳能热水系统。

系统选择受很多因素制约（详见下页）。对很多人来说，成本和供热量是选择该系统的主要因素。建造一个节能，被动调节的住宅，一个小系统就足够了。使用一个每年花$10000的辅助采暖系统是毫无意义的，因为也许只需要$100～$200就能提供所需热量。此外，人们希望系统噪声小、效率高、安全可靠、操作简单。

选用辅助采暖系统时必须考虑的另一个因素是热量的传输效率。

采暖系统选择：

主动式通风系统将火炉、热泵、燃木火炉或太阳能采暖系统产生的热空气利用通风管道输送到各个房间。

地板和壁面辐射采暖系统将由锅炉、热泵、燃木火炉或太阳能热水系统产生的热水输送到地板盘管或沿墙设置的散热器内。

燃木火炉和石砌壁炉燃烧木材提供热量。

壁炉燃烧天然气或丙烷提供热量。

选择采暖系统的标准

1. 成本；
2. 供热量：总输出热量和加热整栋建筑或单独房间的热量；
3. 舒适度（包括噪声等级）；
4. 可靠性；
5. 适应性；
6. 响应时间：快速加热和缓慢加热；
7. 自动化水平；
8. 燃料来源：可再生与不可再生的比较；
9. 效率；
10. 排污量。

在季节交替期，每个星期是否只有一两天对热量的需求较大？或者，在冬季最冷时期的夜晚是否需要采暖系统来提供稳定的热量？这需要根据实际需求做出选择。

安装节能系统无疑是被动式太阳能建筑环保效益的有益补充。辅助采暖系统自动化是选择的另一个关键依据。当家中无人时，是否需要采暖系统自动运行来防止管道冻结？需要人工操作的采暖系统则不适合长期在外的住户使用。

被动式太阳能建筑的出现是对不可再生资源的有益补充。燃烧燃料获取最大的热量，产生最少的污染物。当然，也可以采用以可再生能源为燃料的采暖系统。

在这一章中，我们将主要探讨辅助采暖系统。先从主动式采暖系统开始，按照其可持续性由低到高的顺序论述其发展过程，并简要地描述这些系统的工作原理及每一个环节的优缺点，这里包括健康和安全问题。表 4-1 通过比较各种系统的关键指标，从而能够更方便地为被动式太阳能建筑选择辅助采暖系统。

辅助采暖系统的选择　　表4-1

类型	响应时间	可再生燃料	污染	供热范围	舒适度	效率	费用	等级1～10，1最差10最好）
壁炉	快	是	高	单一房间	低	极低	中	1
燃木火炉	快	是	低	单一房间或小住宅	低	中—高	中	7
球形锅炉	快	是	低	同上	低	同上	中	7
石砌壁炉	慢	是	低	同上	高	高	高	9
主动式通风(油或气)	快	否	气—低油—中	整个建筑	中—高	中—高	中	5
辐射地板（气）	慢	否（除热泵和太阳能热水供热以外）	低	整个建筑（仅供地上一部分区域）	高	中—高	高	9
壁式热水	中	同上	低	同上	高	中—高	高	8
热泵	快	部分（热能可更新电能不行）	低	同上	高	高	高	9
太阳能热水	中	是(除非依靠电能驱动水泵)	低	同上	高	高	高（包括辐射地板系统）	9
电热板	快	否	高	整个建筑或单个房间	中(可制造干燥空气)	低	高 安装费用低运行费用高	1
墙体加热器（气）	快	否	中	整个建筑	中(制造热区)	中	低	7
墙体加热器（电）	快	否	高	整个建筑	中	低	低	1

众所周知，评价辅助采暖系统的可持续性具有相当大的难度。通常，使用可再生和清洁燃料的系统，可持续性较好。但系统的运行效率与构成系统的原材料消耗量也同样重要。如尽管太阳能热水系统的燃料来自丰富且清洁的太阳能，但是它同样也需要集热板、水管、储水箱，有时还需要管道输送系统；一个构造简单的燃木火炉有可能更具有可持续性。

所以无论选择哪种系统，尽早做出决定都是有益的。任何类型的采暖系统都需要提前设计以达到最佳安装和高效运行的目的。例如，在安装太阳能热水系统时，需要铺设管道将热水从屋顶输送至地下室或杂物间的储水箱中。若在砌墙时就预先考虑垂直管道的铺设，安装系统时将更加便利。反之，安装将会受到限制或增加投入成本。如果不想支付额外的安装费用，请提前做好设计，以免日后住宅建设费时费力。

4.2 主动式热风系统

据美国能源部统计，美国有62%的家庭使用主动式热风系统。该系统可利用多种设备所提供的热量：如燃气炉、燃油炉、电炉、燃木火炉、热泵、太阳能热水器（太阳能热水系统）。

利用安装在系统中的大功率风扇将这些热源产生的热空气输送到地板、墙壁、顶棚中的管道系统进行循环（图4-1），管道中的热风经通风装置进入建筑的各个房间。热空气在房间中循环冷却后经管道返回，完成了一次热交换过程。

4.2.1 主动式热风系统的利与弊

主动式热风系统因为能够快速供热而被广泛应用。此外，它也可以通过设计来满足其他功能及需求。如在炎热的夏季，这些管道可以把中央空调产生的冷空气输送到各房间，也可以与通风系统相结合，详见第6章。加湿和除湿功能也可添加到热源或管道系统中。空气过滤器可安装在系统中以清除灰尘、花粉及其他室内空气

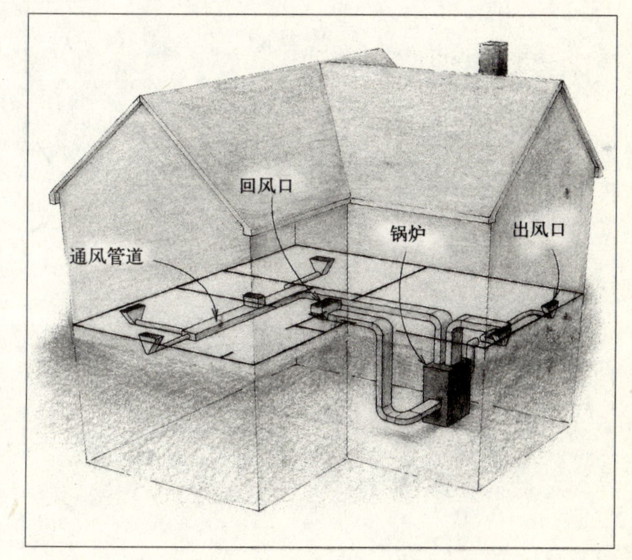

图 4–1
主动式热风系统，利用墙体、顶棚和地板中的管道将热源中的热空气输送至建筑中的各个房间。冷空气返回热源被重新加热。
CbristopberClapp 绘制，Energy–Efficient Building 许可重印，©1999 by the Taunton Press, Inc.

污染物质。最后，风扇可以使热量分布均匀，如白天，空气过滤器可以持续运行以使热量在房间内分布更均匀。由于主动式热风系统应用广泛，因此也很容易找到专业人士来安装或维修。

主动式热风系统的最大缺点是在所有加热系统中效率最低。原因是不断流动的热空气使室内压力升高，暖空气从建筑的裂缝和建筑维护结构的缝隙中渗漏出去。渗漏的热空气越多，采暖费用就越高。管道也可能发生渗漏而散失热量。在该系统中，热风经风口吹出也会让人感到不适。所以，在使用主动空气系统的房间中，为了创造更舒适的室内环境，设置温度调节装置时，温度要稍高一点。

注：

使用热风采暖系统时，注意应对穿越如阁楼或管道沟等不采暖区域的管道进行保温。还应做好管道的保温，避免热风渗漏到不采暖的空间。

限定主动式热风系统的供热区域是较困难的。虽然可以关闭未使用房间的出气口或者由其他系统供热，如地板辐射采暖系统或者踢脚板热水采暖系统。

空气流动会扬起尘土以及人体和宠物的毛发和皮屑。对敏感体质的人来说这是一个大问题。风管系统也是细菌滋生地，当风机运行时，孢子会被分散到整个房间。

最不利的因素是，热风供热系统噪声很大。需要使整间房子的空气都流动起来，风机的体积是很大的，而且会产生很大的噪声。

4.3 踢脚板热水采暖系统

踢脚板热水采暖系统能够提供清洁并且相当舒适的热环境。如热风供热系统，踢脚板热水系统（也被称为踢脚板循环加热系统）需要中心热源来产生热水，通常使用锅炉。热水被泵送到墙壁和地板内的铜制管路中，流入墙壁与地板交界处的小型散热器（图 4–2）。散热器内的散热片分散热量。为了美观，散热片上放置了一层装饰层。

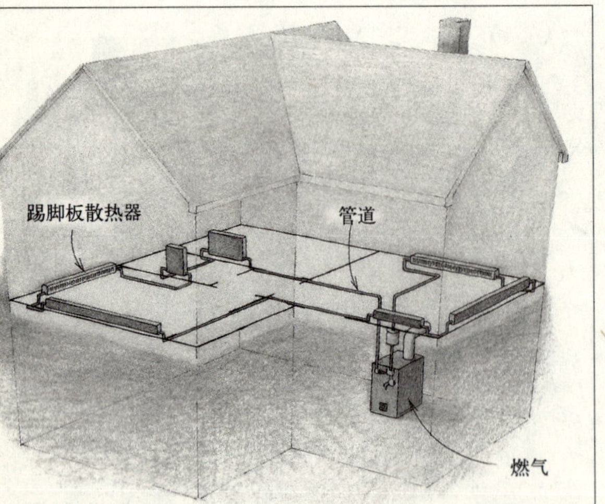

图 4–2
锅炉产生的热水在建筑中循环，通过踢脚板辐射采暖系统释放热量加热建筑空间。
制图：Christopher Clapp
Taunton Press 公司《节能建筑》授权使用

踢脚板热水采暖系统主要通过对流将热量分散到各个房间：气流由踢脚板放热产生。踢脚板周围空气被加热上升。冷空气逐渐代替被加热的空气，所以没有在热风采暖系统中不舒适的吹风感。

4.3.1 踢脚板热水采暖系统的优缺点

由于踢脚板是沿着墙角设置的，这样可以有效减少冰冷的墙面和窗户玻璃对室内的冷辐射作用，因此踢脚板热水采暖系统的采暖舒适度非常高，房间就像被热毯包裹起来一样。

踢脚板热水采暖系统的另外一个优点是它可以进行分区控制，每个房间都可对温度进行独立控制，所有的房间既可以同时运行，又可单独运行，因此，暂时不用的房间可以关闭房间内的采暖装置以节约能源。

踢脚板辐射采暖系统可以很方便的安装在新建建筑中，也可用于既有建筑的采暖系统改造。另外，踢脚板辐射采暖系统与高质量的采暖炉配合工作，噪声更小，可靠性更高。不过，为了保持系统长期稳定的运行，还是需要定期维护。

踢脚板热水采暖系统是一种较为隐蔽的采暖系统，不占面积，不影响美观。踢脚板本身就很小，而且是建筑构件的一部分。踢脚板采暖系统可以涂成各种颜色，用木纹来补充家庭的装饰。因为相对于电热板来说，其表面温度并不高，家具和窗帘不会因与之接触而被点燃。

壁式热水采暖系统效率高且不污染室内空气。这是因为系统中安装的大多数高效锅炉都带有封闭的燃烧室且助燃空气来自室外（见下文）。与低效率锅炉相比，高效率锅炉能减少燃料成本并降低空气污染物的排放。与主动式通风采暖系统不同的是，高效率的壁式热水采暖系统不会在房间周围形成负压，因此热空气不会从外围护结构的缝隙中溢出。壁式热水采暖系统也是以流动的方式为建筑供热。

壁式热水采暖系统也存在一些缺点。最明显的是其采暖效率比主动式通风采暖系统低的多。

锅炉的燃料（通常为天然气或丙烷）是不可再生能源。这些燃料燃烧时会向大气中释放二氧化碳和一氧化碳。此外，天然气的供应也很有限，且不易于输送。美国消费掉了本国产量的一半以上，而且天然气是一种运输和储存都比较麻烦的战略资源。美国目前的天然气消耗量中仅有1%由来自加拿大的输气管道供应。通过将天然气液化的方式从海外进口代价太高，而且天然气供应商也不乐意这样做。

在地板辐射采暖系统中，由于室内外空气存在温差，所以热量从室内流向室外。

壁式热水采暖系统最大的劣势在于它的安装方式——沿房间的周边和窗下，虽然它能营造很舒适的环境，但会浪费大量的燃料。加热窗户和外墙会加大墙体与室外环境的温差，墙体内外表面温差越大，外围护结构中的热损失就越大。

壁式热水采暖系统也是相当昂贵的，尤其是在改造时，除非使管道穿过地下室或管道井（如果管道经过管道井就一定要作保温）。即使是这样，将铜质水管铺至二楼房间也是相当昂贵的。高效能的被动式太阳能建筑却不会这样事倍功半。最后，与主动式通风采暖系统相比，壁式热水采暖系统的作用单一，不能用来降温、通风或者过滤空气。

4.4 地板辐射采暖

地板辐射采暖系统往往作为被动式太阳能建筑的辅助热源。通常有电加热和液体循环加热两种方式。

电加热系统与液体循环加热系统没有共同之处。在电加热系统中，热量是由流经电热板上的电能产生的。虽然电加热系统无噪声，但是其运行成本昂贵。而且，电加热系统的热源主要由核电和火电厂提供，但是核电和煤炭都不是高环保的能源。

大多数地板辐射采暖系统是由液体循环供热的，热水通过管道泵进入建筑的每个房间中。这种系统的管道安装在保温混凝土板中（图4-3）。现在丰富的建筑材料和多样的安装技术为建筑师提供了更多选择。因此辐射地板也可以安装于瓷砖或者木地板下层的木框架中（图4-4或图4-5）。因为隔热混凝土板本身是建筑构造的一部分，所以把辐射地板安装在隔热混凝土板经济效益最好，仅仅是增加了安装管道和隔热装置的费用。

地板辐射采暖系统共分五个构造部分：

（1）高效的锅炉，用来产生热水；

（2）分水箱，将热水输送到建筑的各个房间；

（3）一个或多个泵；

（4）埋设在地板中的管道；

（5）系统控制板。

在大多数住宅中，地板辐射采暖系统都设有两套或更多的循环系统，对其进行分区采暖。划分采暖区域有助于提高地板辐射系统的采暖效率：如果人们大部分时间都在起居室和卧室，那么加热整个住宅的地板是毫无意义的。

安装地板辐射采暖系统时需铺设保温板

在安装地板辐射采暖系统时，板下及基础周围需做保温。为北纽约州设计这套系统的John Siegenthaler说，混凝土盘管系统的任何组成部分都需要足够的保温。他使用高密度膨胀聚苯乙烯做保温层，而不使用破坏臭氧层的氯氟烃，架空地板以与地面隔离(图4-3)。如果不这样做，板中的热量会大量浪费。覆盖方式保温的比板下保温效果好，如果在板下保温，返工和固定时将会很困难，板的厚度最好在2～4in间。

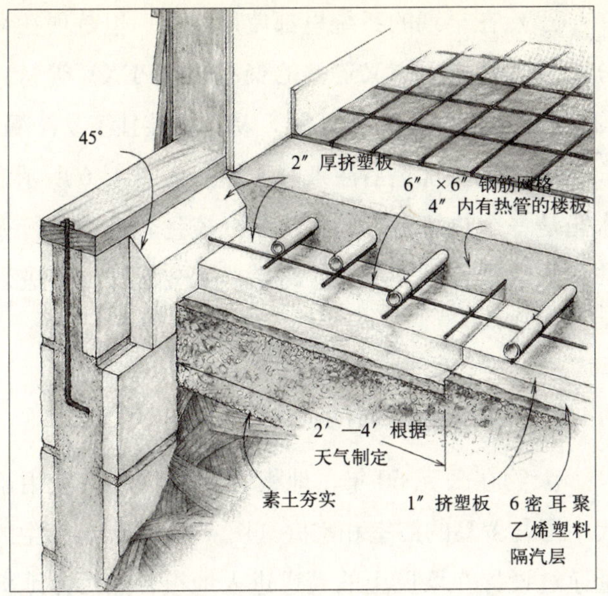

图 4–3
在地板辐射采暖系统中，管道布置在混凝土板内，热量通过混凝土板中的管道传入室内。在寒冷季节，安装在混凝土板下侧和四周的隔热材料降低了热损。

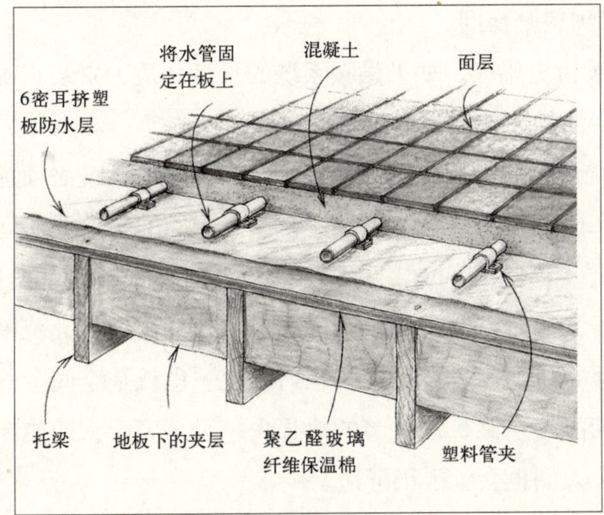

图 4–4
地板辐射采暖系统的管道可以铺设在地板下的木框架中，上面可铺设瓷砖。

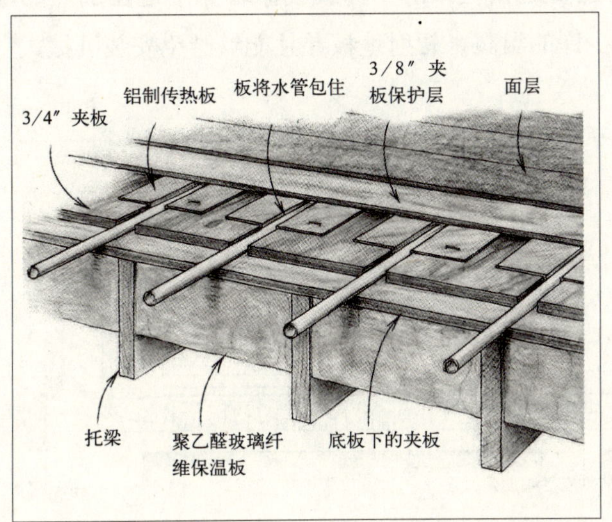

图 4–5
地板辐射采暖系统的管道可以铺设在木地板下侧并用铝箔包住表面。

由 Christopher Clapp 绘制。《Energy–Efficient Building》再版，1999 年 Taunton 新闻公司。

图 4–6
建筑中辐射地板采暖系统的分水箱，可以进行分区采暖。

虽然在早期的系统里都使用铜管，但是现在大部分安装者都使用交叉连接的聚乙烯（PEX）管材。它的弹塑性能较好，经久耐用，易于安装且不易渗漏。

水经锅炉加热后注入分水箱，如图 4–6 所示。分水箱是一个热流中心，将热水分流到管道中进行循环并释放热量。热水流经管路后回到分水箱，并进入锅炉重新加热。

4.4.1 地板辐射采暖的利与弊

大约在公元 60 年，地板辐射采暖首次应用于古代中国与罗马的浴室和家庭（图 4–7）。燃烧产生的热量通过设置在墙壁上的管道进入地板，然后由地板辐射到整个房间。

地板辐射供暖历史悠久。如果供暖系统的尺寸合适，安装正确的话，就能高效、清洁的为人们提供舒适的环境。

地板辐射系统最主要的优点是舒适性。主动式热风系统必须加热整栋建筑的空气，而辐射采暖是通过铺设在整个房间的管道为房间供暖，无需加热空气。当进行红外辐射、采暖、加热固体物质（譬如墙壁、顶棚、椅子、桌子）等时就会产生热辐射。对人和物体进行大范围辐射加热，辐射采暖系统产生一个更高的辐射温度—也就是空间中的表面温度。建筑表面温度越高，居住者的热损失越少。因此，即使在较低的恒温设定下，人们也会觉得很舒适。

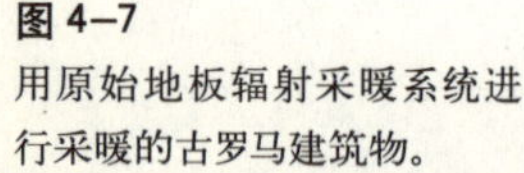

图 4–7
用原始地板辐射采暖系统进行采暖的古罗马建筑物。

辐射地板的热量是很轻柔的，赤脚或穿着袜子走在加热的地板上才能感觉到有少许的温暖。辐射地板并且能够避免安装机械式空气

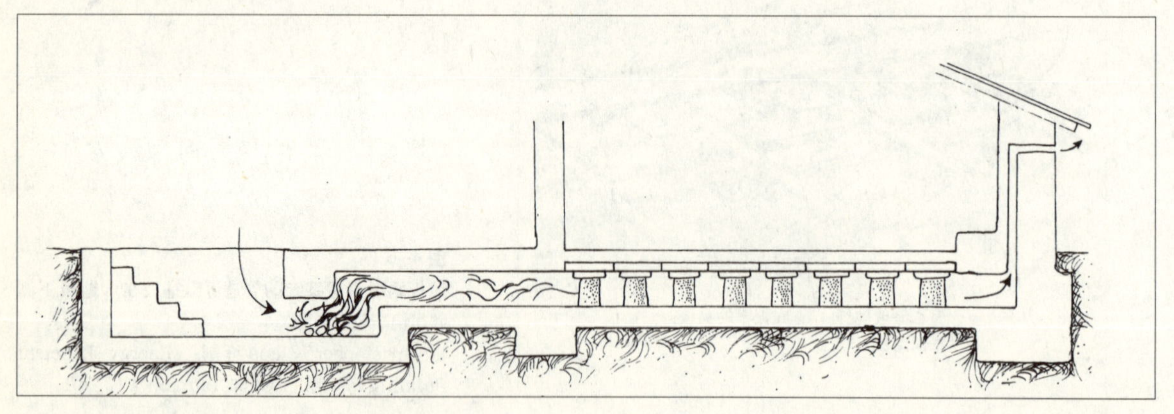

加热系统所导致的各种问题。尤其是对于那些喜欢例如瓦片、竹子或木头等硬质地板的人。辐射地板采暖是一笔巨大的财富。“没有什么比早晨起床后赤脚穿过冰冷的厨房地板取咖啡壶更糟的了”Christine Grahl 在辐射地板采暖在《环境设计与施工》（《Environmental Design and Construction》）杂志中发表的一篇文章中提到“不管如何温暖的家，地板踩起来感觉就像结冰的池塘。”

辐射采暖地板是目前最有效的机械采暖系统。这个系统要比其他产品（如基板热水采暖和主动热风采暖系统）少消耗 10%～30%的燃料。为什么辐射采暖地板更有效率呢？

与主动热风采暖和基板热水系统不同，辐射地板采暖系统将热量传到地板，然后辐射到整个房间。和主动热风采暖和基板热水系统相比，辐射地板采暖系统提供给房间和居住者的热量比供给外墙的多。辐射地板采暖系统通过水泵获得较高的采暖效率，比采用大型风扇的主动热风采暖系统耗能少很多。设定较低的锅炉恒温，也有助于增加这些系统的工作效率。

Christine Grahl 针对辐射地板采暖指出：“辐射地板采暖不产生浮尘和噪声、不会使空气干燥，它使得室内空气更加干净，尤其当锅炉处在一个密封的燃烧室里时。”如前所述，辐射地板采暖可与许多不同类型的地板搭配。流量供热系统往往需要比主动热风采暖系统更少的维护，它们很容易操作。不像主动热风采暖系统一样没有过滤器来替代。

辐射地板采暖系统在其他方面也有很多优点。与主动热风采暖和基板热水系统一样，辐射地板采暖系统的燃料也可以是天然气、丙烷、石油、木头、电能和太阳能等。

但是辐射地板采暖系统也有一些缺点。它的造价很高，根据房子的面积而定耗资 \$10000～\$20000。身为绿色建筑工程师的 Marc Rosenbaum 指出，没有必要花 \$10000 购买采暖系统来提供每年 \$100 的采暖。

辐射地板采暖系统响应时间也不够快，要使一个房间要达到舒适的温度可能需要几个小时甚至几天时间。安装在地板下的系统传热特别慢，因为系统首先要把蓄热量很大的楼板层加热。如果业主外出过圣诞节时关闭了地暖系统，等到几周后回来时，可能要花几天时间才能回升到舒适的温度。当辐射地板采暖系统设定在固定的温度时，这个问题就可以避免，因此，在采暖季太阳能地暖系统须一直开着。

辐射地板采暖系统最大的问题是，辐射传热可能会被床等家具阻挡，影响采暖效果。如晚上在沙发上看书时，可能会感觉到冷（当然，静坐时本来就比活动时更冷一些）。目前，有多种做法都可以解决此问题，其中最有效的方法就是在墙壁中安装盘管，这样就能向处于静坐或躺下休息的人辐射热量。许多商家已经在销售这种热辐射墙板。

最后应注意的几点：与主动热风采暖系统不同，热辐射地板不能提供通风或空气过滤。另外，盘管渗漏虽然很少见，但其维修费用较高，尤其是盘管设置在地板表层下时。而且如果泄漏发现不及时，还可能造成其他损坏。

4.5 传统机械循环采暖系统的替代热源

主动热风采暖，热辐射地板，热水型暖气片等由自动调温器自动控制的传统采暖系统深受建筑师、开发商、业主以及行政建设部门推崇。不过，这些系统通常都消耗矿物燃料，如天然气、丙烷、石油等，还使用了相当多的电能来驱动泵和风机将热量传输到建筑中，这些系统还需要设置大量管网以及高炉或锅炉，所有这些在制造时都会消耗大量自然资源。基于以上原因，机械系统是不符合可持续性发展要求的。不过，现在有许多方式可改善机械供暖系统对环境的影响，其中包括节能锅炉、热泵、太阳能热水系统等。

4.5.1 高效锅炉和炉窑

自 20 世纪 70 年代开始，许多厂商就开始生产效率较高、节省燃烧的锅炉和炉窑，品种繁多，让人眼花缭乱。为选择合适的类型，现对一些重要特征进行概述，作为选择的参照。在阅读本部分内容前，读者有必要参照旁注对选择被动式太阳房辅助热源的叙述。

1. 燃气炉

许多住房配备了高效燃气炉，以尽量减少室内空气污染，如常见的诱导通风式煤气炉，这种炉子因配备了鼓风机助燃而得名，通常其还要设置出烟管来协助排烟。这些火炉要从燃烧室内提取大量热量，而又没有足够的浮力来散逸烟气，因此要设置鼓风机为炉膛鼓风。大多数此类系统处于节能的中等水平，其效率在 78%～85%。

更高效的冷凝燃气炉，如此命名是因为此系统中的换热器效率很高，以至于烟气降温至内部的湿气（水蒸气）被压缩成液态。气体在压缩过程中释放热量，这种形式的得热效率可达到 90% ~ 97%。大量的热被这种热交换形式带走，产生的气体通过塑料管排出，冷凝水就近排走。

被动式锅炉另外一个特征是有一间密封的燃烧室。这一特点可以避免像一氧化碳这样的危险可燃烧气体外溢进入房间。所有的压缩和非压缩锅炉都带有密封的燃烧室。

2. 蒸汽锅炉

高效率锅炉也可用于地板辐射和壁面辐射热水采暖系统。蒸汽锅炉可以设计成多种尺寸和样式。感应式锅炉利用密封的燃烧室时效率可达到 80% ~ 85%。由于大多厂家不采用压缩技术生产蒸汽锅炉，所以很少有锅炉能达到 90% 以上的效率。由于热盘管的回水的温度比废气中冷凝水的温度高。导致废气不能够被充分冷却成冷凝水。这样的结果导致单位气体输出效率较低，因此热输出效率也不高。

3. 燃油锅炉

燃油在一些国家和地区也用来采暖。油经过喷嘴注入锅炉中的燃烧室，喷射形成的小油滴与空气混合能够促进燃烧。许多锅炉设计有加强气流的功能，这样可以提高燃烧效率。

市场上提供的这种燃油锅炉能够提供 78% ~ 82% 的热效率。虽然压缩率较高，但由于燃油中所含的的致污物（像硫等）远高于天然气等其他燃料，故这种技术目前很难普及。并且由于燃油能产生大量损害锅炉的腐蚀液体。虽然这种采暖形式有效，但许多承包商仍然反对使用这种能略微提高热效率的压缩系统。

有趣的是，很少有燃油锅炉带有密封的燃烧室。经验表明室外冷空气在进入燃油锅炉的燃烧室后，会导致燃烧效率降低和妨碍燃油锅炉启动。

4. 燃木锅炉

现在，许多人采用经特别设计的燃烧木材的锅炉来采暖（图 4–8）。燃木锅炉一般安装在地下室、杂物间、储藏室以及车库中，也有一些安放在户外。这种系统对于住宅、商业和工业建筑的供热输出方面是非常有效的。

各种类型的燃木锅炉通常和地板辐射、墙壁、踢脚板、主动热风

为被动式太阳房选择辅助热源

在选择锅炉或电炉时，许多业主都很保守的选择比需要的型号大一些的产品。表面看起来这似乎符合逻辑，但并非如此。大型号的循环周期较长且频繁。启动过大型号的要用额外燃料，而且其很少能达到最佳效率。

美国能源部资料显示，大于所需型号两三倍的供暖系统并不少见。增加额外热负荷以防万一的做法没有问题，但不应超过计算热负荷的 25%。

选择辅助锅炉时，应切记设计良好的被动式太阳房比传统房屋的热负荷少之又少。不要没有经过热负荷计算就选择了过大型号的火炉或锅炉。

图 4–8
燃木锅炉能与被动空气采暖系统相连。

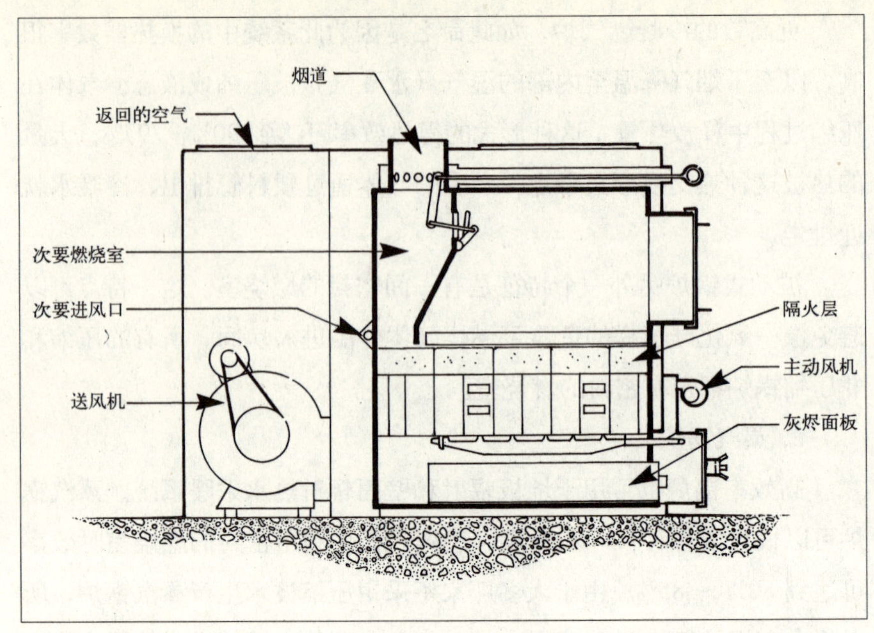

采暖系统相连。如 Lynn dale 的木燃料锅炉，用一个带有风机的普通管道抽取空气（图 4–8）。来自阿肯色州的制造商 Lee Daniel 也提供了一种家用热水系统。Lee Daniel 设计的锅炉，木燃料的燃烧由一个安装于燃烧室门后的风机控制，鼓风量的大小直接影响锅炉的效率。像其他木燃料锅炉一样，这种系统也设有二次燃烧室，通过燃烧从木材中释放的可燃烧气体来增加效率。它的木材消耗少、环境污染小、燃烧效率高。而另一个系统，Lynn dale 的锅炉中，二次燃烧室设有空气补给装置。这一特征大大提高了燃烧效率而且减少了空气污染和烟囱中木熘油的产生。

燃木锅炉的另一个重要特征是燃烧室的智能化控制。制造商介绍这套系统说：当自动调温器需要热量的时候，风机启动后向燃烧室吹风，直到空气加热到指定温度，然后关闭风机。这样做节省燃料并且可以避免无效率的锅炉燃烧所引起的过热现象。

燃木锅炉也可以根据设计要求增加中央加热器系统。安大略省的 Summeraire，公司设计的燃木锅炉可同时采用油、瓦斯和丙烷等多种燃料。另外一种可以长时间为室内提供热量的油木混合燃料的锅炉，当住户长期外出时可以长时间供热。

燃木锅炉与其他的燃木火炉一样，有许多相同的优点和缺点，即效率较高且燃烧充分，采用可再生的资源作燃料，操作简单。但是需要较大功率的风机送风，噪声较大且消耗电量。采集木材和除灰同样也很麻烦。如果不能适当地安装和维护，也会有火灾隐患。

户外安装是燃木锅炉的一种新的形式，明尼苏达州的 Greenbush 制造的燃木锅炉采用高规格的不锈钛合金钢制造了高效率的中央加热器（图 4–9）。这种型号的锅炉最远可放置在距家 500ft 远的地方。燃烧木材加热水，然后经保温的管道送至室内。

图 4–9
设置在室外的中央锅炉不必再将木材运至室内，同时也排除了火灾隐患

户外锅炉可以作为热源用于各种室内供热系统，包括地板辐射采暖系统，墙壁热水系统以及其他被动式采暖系统。同时还能提供生活热水。

在明尼苏达州，Warroad 制造了其他形式较好的户外锅炉。搭配有与房子及周围环境相协调的各种色彩。这些锅炉容易安装和维护，易于操作，效率较高。由于采用质量好的钢材，具有良好的耐久性。

4.5.2 热泵

热泵是从建筑物附近的地下或空气中提取热量并将其转移到建筑内部的设备。这是至今为止最为常用的采暖系统，并且可以用于夏季制冷。热泵分为两种：空气源热泵和地源热泵。

1. 地源热泵

地源热泵从建筑物附近的地下提取热量。如图 4–10 所示，地源热泵的加热系统包括三部分：(1) 埋在地下吸取土壤热量的管线，(2) 热泵机组，(3) 室内的散热系统（如辐射地板或风机盘管等）。

冬季，地源热泵会通过大量埋在地下的管线从土壤中提取热量，提取的热量集中送至室内。

多种推论显示这种采暖形式是非常可行的，因为地下土壤温度常年都保持 50°F 的恒温，而对居住地却无过多要求。

地源热泵依靠制冷技术通过制冷剂和压缩机从地下土壤中提取热量，并将地热送至热泵机组，导致热泵内的制冷剂膨胀。制冷剂膨胀过程中会释放出热量，此部分热量被送至采暖系统中，制冷剂在压缩机的作用下在液态和气态之间重复转换。地源热泵也能通过反向运转用作夏季制冷。夏天，热泵机组收集来自房子内部的热量并将其传送到地下。机组系统通过控制阀门控制热交换介质，使其通过不同的传

地源热泵不同于一般形式的锅炉，它能把热量从一个地方转移到另一个地方。由于不用燃料，不存在室内空气污染的问题。

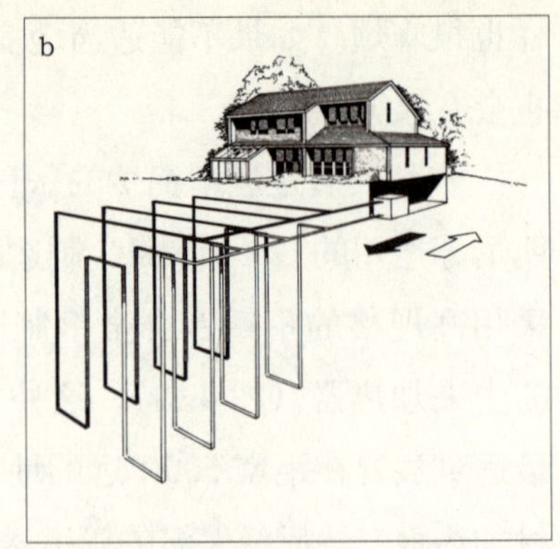

图 4–10
热泵系统的组成。水平铺设管路(A)，埋设在地面以下4～6ft的位置，垂直铺设管路(B)垂直埋设至地面下0～400ft的深处。管道内充满水或对环境无污染的介质用于收集土壤中的热量。小功率的水泵提供动力。

输路径实现采暖和制冷。

热泵也可以汲取来自地下水或地表水的热量，如池塘或湖泊。水用过后泵回水源地或在地表排放，这种形式即是水源热泵系统。

2. 地源热泵的优缺点

大家普遍认为地源热泵是一种有效的采暖和制冷方式。这一高效环保的采暖制冷方式同时得到了美国能源部和环保署的认可。该热泵系统耗费较少的电量，比传统的采暖和制冷系统节约大约25%～50%的能量。如果采用可再生能源发电，环境效益会更好。据美国环保署的统计，与传统的采暖和制冷系统相比，地源热泵系统排放的二氧化碳要少的多。

事实上，地源热泵可以在任何气候条件下应用。与其他的采暖和制冷系统相比，地源热泵系统的工程造价相对较高。工程费用约要在2～10年才能回收。如贴有美国环保署能源之星标签的地源热泵系统，可以从银行或其他的财政机构提供的“能源之星”计划的贷款项目中得到资金支持。其中一些贷款的利率较低，另有一些允许有较大的收支差额或二者兼有。

与传统的采暖和空调系统相比，地源热泵能够在新家中安装并且式样新颖紧凑。由于几乎没有可移动部件，所以比传统的采暖和制冷系统需要更少的维护费用。埋置在地下的管路寿命可达25～50年。

地源热泵最大的优势是其依靠于可再生资源——太阳能。阳光加热地面上层土壤作为该系统的热源。因为这些系统本身不包含燃烧源，不会产生影响气候的二氧化碳或其他空气污染物。也不会造成室内空气污染，没有燃烧也消除了房子火灾的隐患。地源热泵的运行几乎没有噪声。

生活热水的补热

许多住宅的地源热泵系统都设有散热器。系统运行时，散热器将压缩机产生的废热输送到水箱将水加热，因而能提供免费的热水。夏天，系统能提供100%的生活热水。冬天，通常能提供一半的热水供应。

像其他供暖系统一样，地源热泵也有自身的缺点。主要的问题是这些装置使用碳氟化合物 −22 或 HCFC−22 的制冷剂。虽然这些化学媒质到达臭氧层确实能破坏臭氧分子，但是因为这化学物质没有 CFC 稳定，因此容易在较低的环境下分解。臭氧层臭氧分子是阻挡紫外线的保护盾。HCFC 与 CFC 破坏臭氧层的关系是 5000 ∶ 100000，相对较少，但臭氧分子损失仍很大。幸运地是，地源热泵封闭的冷却系统很少或者几乎不必补充。

依照环保署的统计，在一般天气条件下，地源热泵比空气源热泵节约 44% 的能源，比电加热系统节约 72% 的能源。

在安装埋设地源热泵系统的纵横向管路时，可能对建筑地基产生破坏，因此需要采取措施避免侵蚀和破坏地面植被。

高效率的地源热泵系统的造价要比传统的采暖和制冷系统要高，因为地源热泵系统需要在地面开凿很多的孔洞。据地源热泵协会的统计，这些系统将比传统采暖和制冷系统多花费 $2000 ~ $5000。在一个设计良好的被动太阳能住宅中，不必花费额外的费用安装补热系统。

直接货币投入

“能源之星”项目能为地源热泵（和其他节能采暖系统）提供贷款，直接导致现金的流入。例如，如果一个热泵增加 $25 作为抵押贷款的费用，但是在实际的账单中一个月能节省 $50。这是因为抵押贷款付款能从所得税中被扣除，所以就达到了额外节省的目的。

使用地源热泵系统可能带来的问题是：地下水与热泵之间的开式取水系统，会降低地下水位并有可能使地下水耗尽。过多地采集浅层地下水会带来许多问题。如果想了解更多关于地源热泵的问题，可以参阅 Nadav Malin's and Alex Wilson's 在环境建设新闻中发表的文章“地源热泵：是绿色的吗？”。

3. 空气源热泵

空气源热泵是热泵系统的另一种形式。同地源热泵的运行原理相同，但其获取的热量是来自空气而非地下。冬天，空气源热泵获取室外空气的热量将其传送至室内。在比较热的季节，反向运行，把建筑内部的热量带到室外。这是至今应用最广泛的制冷模式。

如图 4−11 所示，空气源热泵有室内机和室外机两部分。室外机由一些盘管组成，盘管里面充满制冷剂。制冷剂温度比外界空气温度低，有时达 0°F，所以能吸收来自空气的热量。

地源热泵的性价比如何？

当每度电的价格比每千卡天然气热值价格的十分之一还要少时，地源热泵的优势是很明显的。尤其适用于房间的采暖负荷大于制冷负荷的建筑中。如天然气产生的热量每千卡的价格为 80 美分，则地源热泵系统的能耗只有低于每度电 8 美分时才是很经济的。

制造商销售的空气源热泵要远远多于地源热泵。但却不解释哪一种更好。空气源热泵不如地源热泵效率高，也不如地源热泵应用广泛。通常，在温暖的气候下能进行有效的制冷和采暖，并能达到最佳工作状态。当温度降低的时候，可以提供少量的热量，但如果空气温度在 35°F 以下时，空气源热泵就需要补充热源。此外，空气源热泵排放的二氧化碳（燃煤发电产生）要多于天然气锅炉的排放。

在这二种模式中，地源热泵同空气源热泵相比，同样是在消耗

图 4–11
空气源热泵分为室内机和室外机两部分。当室内机在房间放出热量之后，冷却后的制冷剂从室内机转移到室外机，当带压力的液态制冷剂进入到膨胀阀后转换成低温低压液体，进入到室外机盘管蒸发吸热。同时由液态转换成气态。被加热的制冷剂气体通过压缩机压缩，体积被大大减少。被加热的高压制冷剂气体进入房间，在室内机盘管冷凝放热，达到采暖目的。当在夏季制冷的时候，过程是相同的，只不过是从室内获取热量然后转移到室外。

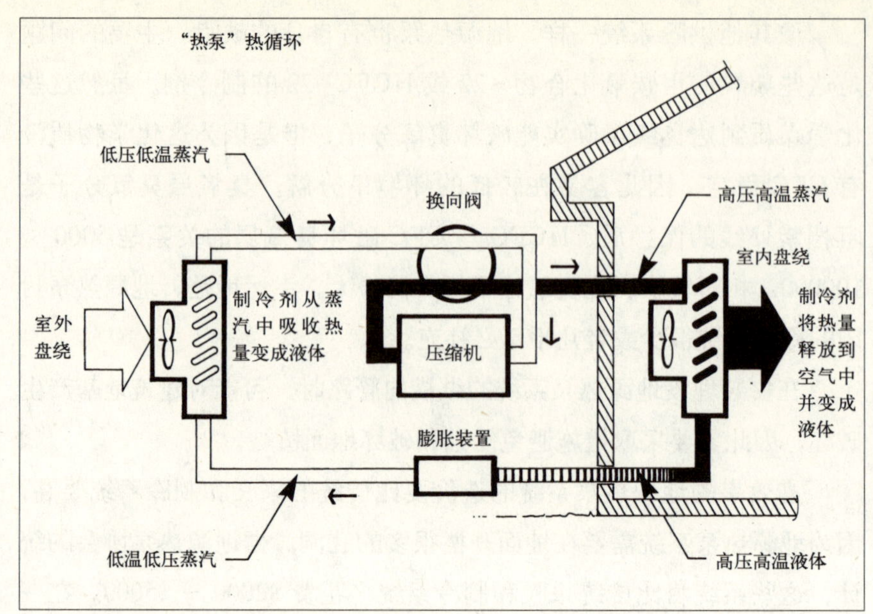

一个单位的用电的情况下，仅用一半的 HCFC 就能传送更多的热量（冷气）。

4.5.3 太阳能热水

太阳能在为被动式房屋提供采暖的同时也可以提供热水用作备用热源。太阳能热水系统由以下部分组成：安装在屋面上的真空管集热系统、泵、储水箱和换热器（图 4–12）。

图 4–12
主动式系统中，最常见的是闭式环路系统。系统内的传热介质通常是水和相对安全的乙二醇防冻剂的混合液体。这种液体在集热器和水箱之间循环。在循环过程中通过集热器获得热量。通常墙壁或水箱的底部会成排布置管道。释放出热量后，介质被重新送至集热器并再次被加热。

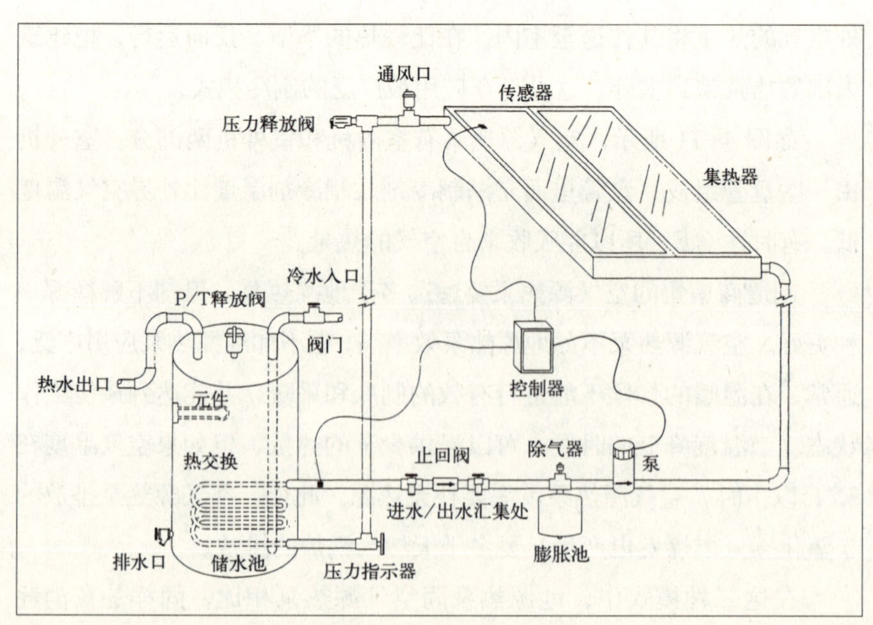

多年以来使用最普遍的太阳能集热器是由矩形的盒子做成，被称为闷晒式集热器。集热器内表面是黑色的，它前面安装着一块玻璃以便使光能透射进去，集热器的侧面和底部保温性良好。太阳能集热器收集太阳光并把它们转换为热能。内部的温度很容易能达到 200°F。集热器收集的热量通过安装在集热器内部管路里的介质带走。这些管路与位于房子的地下室或杂物间的储水箱相连。连接储水箱和集热板的管路也就是传热介质的循环通道。热交换器把热量传送到储水箱。热水用来给空气采暖系统或地板辐射采暖系统提供热量。

用于生活热水的储水箱一般为 80 ～ 120gal 即可。用于采暖的储水箱应达 1500gal。无论是哪一种情况，为了保持水温，储水箱都应有很好的保温性能。因为储热能力较强，储水箱能很好的为被动式太阳能住宅提供热量。

1. 太阳能热水系统的类型

大多数太阳能热水系统操作简单。现在主要分主动式和被动式两种类型，在此基础上又有许多变化。

主动式系统需要泵和各种不同的控制装置促使传热介质在系统内部循环（图 4–12）。被动式系统的运行不依靠泵，仅依靠水的重力，自然对流来提供动力。

2. 太阳能热水系统的优缺点

为太阳能热水系统提供热量的是清洁的可再生资源，新型的太阳能热水系统性能完善、支持率高。

太阳能热水系统能用来为传统的采暖系统供热，如地板辐射和空气采暖系统（通常不能为地板采暖系统提供全部热水）。太阳能热水系统也可以提供生活热水。例如一个游泳池，充分的太阳能热量可以延长春天或秋天的游泳时间。

尽管太阳能热水系统有很高的认知度，但仍有其自身的缺点。与传统的生活热水系统相比，该系统需要一定的空间来安装集热器。另外尽管安装费用从 20 世纪 70 年代后期和 80 年代早期以后已经下降，但这些系统仍然相对较贵。

太阳能热水系统在安装方式上很难有所创新，屋顶的位置不可能适合所有类型的集热器。主动式的系统需要定期的维护修理；传感器和控制器是易损部件。水泵等部件也需要定期维护，维护就意味着增加费用。

太阳能热水系统的类型

1. 主动式

(1) 直接的或者开放式循环系统

(2) 间接的或封闭式循环系统

2. 被动式

(1) 整体式集热系统

(2) 温差环路集热系统

太阳能热水系统的设计者吸取了过去的经验教训并研制了新一代太阳能加热器，这种加热器比 20 世纪 70 年代美国联邦贷款制造的太阳能热水系统可靠得多。

对于一般的家庭来说，在没有城市热网的地区，利用太阳能系统作为采暖补偿并不用花费太多的费用。20 世纪 70 年代末和 80 年代初州和联邦政府采取的太阳能退税政策导致“安装了大量的设计上存在缺陷的太阳热水系统，从而使很多人甚至对整个太阳能行业产生了怀疑”，绿色产品（包括太阳能热水系统）销售商，Real Goods 公司的董事长 John Schaeffer 指出。现在的太阳能系统总结了以前的经验教训，其样式新颖、操作简单并经久耐用。

退税

太阳能热水系统的主要缺点是较高的成本。如足够幸运的话，你可以在安装太阳能热水系统之后获得来自所在地电力公司或政府的退税。确认后购买，因为退税政策可能在一些产品类型上有一些限制。

作者见过的印象较深一种太阳能热水系统是托马斯太阳能用水加热器。该系统由一系列平行布置的玻璃真空管组成，如图 4-13 所示。每个真空管内都有一根充满酒精的黑色的铜管。当阳光照射真空管的时候，酒精被加热，热蒸汽向管的顶端上升，热量被位于系统顶端的热交换器带走，然后被输送至房间或储水箱的热交换器。

托马斯太阳能系统集热效率很高，在阴天也可以集热，根据公司提供的数据显示，它的集热效率是传统的平板式集热器的两倍。之所以这一个系统运行如此有效是因为真空能够提供很好的保温。铜管周围没有空气对流大大减少了热损失。在实验室对另外一个类似的系统进行测试，将温度为 50°F 的水填充的管道放在一个 −13°F 冰柜中，6.5d 后才冻结，托马斯系统能在周围温度 0℃以下的情况下，其介质的蒸汽温度可达 300°F。

由于设计合理，集热效率提高，托马斯集热系统即使在多云的天气条件下也能达到 80% 的集热效率，大型的系统能提供充足热量。厂家宣称即使在最不利的气候条件下该系统也能够提供 70% 的生活热水。天气晴朗时完全能满足 100% 的热水需求。

图 4–13
托马斯太阳能集热器在多云的天气都可以收集热量。

市场上，托马斯系统并不是唯一的高效太阳能系统。Real Goods等公司出售的由太阳能光电驱动的系统，虽比其他系统更昂贵，但能够保障长时间运行。该系统是比较受欢迎的，其封闭的管路设计即使在最寒冷的气候下也不会结冰。

4.6 壁挂式采暖器

高效率的被动式太阳能建筑几乎不需要补热，壁挂式采暖器是一种比较适宜的补热装置（图 4–14）。其众多的产品类型可以满足广泛的需求，一个家庭安装两三组既可以满足补热要求。

壁挂式采暖器可以给经常使用的房间采暖，如工作室或裁缝间。也是太阳能建筑中质高价廉的补充热源。壁挂式采暖器需要安装天然气管道和排放尾气的排气管，现在已经有了无排气管这种类型的产品，可以消除这一要求。

多种燃料都可以驱使壁挂式采暖器的运行，包括电力、丙烷、天然气和煤油等。通常最有效且对环境影响最少的燃料是丙烷和天然气。但是这些燃料是不可再生的，它们的燃烧也会产生如二氧化碳之类的污染物质。

壁挂式采暖器的工作原理是通过自然对流或辐射加热房间。有的产品带有风机，多数产品在内部或外部带有温度调节装置，因此加热器能自动地对室温进行调节。当家人外出时，这个特征在被动式太阳能住宅中显的更为合理。

标准的安装模式是排气管延伸至顶棚外或直接穿出墙壁。一些壁挂式采暖器外面设有进气口，利用室外空气助燃。

壁挂式采暖器的优缺点

壁挂式采暖器有许多优点。他们应用广泛、价格适中、容易维修和安装，并且效率很高。壁挂式采暖器能够根据空间的大小自动地选择连续供热或间歇供热模式。应注意的是对高效率的被动式太阳能住宅本身需要比较少的热量补充。所以选择一个成本为 \$1000 ~ \$2000 的壁挂式采暖器的投资效益要远远高于造价为 \$10000 ~ \$20000 地板辐

图 4–14
壁挂式采暖器对单独的房间或小型房子的采暖是有效的，尤其在住宅的太阳能改造中。

射采暖系统。

壁挂式采暖器也有一些缺点。与地板辐射采暖系统或墙面热水系统不同的是，它们通常被设计为向单独的房间或小型的家庭采暖。像燃木火炉一样，房间的远边上的温度往往低于墙壁加热系统附近的温度。

在安全方面，据美国消费者产品安全委员会统计，壁挂式采暖器和木采暖炉在美国每年会引起25000多起火灾，300多人会在火灾中丧生。另外，每年有6000多人被壁挂式采暖器烧伤。除了烧伤和火灾之外，采用化学燃料的壁挂式采暖器可能还会引起爆炸和一氧化碳中毒等。

尽管有的壁挂式采暖器燃烧部分被设计成能够充分燃烧，不会产生废气和污染，不需要排风装置，也不需要通风，但建筑管理部门仍对此持怀疑态度，不允许应用该系统。

基于这些问题，消费者产品安全委员会建议壁挂式采暖器应有如下安全提示：（1）当传感器探测到室内氧气的含量低于安全水平时，应关闭加热器；（2）当安全指示灯熄灭时，应切断天然气的供应；（3）当通风不畅时，应使加热器应停止工作。应谨慎安装或操作壁挂式采暖器，并警示儿童以及宠物不要触摸加热器的高温表面。

4.7 壁炉，木火炉及颗粒燃烧炉

许多被动式太阳能住宅，包括作者家，都采用燃烧木材的装置来补偿热量，这些装置有：木火炉、壁炉、颗粒燃烧炉等。这些系统通过燃烧可再生能源——木材，能够提供温暖而且舒适的居住环境。分析如下：

4.7.1 壁炉……已成为历史！

普通的燃烧木材的壁炉是美好且令人向往的，并且木材燃烧爆裂的声音总是那么诱人。不幸地是，壁炉极大地浪费资源，其效率仅仅达到10%～20%。它们产生的大部分的热量都被烟囱所排放的烟气所带走。因此，不推荐使用壁炉。作者在一个客户家里见到一个自己认为最好的“壁炉”，他将原壁炉封闭，并将其改造成为电视柜（图4–15）。

如果家里安装了壁炉，在不燃烧木材的情况下保持房间温暖，可能要浪费大量的能源。为了改善现有壁炉的效率，应当在壁炉内加设一个装置。一个经过专门设计的能适合壁炉开口的各种尺寸类型的燃

木火炉。再通过风扇把利用烟囱排除废气所产生的热量吹至室内。许多壁炉装有玻璃门以观察火势。当系统不运行的时候，应关上玻璃门以减少来自烟囱的冷空气进入室内。经过这些改进后的壁炉比一个开放式壁炉的燃烧效率大约能提高 40% ~ 50%。

图 4–15
作者的一位客户在壁炉(左边)的位置，改造后作为他的电视柜(右边)，这是一种使用率更高的"壁炉"。

4.7.2 燃木火炉

燃木火炉是比普通壁炉要好一些。它们效率更高，污染更少，而且有许多形状和尺寸可供选择。除此之外，大多数的燃木火炉制造得非常密闭，能阻止燃烧后的气体进入房间。

燃木火炉有多种形式，典型构造是有一层防火层，材料是钢材或铸铁。主要燃烧室一般用防火砖垒成以延长火炉的使用寿命。新型的燃木火炉可以通过控制进入燃烧室的气流来控制燃烧室内的温度和燃烧时间。进入燃烧室的空气越多，温度越高，燃烧时间越短。废气经排气管排走。火炉有一扇密封的玻璃门可以观察火势。

为了提高效率并减少污染物的排放，制造商设计了催化燃烧装置或二次燃烧室（图 4–16 和图 4–17)。如同汽车中催化转换器一样，催化转换器促成了未燃碳氢化合物的燃烧，获得了来自木材的更多热量。它能提高木火炉 10% ~ 25% 的效率。因为能促进未燃气体和液体的燃烧，减少了 80% 或更多木馏油的形成。木馏油是黑色的，像焦油一样的碳氢化合物在排烟道中被收集。它能燃烧并能使热量快速的遍布房间。

虽然催化装置能增加火炉的成本，但可以增加燃烧效率并减少木材消耗，一般能在两年内回收成本。催化剂的平均寿命是 3 ~ 6 年，根据作者的经验，在高纬度地区能使用数 10 年。

使用的燃木火炉中出现的问题?

在老式的火炉中，因为温度不够高难以点燃碳氢化合物，所以木材中大部份的碳氢化合物随烟飘走。这些壁炉燃烧温度大部分保持在 400 ~ 900°F 之间，而碳氢化合物的燃烧温度是 1100 ~ 1300°F，未燃的燃碳氢化合物到那里去了? 大部分从燃烧室散失了，一部分气体在比较冷的烟囱壁浓缩形成木馏油。大气中的碳氢化合物在阳光的照射下和其他的污染颗粒反应形成光化学烟雾。

图 4-16（左）
设计有催化装置的燃木火炉能有效减少排放挥发性气体并能提高火炉的效率。

图 4-17（右）
这个燃木火炉包含二次燃烧室，木材释放的碳氢化合物气体燃烧后放出的热量能够被充分地吸收。

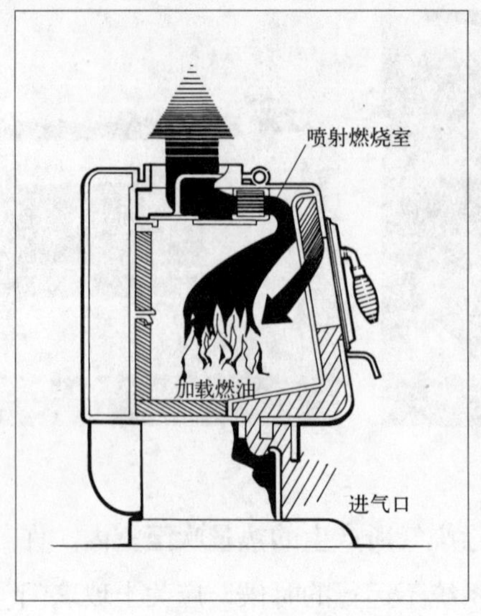

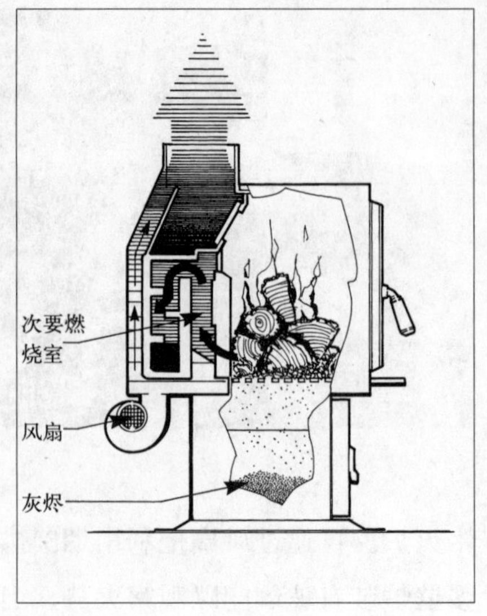

催化剂的工作原理

催化剂可以加速化学反应，即使在非常低的温度下也能正常工作。充满燃烧室的催化剂被称为酵素。在燃木火炉中，催化剂能将未燃碳氢化合物的点火温度降低至600°F。通常需要达到1100～1300°F木材放出的碳氢化合物才会燃烧，但是一般情况下火炉中的温度只有400～900°F。催化剂能在低温下使碳氢化合物燃烧，并且能够使燃烧室内的温度很快攀升至1700°F甚至更高。经催化剂催化后，燃烧室内保持的温度能保证碳氢化合物充分燃烧。

折流板的作用

通过加强空气涡流、延长热空气在燃烧室中的时间，折流板能够提高火炉的燃烧效率并降低污染。含有未燃烧碳氢化合物的气体受折流板作用返回到燃烧室充分燃烧，进一步提高燃烧室的温度，从而能够再次促进气体的二次燃烧。

当空气补给被限制的时候，设计有催化燃烧装置的火炉也能运行。在这种情况下，从燃烧室排放的未燃烧的碳氢化合物通过超热催化剂几乎也能完全燃烧。

有无催化剂燃木火炉的比较

有催化剂	无催化剂
•总体效率最高	•火势较旺
•最低的热损失	•不需要催化剂
•燃烧时间最长	•费用较低
•费用较高	•适合低频率使用
•适合持续使用	

很多制造商已经设计出高效、无催化剂的燃木锅炉，在燃烧室的顶端安装了折流板，该装置使燃烧气体返回，导致再次燃烧。这些火炉在提高效率和降低热损失率方面，几乎和装有催化剂的火炉等同。

对进入燃烧室的室内空气进行预加热将会进一步提高火炉的燃烧效率。通过环绕在燃烧室内的管道可以起到预加热的作用。预先加热空气能够维持较高的燃烧温度，提升更高的燃烧效率。室外冷空气则能降低燃烧温度和燃烧效率。

大多数的燃木锅炉适用于辐射或对流这两种传热方式中一种。

1. 辐射式燃木火炉

辐射式燃木火炉由铸铁、焊接钢板或皂石制作而成，主要通过火炉的热表面直接辐射来加热外部空间，同时也需要空气在火炉的表面和管道之间流动来传递热量。

图 4–18（左）
位于佛蒙特州的铸铁火炉运行高效、使用简单、外形美观。

图 4–19（右）
循环式火炉有一个促进空气循环的双层壁箱，能防止热量从内部散失。

现在出售的大多数火炉是辐射型的。比起一般对流传热火炉，它们所需材料较少，较低的成本促进了推广（但是有些铸铁辐射式火炉由于设计比较奢华，价格较为昂贵，见图 4–18）。

与其他类型的火炉和采暖设备相比，辐射式火炉不仅便宜，而且也非常有效。燃烧效率通常情况下能达到 60% ~ 80%。有些型号配有自动控制系统，能够通过调节空气流量保持室内恒温。例如，Vermont Casting's Encore 火炉，不但能实现室内恒温，而且其顶部的特殊设计可以防止烟雾进入房间。

2. 对流循环式燃木火炉

对流循环式燃木火炉外观看起来像普通的火炉（图 4–19），但是进一步的测试表明两者之间有根本性的差别：对流循环式火炉具有双层壁面，内部的燃烧室由铸铁或焊接钢板与耐火砖一起构成，外层由钢材包裹，两者之间是空气间层。

当燃烧室燃烧的时候，释放出大量的热。室内空气被动或主动的（在风扇作用下）穿过火炉中的空气间层，实现采暖。

虽然循环式火炉的外壁面辐射也起到了作用，但其温度远远达不到单层壁体的火炉温度。因此对流循环式火炉是有孩子家庭的最好选择。对流循环式火炉也能达成 60% ~ 80% 的热效率。

3. 燃木火炉的优缺点

在被动式太阳能住宅中合理的安装燃木火炉是很好的选择。它们能够直接提供热量，并被广泛使用，安装使用起来也相对简单，但要

木材 = 固体燃料 + 液体燃料

David Lyle 认为："1/2 ~ 2/3 的木材燃料价值存在于气体和挥发性液体上"。木材燃烧时，固体物质（大多是多细胞）产生的热量只占 30% ~ 50%。剩余热量来自碳氢化合物液体和气体的燃烧。

由专业人员负责安装。燃木火炉外观优美，许多系统都安有玻璃门以便观察火势。

皂石的优点

因为皂石能储存多余的热量，所以经常用来建造火炉。在火熄灭之后，皂石储存的热量能够持续向室内辐射。皂石外形美观，加热和冷却都需要很长时间。

因为燃木火炉不像空气集热器或辐射采暖系统那样需要昂贵的管道分配热量，因此在市场上价格适中，所以许多人选择它来采暖。

燃木火炉可以用来加热一个房间或者整栋住宅，但通常更适用于较小的住宅。如果合理操作，燃木火炉无需太多维护和清洁（通常每年一次）。

美国、加拿大以及其他一些国家比较注重空气质量，他们制造的燃木火炉都是清洁燃烧的。实际上，除了烹饪的炉子，美国和加拿大出售的所有燃木火炉都必须符合政府颁布的政策标准。在高污染的时期，许多城市和城镇都颁布禁止燃烧木材的政策，但环保署批准这种清洁燃烧的火炉可以免除禁止。老式火炉燃烧时常产生黑色的充满悬浮颗粒的烟雾，环保署推荐的这种第 2 代火炉几乎不产生烟气，比老一代火炉减少 90% 以上的烟气排放。

华盛顿州新式的火炉燃烧时空气必须从室外抽取，称为补偿空气。火炉燃烧时，补偿空气代替室内空气。这样即使在厨房的大功率排气扇运行时，也能保证火炉正常的工作。

为了抽取补偿空气，要在住宅外墙上打直径 4in 的圆孔，然后连接管道通往有火炉的房间或相邻房间（图 4–20）。有时，管道也可以直接连接火炉，使室外空气直接进入燃烧室。一般情况下，用一个低功率风机就能很好地控制空气气流。补偿空气最好被预热，这样可以不降低燃烧室温度。

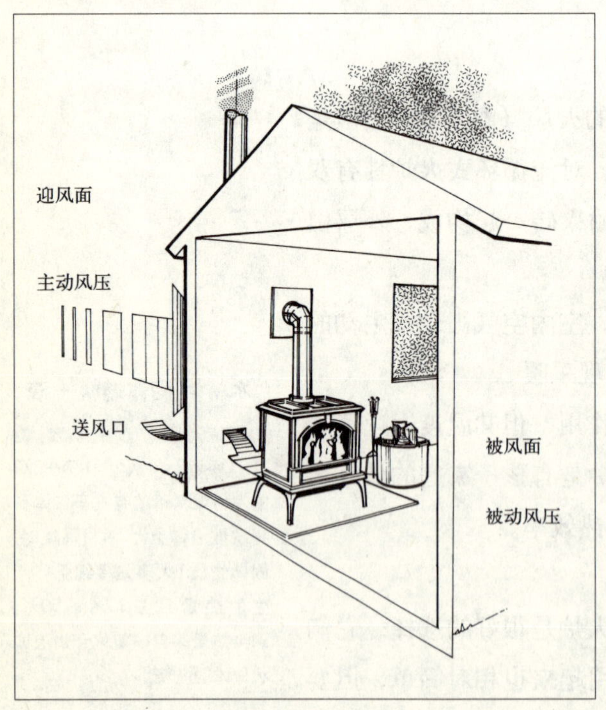

图 4–20
补偿空气通过火炉代替室内空气。通常不会推荐在被动式系统（没有风机）使用，因为缺乏辅助控制系统。主动的系统能更好的控制气流。

为了安全高效起见，补偿空气系统一定要精心设计。最好用一个风机来为补偿空气系统提供动力。关于补偿空气系统的详情请登录木材加热委员会的网站(www.woodheat.org)。作者的网站上有免费的软件，这些软件可以模拟一个火炉在住宅中的运转情况以及室内外气压对火炉运行的影响。

从环保的角度来说，燃木火炉不会排放过多的二氧化碳。只要多种树就能抵消

你的火炉应该多大？

在帮助消费者选择燃木火炉时，制造商一般会给出一些数据，有些制造商提供火炉在单位时间的供热量。有些给出每个火炉能够供热的房间的数量或房间尺寸（每平方英尺为单位）。还有一些则列出一个火炉能够供热的单个房间的体积。

在知道火炉测试时的精确条件时，这些数据才有用。这些条件包括：温度、保温材料等级和燃烧木材的类型，除非测试时的环境和自己的住宅条件一致，不然这些数据对你用处不大。仅仅能用于比较一家公司生产的不同的火炉型号。

最好是找熟悉自己家庭所在地及供热情况的当地供应商，并且告诉他们自己的想法并请他们来家里实地考察，然后做出推荐。但是，供应商很少考虑怎样提高保温能力，来提高太阳能住宅的效率，使其能够自给自足。注意最好不要买超过实际需要的大功率的系统。

燃烧木材所产生的二氧化碳。炉产品协会的前会长、本地的燃木火炉经销商 Bill Eckert，提醒大家在消费木材的同时，不要忘记种植乔木！

很多地方都盛产木材，而且木材是可再生资源，资源可持续的木材能提供一个家庭一生所需的燃料。如果合理砍伐，可以减少森林的拥挤，对树木的成长有益。少量使用地下水能够增强森林抵抗昆虫和疾病的能力。很多时候，木材燃料比传统燃料廉价（见附录）。

然而，使用木材做燃料也有一些缺点：砍伐、运输、劈柴的工作量很大。虽然很多人热爱劳动，并且劳动有益于身心健康，但是这些工作不是很轻松的。

燃烧木材也能对室内空气造成污染。操作火炉不当时，烟会跑出来或是从通风管口和缝隙中逸出。在墙壁、顶棚和窗帘上沾染的烟尘，不仅影响美观，而且是空气含有潜在有害微尘的标志。燃木火炉，甚至清洁燃烧的类型，都会造成户外空气污染。

燃木火炉也容易造成干热不舒适的内部环境，内部通道比较粗糙。

因为大多数型号的燃木火炉没有配备空气循环设备，必须用一些设备比如吊扇来辅助传热。但是，使用燃木火炉采暖容易造成温暖和寒冷分区。比如说，起居室很暖暖的时候，卧室可能很冷。

在带穹顶的住宅中，热空气上升会带来棘手的问题。比如：热空气会远离居住者活动的范围。二层的房间或阁楼会过热。虽然吊扇能把暖空气返回来，但是仍然需要燃烧较多的木材达到舒适的温度，这不仅花费更多，还会产生更多的污染。

燃木火炉需要有人值守，家中无人的时候，作为辅助能源是不合适的。使用颗粒状燃料的自动火炉将会改善这种状况，并使室内保持温暖，它能通过特殊装置持续补给燃料。总之，建筑主管部门通常不

火炉产生的尘埃

老式火炉每小时产生固体微粒 30～80g，新式火炉每小时产生 3～6g，减少了 90% 以上。

燃烧木材的经济性

一个单位（128 立方尺）的木材可提供的热量等同于 200gal 燃油、1t 的无烟煤或 4000kW 的电力。根据产地和木材的类型，一个单位的木材大约价值 \$100～\$150。用燃油供热大约每加仑 \$1.50～\$2.00，200gal 的燃油大约价值 \$300～\$400。用电力供热每千瓦小时 8～10 美分，4000kWh 的电力价值 \$320～\$400。燃油和电力均从煤或核能中获得，但是煤是不可再生资源，终将枯竭。

赞同将燃木火炉用作补充热源。

不恰当地安装和维修火炉也可能会带来火灾。由于安装维修不恰当而引发的火灾逐年上升。

火炉的最后一个不足之处是不如其他形式的供热系统效率高。

4.7.3 使用颗粒状燃料的火炉

这种火炉适合比较懒惰的人使用（图 4–21）。它一般用干燥的颗粒状废木材－如锯屑作为燃料，这些锯屑原先是作为废弃物在木加工厂中被直接燃烧掉，因此也往往造成空气污染。盛放在储料器中的颗粒状燃料经螺旋形投放器被自动地投入到燃烧室中，螺旋形投放器需要使用电力来驱动。由于使用干木材且自动添加燃料所以比较卫生。充分的燃烧也需要一定的空气进入燃烧室。由于这些原因，它比一般火炉更卫生。颗粒状燃料火炉使用的塑料袋可以单个或者批量购买。

这种颗粒状燃料火炉需要电源来带动螺旋形投料器和鼓风机。在循环系统中，鼓风机可以增加火炉对室内空气的热输出效率。

颗粒状燃料火炉的优缺点

颗粒状燃料火炉相对燃木火炉有许多好处：安装方便操作简单且燃烧的都是废木料。相对于一般系统，颗粒状燃料火炉可以实现温度自动调节且供热精确。然而，它的价格却比同规格的燃木火炉昂贵且需要更多维护。颗粒状燃料火炉需要电力来驱动风机螺旋形投料器来充分燃烧。此外，每年还会用掉很多难以降解的塑料袋。

图 4–21
颗粒状木屑由压缩木屑（废弃物产生的锯屑）制成且通过储料器进入燃烧室。

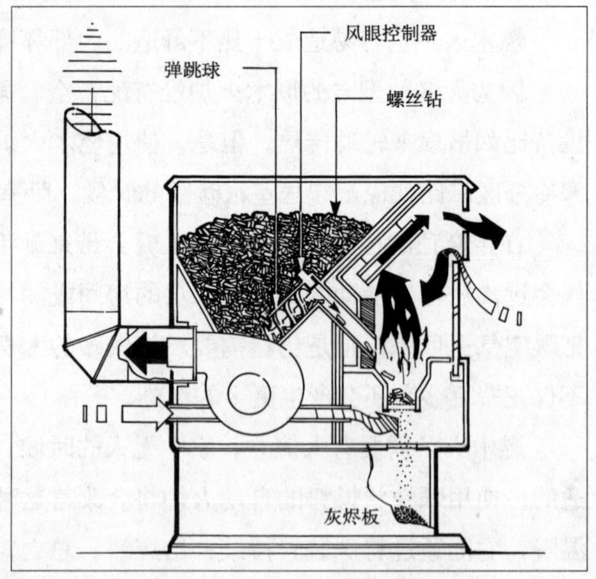

4.8 砌筑采暖炉器

砌筑采暖炉或加热器是用砖与灰泥砌筑而不是用钢焊接或者铁铸制成，且燃烧木材（图 4–22）。它比一般产品采暖温度高且能产生更多热能，所以可作为被动式太阳能建筑良好的补充热源。

砌筑采暖炉供热温度高有很多原因：一是燃烧室被设计成能充分燃烧且提供充足空气供给的形式。设计者大都通过设计最大程度的空气扰动来提高燃烧效率。燃烧室用耐火砖或铸铁构成，内部温度高达 1200 ~ 2000°F，足够燃烧所有液体和气体。所以砌筑采暖炉的燃烧效率能达到 88% ~ 95%。

砌筑采暖炉的另一个特征是具有烟道。如图 4–23 所示，砌筑采暖炉中烟气在排出前经过一个错综复杂的管道，因此，其热输出效率最高。

砌筑采暖炉体积较大，有的甚至重达 8t。如此大的体积能够储存大量的热，慢慢地向室内辐射。与一般火炉不同，它经过 2 ~ 4h 的加热后，依靠本身所储存的热量能维持室温 6 ~ 24h 以上。由表面向外辐射的热量和来自燃烧的热量一样，给墙壁、地板、家具和人供热。所有的固体物都以这种方式被加热。在 SNEWS 杂志上，Jay Hensley 总结说 ："砌筑采暖炉依靠木材燃烧迅速得到热量，而石材

图 4–22
砌筑采暖炉不仅功能可靠，而且许多造型相当吸引人。

图 4–23
砌筑采暖炉的成功的关键之一是烟道的布置。烟道气体在排出之前要经过一条迂回的路径。在通过烟道期间气体释放出许多的热量。烟道本身吸收热量，并能提供持续长达数小时之久的辐射热。

的蓄热能力则使它缓慢地释放热量。”

除了能够提供辅助热源以外，砌筑采暖炉的功效是普通加热器的两倍。砌筑采暖炉一般安装在日光充分照射到的地方，这样在白天吸收阳光得热而且在晚上辐射热量，无需去生火采暖。

虽然在美国的应用不是非常普遍，但是砌筑火炉的名气却在上升。在欧洲的许多地方，节俭仍然在受到高度的推崇。这些地方，砌筑火炉十分流行。例如在芬兰，90% 的新住宅使用砌筑火炉来采暖，可以从税收方面得到政府的奖励。在挪威、瑞典、丹麦和德国也同样流行。

名称的问题

砌筑火炉或加热器有许多不同的名称，反映了设计的起源或火炉的不同类型。有俄国火炉，瑞典火炉和芬兰火炉等很多类型。有些重量较轻的火炉被称为瓷砖火炉，因为采用了瓷砖作为装饰材料。奥地利、德国和瑞士的这种火炉装饰就十分华丽。

4.8.1 砌筑采暖炉的优缺点

砌筑采暖炉为被动式太阳能住宅提供辅助热源，它们多在阳光不充足的时间作为太阳能住宅的主要热源。砌筑采暖炉可以设计为加热一个房间或者一栋 1500 ~ 2000ft^2 的建筑，如果加热器安放位置得当，便可以给整个建筑结构均匀供热。

砌筑采暖炉的操作与燃木火炉一样简单。多数砌筑火炉一天点燃一到两次，使用 35 ~ 50lb 的木材。它们燃烧充分而且几乎不产生污染。一次燃烧产生大量的热量可以为一个房间提供长时间的辐射热，保证数小时的舒适环境。

像第 2 代燃木火炉一样，砌筑采暖炉燃烧过程十分清洁，以至于燃烧木材的禁令生效的时候，它们也能被核准使用。例如用石料砌筑的采暖炉，已被美国环保署核准。在美国的的三个州：科罗拉多，华盛顿和加州的 Luis Obispo 县，已经被批准使用。砌筑火炉属于超低排放的产品。

砌筑采暖炉燃烧效率高，比燃木火炉安全。在砌筑采暖炉的烟道中积累起来的木馏油也不是火灾隐患问题，不会引起火灾。因为砌筑火炉的表面温度通常不会超过 155 ~ 175°F，所以砌筑采暖炉也比燃木火炉安全。事实上，砌筑采暖炉不是非常热，反对者完全可以放心。欧洲的历史上，许多砌筑火炉与坐椅和床铺建造在一起。燃木火炉的表面温度非常高，很容易达到 400 ~ 700°F，所以它的表面与人类皮肤接触后将会造成严重的烧伤，特别是小孩更容易造成伤害。

长管道发挥了作用！

在燃烧木材时代的早期，美国人不断加长火炉的烟囱长度，以此得到大量从烟囱辐射的热。但是也有缺点：要常常忍受从头上滴下的木馏油，30ft 或者更长的管道比较脏且难以清洗，烟囱内的木馏油容易引起火灾。如此长的管道过去和现在都是比较危险的隐患。

砌筑火炉采取了长管道的策略，在炉内设置较长的排烟管道。一旦热的气体离开燃烧室，便经过烟道曲折的路径充分地释放热量。当气体到达烟囱的时候，已经在炉内释放了大量热。砌体储存热量，通过辐射传向房间。

DAVID LYLE，《Masonry Stoves》

采用石砌采暖炉的家庭，房间的供暖不是用火直接加热，室内的空气似乎更清爽新鲜。因为石砌采暖炉不直接加热室内空气，所以没有不舒服的感觉。

图 4-24
Albert Barden Ⅲ 制作的芬兰石砌采暖炉

石砌采暖炉可以设计成视觉良好的外观效果。采用砖块、毛石、料石、土砖、大理石、瓷砖等饰面形式和灰泥勾缝能赋予壁炉各种形式的建筑风格（图 4-24）。它们不仅是采暖设施，还能在起居室中营造温馨的生活氛围，成为生活中的一部分。

许多石砌采暖炉与室内的烤箱一起建造后能进一步地增加其使用效果，采暖炉安装玻璃门后可以察看其火势，也可以为地板辐射采暖系统或其他家用系统提供热水。

石砌采暖炉几乎不需要维护，但最好每年都清理一次烟囱。烟灰也要定期地清除（壁炉应该在接近烟道的地方有一扇清污门）。在欧洲中部，每五到十年清理一次壁炉。David Lyle 所著的《Masonry Stoves》书中提到 Gustav Jung 在 20 年之前建造的维也纳石砌采暖炉，第一次检查的时候，发现烟洞仍然是干净的。

石砌采暖炉应用并不是很广泛。如果查阅在北美壁炉协会网站列出的资料，能联系到自家附近的泥瓦匠。如果不能在居住地区找到一个泥瓦匠，许多泥瓦匠可以到你的住所建造石砌采暖炉。科罗拉多的 Vashek Berka of Bohemia International in Lyons 出售一种用

木熘油及石砌采暖炉

石砌采暖炉在设计、建造合理并正确使用的情况下，一般不会产生木熘油。最常见的问题是用户建造的小型采暖炉内部燃烧不充分，减少了热量输出。当湿度较大的木材燃烧时，会产生大量烟雾。低效率的燃烧会形成木熘油。如果仅需要少量热量，可建一个小型的、能充分燃烧的采暖炉，这样可以缩短加热时间。

通常不要把采暖炉建在客厅，但外观漂亮用砖、石、瓷砖等饰面芬兰炉除外。

当木材充分燃烧的时候，只产生二氧化碳和水蒸气（除了灰之外）。没有任何的污染物从烟囱中排出。完全的燃烧也意味着烟囱中不会产生煤尘或木馏油。

DAVID LYLE 在《Masonry Stoves》一书中注释

瓷砖作饰面的石砌采暖炉。在同客户商量好之后，他会将详细资料送到一个专为家庭定制设计（图 4–25）的捷克的泥瓦匠那里。捷克人把加工好的瓷砖由一个技术工人运送到美国。所需的耐火砖在当地购买，泥瓦匠会在 10 天左右在所选的位置上建成采暖炉。几乎在美国的任何地方都可以建造这种漂亮诱人的采暖炉。另外，可以准备好专用的工具，雇请一个有经验的壁炉泥瓦匠建造。甚至可以自己建造安装，虽然这存在一定安装错误的危险。如果足够大胆，可以在 Albert Barden III 提供的指导下，建造自己的芬兰壁炉（石砌采暖炉）。

石砌采暖炉比起一般的燃木火炉也有一些缺点，它需要一名操作工。因为从点火到热量传导到壁炉表面需要一定时间，所以它供热并不快。这就需要操作工熟悉一定的方法。午后点火，几个小时之内可以为家庭提供热。依靠壁炉的储热，它可以一直供热到晚上甚至到第二天。在冬天如果你离开家很长时间，就需要为壁炉安装一个自动采暖装置。当然这会增加家庭的支出。

石砌采暖炉一定要按规定尺寸制作。一般在较寒冷的气候区，高储热的壁炉比低储热的壁炉能提供更稳定的热流。在最寒冷的气候区，5t 级的壁炉较为合适。Bill Eckert 出售一种定型的经环保署鉴定的高储热壁炉。定型壁炉的成套材料重 2800lb。加上额外的设备，重量一般在 2 ~ 4t。Bill Eckert 还见过 6 ~ 8t 重的采暖炉。低储热的采暖炉冷却得较快，需要高频率的开启和较长时间的燃烧时。在并不很冷的气候区，低储热的采暖炉运行的效果比较好。

图 4–25
图中的石砌采暖炉很华丽但也很昂贵。

砌筑壁炉造价昂贵。按照其大小和类型，定做一个壁炉需要花费 $11000 ~ $15000 或更多。如果自建壁炉可能会花费 $5000 或更多。组装的 Tulikivi 壁炉，根据尺寸大小一般花费在 $7500 ~ $15000 之间（图 4–26）。这种壁炉费用高的原因是它们从芬兰进口。业主也可以自己组装铸铁壁炉，价格不是很贵，大约在 $3500，但是可能需要一个熟练的炉匠来安装。应注意的是，Eckert 不推荐安装铸铁壁炉，他说："即使有成套设备也容易出现很多问题。一般来说，他安装的壁炉平均花费在 \$6000 ~ \$8000，但是如果加上烤箱和玻璃门有可能达到 \$8000 ~ \$10000。

砌筑壁炉也需要进行谨慎地建造。这种壁炉体型较大，需要良好的基础或者地板来支撑。在已装修的住宅内这种壁炉很难安装，而且在新住宅中费用昂贵。此外，这种壁炉需要一定的气密性，当加热或者冷却时，其材料能抵抗高温，具有抵抗收缩、扩张的能力。国内首席家用壁炉建造师之一的 Peter Moore 称“因为这种壁炉的燃烧室温在 1600°F（或更高），建造者一定要了解材料的膨胀率，以免破坏壁炉。”

当贴瓷砖的时候，要把它们适当地留缝，当壁炉膨胀或收缩的时候，它们就不会产生裂缝。铸铁壁炉在壁炉核心和外层石壁的中间设置了可活动的腔体，它隔绝了壁炉核心和石壁。这样就能阻止外壁在燃烧室扩张的作用下发生破坏。

如果建造方法不正确或材料使用不当就会产生裂痕。David Lyle 解释：“热压力是砌筑壁炉的致命弱点”。当建造者错误地估计了供热需求时，壁炉的张力将会增加。扩张力和压缩力可能会破坏壁炉的完整结构，其裂缝也会污染室内。

必须要注意壁炉在建筑中的安放位置。最好能独立安装，那样壁炉能向各个方向散热。而放在建筑角落或靠墙壁时辐射面就受到了限制。

砌筑壁炉和烟囱应被放置在能产生热辐射的范围内。也就是要将烟囱尽可能的利用起来。如果烟囱安放在室外靠近外墙的地方，尤其当刚生火或即将停火时，将会影响热空气的上升。内置烟囱的温度高，壁炉性能良好，而外置烟囱因为温度低而不可避免的会发生烟雾弥漫或漏烟倒灌室内现象。

在气密性好的房间内，砌筑壁炉的燃烧需要补偿新鲜空气。由于这个原因，虽然在新建建筑中建造壁炉会增加成本，但是为了建造壁炉而翻修既有建筑会十分困难。

石材壁炉工具箱

业主或建造者可以买一个砌筑壁炉的专用设备，例如，Temp-Cast 的产品。这种产于多伦多的壁炉经过包装以后，海运至建筑现场。石材、砖、涂料都可以作为它的饰面材料。在波兰俄勒冈州制造的壁炉通常都是成套的。而业主安装壁炉仍然是一个沉重的任务，热产品协会的前任会长 Bill Eckert 认为，芬兰的 Tulikivi 壁炉应当由其员工安装，而 Temp-Cast 可以由业主自主安装。

需要娴熟的炉匠

因为砌筑壁炉需要掌握大量的材料知识，所以多数壁炉需要经验丰富的建造者。

图 4-26
Tulikivi 砌筑壁炉加热系统是整体式的，但只能由取得安装许可证书的建造师来组装。

如果在气密性好的室内没有可供燃烧的补偿空气，空气会从烟囱进入室内。所谓倒灌会发生在排气扇运行时。排气扇能够在房间内造成负压，导致空气从任何可能的途径进入房间。当砌筑壁炉冷却下来烟囱的温度降低以至于气流停止上升。负压通过烟囱将室外空气吸入室内造成空气污染。

安装在壁炉内的节气闸也能够在炉火熄灭时关闭，来减少热量损失。节气闸能加强烟囱效应，当刚点火时它可以阻止冷空气进入烟囱。据许多资料显示，最有效的节气阀，是放置在屋面上的那种，它由不锈钢缆绳控制。缆绳顺着烟囱而下连在壁炉的适当位置。屋面上的节气闸可以防雨雪和鸟类通过烟囱进入室内，也可以将由强风引起的导管气流引开。

最后，砌筑壁炉比起传统采暖系统像地板辐射采暖系统、踢脚板热水系统等需要更多的投资。业主需要了解一定的砌筑壁炉构造知识并周期性的点燃壁炉。掌握壁炉燃烧室的建造方法、了解砌筑壁炉的操作方式是保证建筑舒适、安全的先决条件。

4.9 可持续性目标

砌筑壁炉的建造有着严格的规范，需要掌握很多关于伸缩缝、用木材取暖的相关技术、流体力学和热应力学等多种专业知识。

有很多方法能够提供辅助热源，如本章所述，砌筑壁炉、燃木壁炉及太阳能热水系统等，这些都是以可持续资源作为燃料，排放少量的二氧化碳和其他污染物，比起其他采暖方式更具可持续性。即使选择了一种更方便的像天然气一样依靠化石燃料的采暖系统，也可以有许多方式使其有益于环境，如使用高效率的锅具。这样就可以提高被动式住宅的可持续水平。

第5章 被动式降温：规划选址及设计方法

据美国能源部统计：采暖和降温产生的能耗占美国住宅建筑总能耗的44%。如前所述，进行过节能设计的被动式太阳能建筑能满足大部分的采暖需求，未满足的部分可由相对更有益于环境的辅助能源系统提供。制冷负荷也可通过高效的、被动式设计策略来降低。这就是被动式降温。

被动式降温包括建筑的设计、建造及使用过程中大量简便、经济有效的措施。和被动式太阳能采暖一样，被动式降温也能使人感到舒适，不需要造价高、耗电多、污染环境的机械装置，如空调或制冷机。

尽管在某些气候下应用被动式降温可能面临较大的挑战，然而无论在哪种气候下，通过精心的建筑设计、良好的构造技术和适宜的材料等，被动式降温措施可以实现建筑的制冷或至少大幅度地减少建筑的年均制冷负荷。

被动式降温措施的应用能将冷、热负荷降到只占居住建筑总能耗的一小部分，从而极大地减少居住建筑对环境的影响。举例来说，一个普通的美国家庭的空调设备平均每年消耗2000kWh以上的电能，也就是说，当这些电能是由燃煤供应时，给这样一个普通住宅制冷需耗电能相当于释放3500lbCO_2和31lbSO_2。被动式降温措施的应用可减少上述有害气体的产生。

与被动式太阳能采暖措施一样，最有效的被动式降温设计策略也是由特定地区的气候特征决定的。夜间的温度、空气湿度、风速及风向、夏季太阳辐射强度和其他因素的差异，导致设计中所面临的挑战显著不同。无论如何，在考查某些特定的地域性设计策略之前，要先研究一下被动式降温的一些最基本的设计方法。

5.1 被动式降温设计方法

设计或建造任何气候区域的建筑，都可以借助许多简单易行的方法，归纳为以下四类：(1) 减少内部热量的产生；(2) 抑制外部热量的进入；(3) 释放建筑内部蓄存的热量；(4) 给人体降温的不同方式。在制定特定气候区域建筑的被动式降温策略前，对以上方法的透彻理解是至关重要的。

5.1.1 少内部热量的产生

在需要制冷的季节，室内热量一部分来自于内部热源，如居住者、火炉、电气设备，一部分来自外部热源如太阳光。冷却普通或被动式建筑最简单、经济的办法之一是减少内部热量的产生。下面将着重叙述照明和电器设备。

1. 照明装置

室内热量最普通的来源之一是白炽灯。这种灯的发光率极低，只能将大约 5% ~ 10% 的电能转化为光能，其余的电能则转化成了热能（因此一些人建议将白炽灯称为发热灯！）。

紧凑型螺旋荧光灯使用普通的灯座插口，可以取代白炽灯（图 5–1）。这种灯具有效地将电能转化为可见光，它们比白炽灯少消耗电能约 75%。这种灯具不仅消耗较少的电能，而且比同样功率的白炽灯产生的热量少大约 90%。

图 5–1
通过调节可以使紧凑型螺旋荧光灯发出与白炽灯类似的光，它比白炽灯更节能，有助于降低内部产热量。据报道如图中的这种仿太阳光谱的紧凑型螺旋状荧光灯所发出的光不耀眼，它们能提高可视质量，缓解视觉疲劳。

在一些长期照明灯的地区，用紧凑型螺旋荧光灯代替白炽灯，可显著降低耗电量（也意味着低成本和 CO_2 的低排放）和内部的产热量。较低的室内产热量意味着更为凉爽的室内环境。

降低内部产热量的另一条途径是进行局部照明，这个策略是指为房间内使用频繁的区域单独配置照明装置。居住者可以有选择地打开房间内的部分灯具。

通过照明装置来减少室内产热量的另一个途径是利用自然光线，这在早期称为天然采光，而不是人工照明。在被动式太阳能建筑中，像天窗和其他方向的窗户一样，南向窗常常也能最大限度地提供天然采光。如笔者的住宅由于南向窗而在白天很少需要照明。被动式太阳能建筑（或普通建筑）的窗户位置要精心确定，这样在得到太阳光的同时不增加制冷负荷，在需要制冷的季节允许太阳光进入而又不致使室内过热。这些采光窗户绝大部分要设在南墙，这一点在第 3 章中论述过。

2. 电器设备

室内热量也有一部分来自家用电器。洗碗机、电烤箱、干衣机、洗衣机和热水器产生的热量不可忽视。虽然这些热量在采暖季节可能较为合适，但在制冷季节却会导致人体不适。只要有可能，对于这些产生热量的电器（其实几乎所有的电器都产热），应尽量在早晨或晚上使用。

在室外使用这些电器也有助于最大限度地减少室内的产热量。例如，夏季在室外熨衣服，在室外煮饭都有助于减少内部的产热量。设计师和建造者们可通过为住户提供使用电器的室外场所，如内院和平台等而降低内部产热量。在这些场所周围种植的能遮阴的树木和其他植物不仅有助于满足住户的私密需求，也能使这些场所更为凉爽。设置小喷泉进一步增进上述场所的凉爽感。设计师通过在住所内部设置室外的生活空间，一方面可扩大住户的使用面积，另一方面也有助于形成让人感到愉悦的户外生活方式。

使用能源密集型的电器也有助于减少内部热量的产生。如达到同样的效果微波炉较常规的炉子产生的废热更少，因此它有助于减少内部产热量。这种效果在夏季尤为明显。

新的节能电器比老式电器使用较少的电能，产生较少的废热，有助于降低内部产热量。在新住所装设节能型电器，用更新的、更节能的电器取代老式破旧的电器是行之有效的方法。

最后的策略是控制内部热源，对于许多家庭而言都是可能做到的。如可通过关闭房间门将洗衣间、放置热水器的房间与其他房间隔开。使用电器产生的废热可通过那些房间直接排放到室外。

5.1.2 控制外部热量的进入

控制建筑外部得热量和内部产热量一样重要，在制冷季节房间内令人不舒适的热量主要来自室外。外部的热量部分来自于阳光对屋面、墙面和窗户的照射，随后转移到室内。

图 5–2
这座太阳能建筑是基于如下理念设计：如果设置一定量的南向窗带来的益处效果不错的话，设置更多的南向窗效果则会更好。因为设置了两层通窗和屋面上的玻璃窗（包括天窗），所以夏季过热就成为这座建筑的主要问题。

来自外部的热量也与建筑四周的热空气有关。空气中的热量通过屋面、墙壁、侧窗和天窗渗透进入室内，或通过建筑表皮中的缝隙进入室内。

因为来自外部的热量能显著增加制冷负荷，故在被动式降温的设计中寻求减少来自外部热量的途径是至关重要的。设计师可以借助大量预防措施来降温，下面讲述建筑朝向的选择和窗口的布置。

1. 建筑朝向的选择和洞口的布置

阻止外部热量使建筑凉爽的最有效的方法之一是选择合适的建筑朝向。将北半球的被动式太阳能建筑的东西轴（长轴）尽可能面向或垂直正南方向放置，可使建筑夏季外部得热量最小，这一点在第 1 章中提到过。建筑的朝向越趋向正南其得热量越高，制冷负荷也增加。室外温度越高，建筑降温的费用越高也越困难。

2. 避免使用两层通窗和天窗

在制冷季节，窗地比过大会导致过多热量进入室内，两层通窗和天窗尤其令人烦恼（图 5–2)。

在笔者参观过的两层被动式太阳能建筑中，悬挑出的屋檐可以遮挡二层的窗户，而底层的窗户却没有任何遮挡（图 5–3)，这种设计缺陷会导致过多的阳光通过底层玻璃窗进入室内。

但是可以通过设计方法来阻挡中、高角度的太阳光对建筑底层玻璃的照射。例如，可将上一层的楼板向外悬挑作为遮阳板（图 5–4)。水平翼状遮阳板也可达到较好的效果（图 5–5)。笔者建议避免采用这种两层通窗。

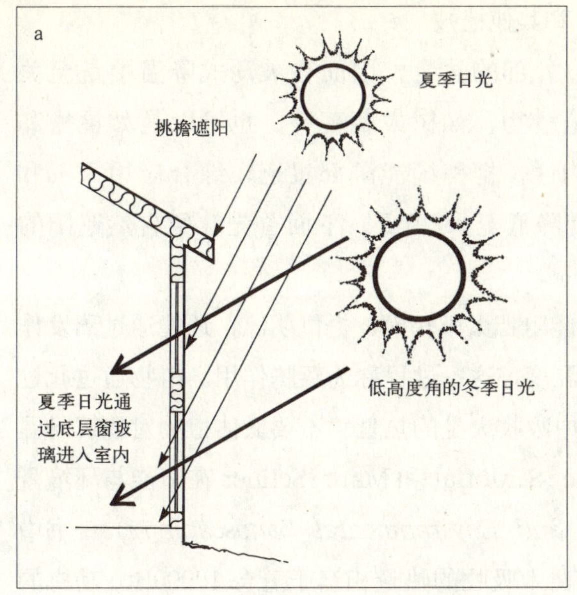

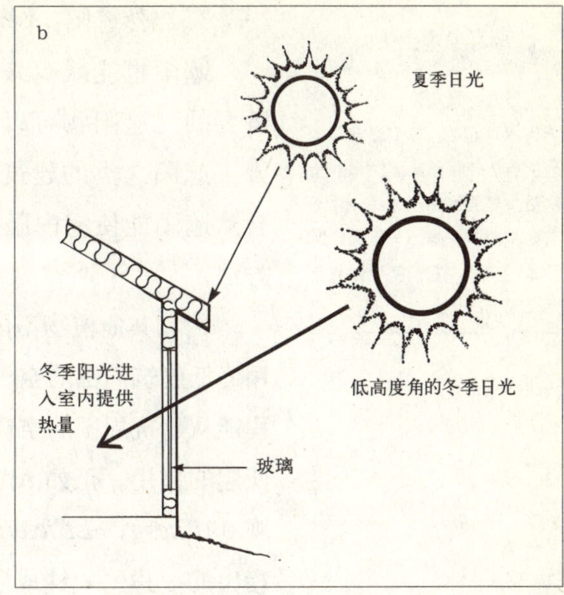

夏季日光
蓄热墙
钢梁
悬挑楼板遮阳
日光间

图 5–3

当建筑有两层通窗时（a），春末、夏季、秋初时挑檐遮挡上层窗，阻挡外部热量的入侵。然而，由于下层的窗没有挑檐来遮挡阳光，一年中的大部分时段内太阳光都可通过它照射到室内。图为阳光对上下两层窗照射的比较。

图 5–4

在制冷季节悬挑的楼板有助于遮挡下层窗免受太阳光的照射。请注意将冬季被动式太阳能得热的储热体放置在二层和一层位置。

图 5–5

在这座建筑中，一层窗上设置翼状遮阳板，它能遮挡春末、夏季、秋初时的太阳辐射。

要尽量本土化!

当进行景观设计时，最好选用本地植物，它们适应了本地的自然条件因此比外来的植物更加坚强和易于成活，也不需要精心的护理。一旦选用这种本地植物，它们就能依靠自然降雨而成长。

3. 自然遮阳：树木和其他植被

遮阳也能减少来自外部的热量，因而在被动式降温中是至关重要的。遮阳物可以是植物，如树或藤蔓等，也可以是如挑檐和人工遮阳之类的建筑构件。据美国能源部报道，综合应用人工和自然遮阳能使室内温度降低至少20°F。下面首先介绍自然遮阳的方法。

树和其他植物不仅能阻挡太阳辐射，提供阴凉，还能通过蒸发作用降低建筑周围的空气温度，这一过程称为蒸腾作用。植物通过此过程能从建筑周围的空气中吸收大量的热量。不要低估植物对建筑降温所起的作用。正如Anne S.Moffat和Marc Schiler在节能与环境景观（《*Energy-Efficient and Environmental Landscaping*》）一书中指出的一样，一株成年树木吸收的热量相当于五台10000Btu功率的空调设备，且不污染环境。这就是为何种有大量植物的农村通常比只有少量树木的城市地区更为凉爽的原因之一（另外一个原因是农村没有柏油路和其他吸热表面）。

通过植物的遮阳、蒸腾作用冷却建筑时，落叶树是最好选择。选取树木作为遮蔽物时，要考虑其成活率，长成后的高度，枝条的稠密度，还有外形。根据需要选择树种。太阳在早晨和傍晚低角度地照射到建筑的东西侧，种植灌木和较矮小的树木就可为东西墙和窗遮阴。在东西墙上设置格架也能起到很好的作用，攀缘植物长势很快能起到很好的遮蔽作用。

然而，在建筑的南面最好选种高大的带树冠的落叶树，即要有一定的高度且下部的枝条要少。夏季，它们枝繁叶茂，能使屋面和南墙处于阴凉中，它们也能使地面的微风进入室内；秋季叶落枝零，太阳辐射可以照进室内提供热量。

树木和藤蔓能使建筑周边的气温降低至少9°F。草坪也可起到同样的作用，它们能使气温降低10°F。与无覆盖砂土地面相比，草地吸收太阳辐射较少并通过蒸腾作用失去叶面水分从而降温。

也可通过种植常绿树木如松树和云杉等来遮阳。不过，在选择种植地点时要特别注意。因为它们全年都有叶子（或松针），所以当沿着建筑南墙种植时冬季可能会阻挡一定的阳光。沿建筑北向、西向和东向种植常绿树能收到好的效果，尽管这些树木有可能阻挡利于建筑被动式降温的微风。

4. 机械遮阳装置

百叶窗和遮阳篷也有助于减少多余的得热量，这一点曾在第1章和第3章中提到过。建设地点阳光越是充足越是有必要进行夏季遮阳。最有效的措施是外部遮阳装置：遮阳篷、外窗百叶、固定百叶、卷帘、太阳光屏蔽玻璃贴膜和廊架（图5–6）。

图5–6
外侧廊架遮蔽窗和墙，帮助保持室内凉爽舒适。

遮阳篷尽管可能会阻挡视线，但它相当廉价且易于安装。安装适当的遮阳篷能降低来自南向窗65%、东向窗77%的得热量。应当使用浅色的遮阳篷。浅色的遮阳篷不仅能遮挡窗和墙，而且能反射阳光，从而降低建筑周边的热量（深色的遮阳篷吸收热量）。安装遮阳篷时要确保其顶端与墙面保持一定距离利于遮阳篷下蓄存的热量能从空隙中散逸。

外部的百叶窗板（可调的百叶板，它能控制进入窗口阳光）也能在夏季有效的遮挡太阳光（图5–7）。百叶板可以垂直、水平布置，可在室内或室外进行调控。

固定百叶是由木材或金属制作的实体或板条状可开启遮阳板，开启时可以完全阻挡阳光进入，也阻挡人的视线（图5–8）。某些类型的固定百叶有助于窗口隔热，有利于冬季保温。

百叶卷帘或织物卷帘是最昂贵的外部遮阳装置。百叶卷帘由一系列水平板条组成，这些板条沿两侧轨道运动。不使用时，可以卷起来，

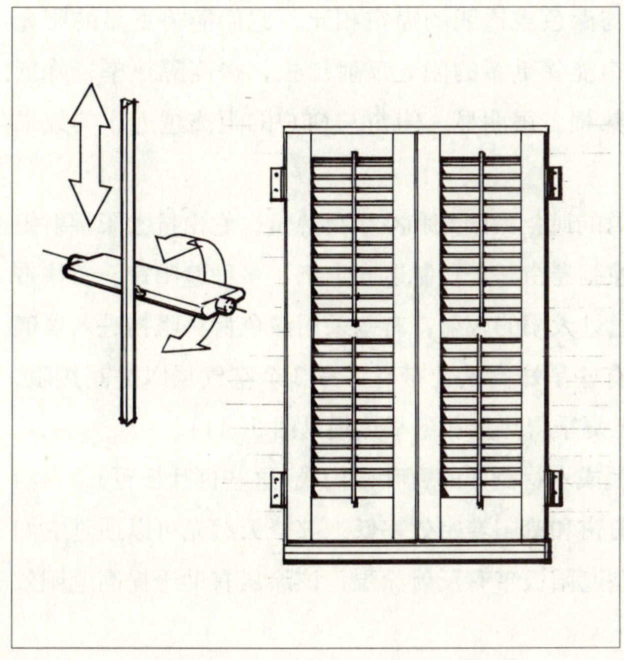

图5–7
外部可调的百叶窗板降低外部得热量，同时也使部分天然光能进入室内。

图5–8
像这种百慕达式的外部遮阳百叶完全阻挡阳光和视线，不适于使用。

图 5–9
遮阳卷帘可以从室内进行有效控制，夏季阻止阳光向室内渗透，减少内部得热量。

图 5–10
玻璃贴膜阻止阳光向室内渗透，同时也使部分天然光进入室内。

不遮挡窗口。织物卷帘由抗太阳辐射的织物制成，也沿两侧轨道运动（图 5–9）。这两种卷帘通常都是从室内控制的。

还有太阳光屏蔽玻璃贴膜。像所有普通的玻璃贴膜一样，太阳光屏蔽玻璃贴膜可贴在窗户内、外两侧，因此可有效降低太阳光的渗透辐射，降低眩光且不会遮挡视线，也不会阻挡空气流通（图 5–10）。像其他措施一样，太阳光屏蔽玻璃贴膜有助于保护住户的私密性，且可选择不同颜色和材料。

内部的遮阳措施包括窗帘、遮阳帘和遮阳板，通常是窗帘。窗帘不仅能阻挡太阳辐射，也起到装饰作用。密织、浅色且不透明的窗帘效果好，因为与深色或透明的窗帘相比，它们能将更多的阳光反射出去。双层窗帘能将更多的阳光反射出去，提高隔热率，降低夏季得热量和冬季热损。很明显，窗帘与窗户的距离越近，其效果越好。

遮阳卷帘能有效的遮挡太阳光和减少得热量。它由抗太阳辐射织物构成，通过拉绳控制卷帘开合。制造商生产了多种遮阳帘。有些带有反射涂层降低了通过太阳的辐射；有些采用深色材料阻挡进入玻璃内侧的太阳光；还有些呈蜂窝状且带有 2 ~ 3 个空气层以提高热阻。遮阳卷帘有助于降低夏季得热量和冬季热损（图 5–11）。

遮阳板（由金属或木材制作的百叶板构成，这些百叶板可开可合）在阻挡阳光方面比窗帘和遮阳卷帘效率低。部分天然光可以通过它们进入室内。这种新型遮阳板带有反射涂层，该涂层有助于提高遮阳效率。

颜色选择应注意的问题

深颜色的建筑表面吸收 70% ~ 90% 的太阳辐射能量。大多数热量传递到室内，使室内温度升高，增加了制冷荷载，而浅色表面恰恰相反，它能反射太阳光从而减少外部得热量，对被动式降温有显著效果。

图 5-11
多孔的遮阳帘阻挡阳光射入室内，同时在夏、冬季节提高窗户的隔热性能。

内部的遮阳装置通常比外百叶等外部遮阳装置更容易操作。它们可通过电机驱动，也可自动控制。电机驱动减少人工操作，但它们更昂贵也容易出故障。

尽管内部的遮阳装置比外部的更便利，但是它们却不能更有效地阻止外部热量的进入。这是因为外部遮阳阻挡阳光透过窗户，而内部遮阳没有这种功能（图 5-12）。大量的热空气会蓄存在内部遮阳装置与玻璃之间的空隙内。绝大部分热量将会进入室内，增加制冷负荷。因此在选择遮阳装置时一定要认真比较。

5. 墙面和屋面颜色

朝向、窗口的布置和遮阳的综合处理能显著降低制冷负荷。将建筑外表面刷成浅色能进一步降低制冷负荷。浅色墙面能反射阳光，从

图 5-12
外部遮阳装置 (a) 比内部遮阳装置在降低阳光渗透量与内部得热量方面更有效，如图(b)所示。

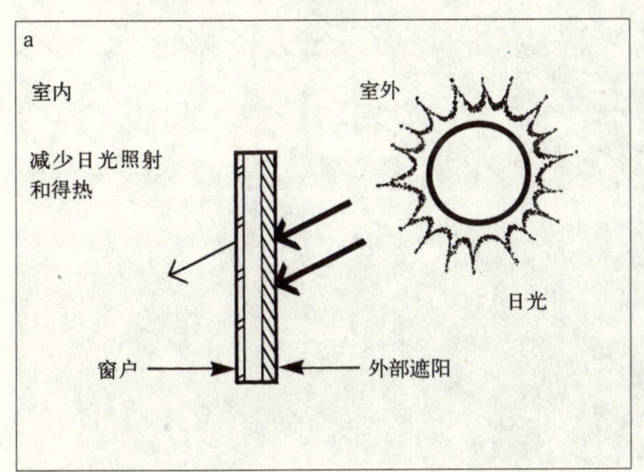

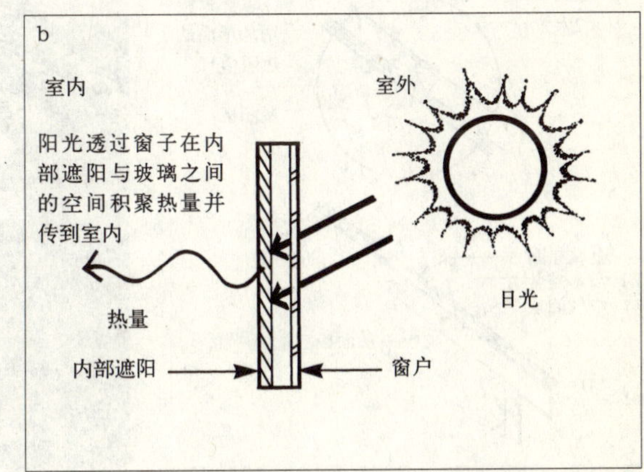

而降低得热量。此外，浅色墙面能提高其寿命，尤其是南向、西向和东向的墙面。因为这些墙面接收到了绝大部分的太阳直射光。

热量也能从屋面传入室内。事实上，夏季获得的高达三分之二的热量来自屋面。然而，改变屋面盖板或瓦的颜色基本上不会改变其得热量。即使是白色沥青或玻璃纤维屋面也会吸收 70% 的太阳辐射热。所以在炎热的、阳光充足的气候地区也要慎用浅色屋面。尽管浅色屋面并不能起到太大的作用，但是确实能减少外部得热量。当浅色屋面、浅色墙面与本章论述到的其他措施联用时也会起到很大的降低制冷负荷作用。

虽然屋面颜色不会对外部热量获得产生较大影响，但是屋面的材料和构造做法却可对其产生巨大影响。例如，如图 5–13 所示，将金属屋面安装在木龙骨之上能形成一个空气间层，从而阻止热量进入室内。将坚实的泡沫隔热材料放置于木龙骨之间的木板上，能进一步降低热量获得。瓦屋面也能降低热量获得（尤其是西班牙瓦），因为它们能在瓦与屋面板之间形成一个空气间层（图 5–14）。

6．屋面的抗辐射材料

可以通过在内部安装抗辐射材料来降低外部得热量和制冷负荷。如图 5–15 所示，抗辐射材料（由耐久性强的铝箔构成）贴在屋面的檩条或屋面板上。在炎热的夏季，抗辐射材料阻挡从屋面渗入室内的热量，在气候炎热地区最为有效（在较为凉爽的气候地区，因通过屋面渗透到室内的热量很少所以可以忽略）。尽管抗辐射材料的节能效果在夏季最明显，但它们在冬季也能通过阻止热量从阁楼散失到室外

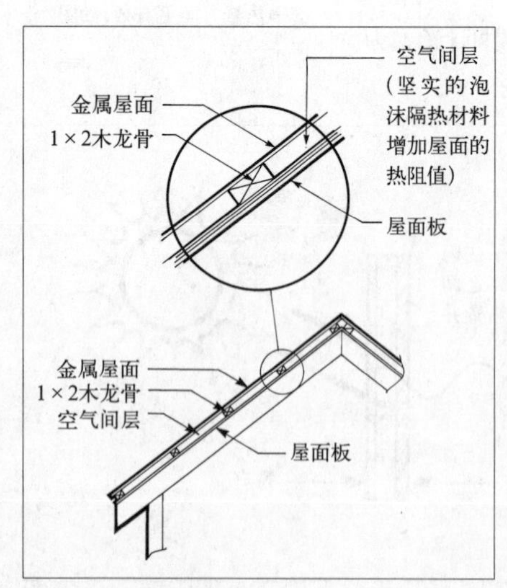

图 5–13
安装在木龙骨之上的金属屋面能形成空气间层，这些空气间层能降低外部得热量。木龙骨之间的隔热材料在夏季进一步降低得热量，在冬季减少热损失。

图 5–14
佛罗里达一座大厦上的西班牙式瓦能形成空气间层，这些空气间层能降低外部得热量。

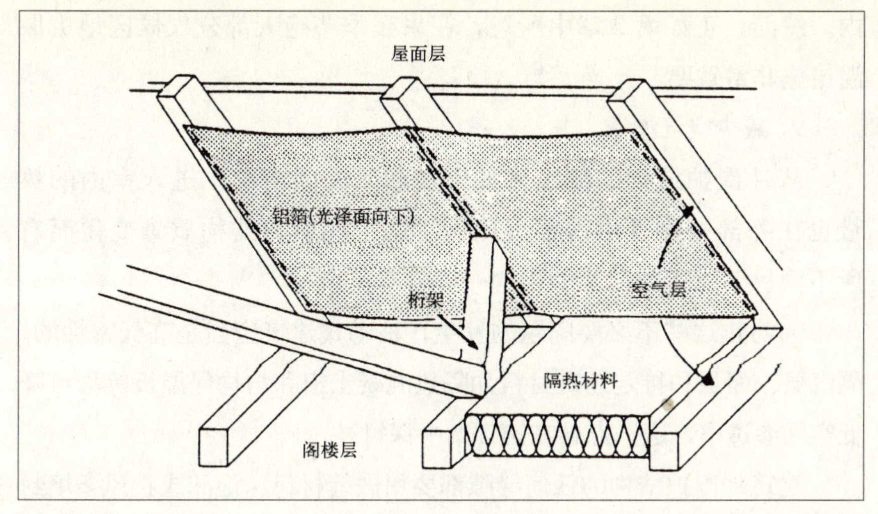

图 5-15
抗辐射材料有助于降低外部得热量，这在气候炎热地区尤其有效。

而减少热损失。在如汽车库等未采取隔热措施的空间，这种材料尤其有用。因为在这些空间里热量容易流向室内，从而增大制冷负荷。

通过降低得热量和制冷能耗，例如抗辐射材料能降低建筑能耗和费用。据佛罗里达太阳能中心统计：在佛罗里达，业主通过安装抗辐射材料能够来降低 8% ~ 12% 的制冷费用。因而抗辐射材料是被动式降温整体策略中的重要组成部分。

7.Low-e 玻璃的良好性能

据美国能源部报道，夏季室内多余的热量有 40% 是通过玻璃辐射进入的。因此，精心选择玻璃是非常重要的。Low-e 玻璃在降低热量方面非常有效，这一点曾在第 2 章中详细叙述过。

8.围护结构的隔热

尽管大多数人将隔热需求与寒冷气候的保温需求错误的等同起来，但事实上，在整个制冷季节，隔热在降低得热量与保持室内舒适度等方面确实起着很重要的作用。

当把隔热与其他如合适的朝向选择、合理窗口的布置、浅色外表面与遮阳等措施联用时，可使整个夏季室内保持凉爽和舒适。因为绝大部分的外部得热量是从顶棚进入的，所以要特别注意屋面和阁楼的隔热。在大部分气候区，顶棚或屋面的热阻至少为 30，但在特别炎热或寒冷的地区，热阻至少要到 50 才可以。对于降温（或采暖）而言，大部分热量是从屋面和窗口渗透进室内的，所以墙体的隔热不像顶棚或屋面的隔热那么重要，但是，当作外墙保温时也不要吝啬。地板隔热对制冷基本不起作用，因为几乎不会有热量从地板进入室内。然而，正如第 2 章中所述，在采暖季节绝大部分气候区地板保温措施非常重要。

9. 减少空气渗透

从外围护结构的缝隙（如未被密封的门窗缝）进入室内的热量也在外部得热量中占很大比例。这个比例随结构质量变化而有所不同。

为防止这些不必要问题的发生，被动式建筑应当是高气密性的。隔汽层、面层和特定建筑材料如隔热混凝土窗和结构保温板等均可降低空气渗透率，这一点曾在第 2 章中探讨过。

建筑外围护结构的任何缝隙都要用嵌缝材料、泡沫或挡风条填封密实。

控制空气渗透的措施成本低且能通过每年节省的能源、舒适度、良好的空气质量得到实质的抵偿，其原因将在第 6 章讨论。降低空气渗透率不仅有助于被动式降温，而且还能减少冬季热损失。

穿堂风和被动式降温

开敞空间式设计依靠合理的可开启窗户的布置达到穿堂风的效果，自然的微风促进空气流动，像平开窗可以形成风斗，使得空气环绕建筑流动并且直接进入室内。

5.1.3 排除建筑蓄热

降低来自室内和室外的热量能够显著降低制冷负荷。在某些气候地区，使用这些策略就可能实现建筑的被动式降温，然而，在其他气候地区，设计师则需要另外的一些措施来排除内外部热源产生的多余热量。

1. 自然通风

即使是在湿热地区自然通风可将室内多余的热量排出，这一方法已经在世界各地使用了多半个世纪。例如，在热带岛屿，采用竹子建造的建筑能使新鲜的空气循环流通。在某些地区，底层架空的建筑能进一步增强空气的自然流动。即使是到了现代，大型办公建筑有时也需要部分地依靠自然通风来降低能源费用的支出。

2. 穿堂风和烟囱效应

在被动式建筑中，精心布置的窗口可利用穿堂风来排除白天和傍晚储存于室内的热量。穿堂风通过开窗通风来实现（空气从建筑一侧自然地流向另一侧）。在许多气候区，尤其在有流动空气的阴凉区域且使用其他被动式降温技术时，这种通风降温的效果相当明显。精心绿化的庭院能促进上述过程。当确定种植位置时，树和灌木能将风直接或呈漏斗状地导入建筑（利用流体效应集中或放大），如图 5-16 所

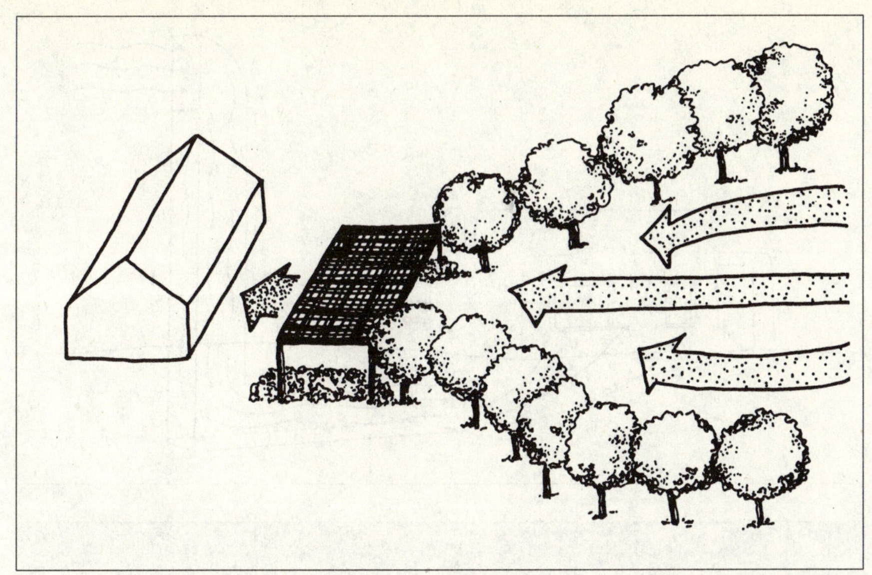

图 5–16
环境绿化设计能形成风斗从而穿过建筑。

示。即使是柔和或微风也能被集聚成为更强的气流在夜间冷却建筑。当风力不够时，就需要使用装设在窗口的风扇来加强通风。风扇朝向室外安装，以强制空气流向室外，也可朝向内部安装，将空气引入。应该将这两种方式结合使用，朝向室内外的风扇强制空气从低温一侧流入室内，从高温一侧排出到室外。

位于山丘上的建筑能获得更多新风。研究室外气流可能需要花费一定的时间。风的流向可能随季节的更替而改变。所以要多花时间来精心设计方案！

自然通风也可通过烟囱效应来获得，这一点在第 3 章中简要提到过。因为热空气上升，所以双层建筑顶部开设的窗口可使来自低处的受热上升的空气从其流出。在热虹吸作用下，新风可以从住宅的阴凉一侧穿过地下室和一层的窗，从而对室内起到自然冷却的作用。圆屋顶也能把室内的热空气散逸到室外。

3. 风塔

一些设计师在其住宅中加入风塔来促进自然通风。风塔是能吸入新风进入室内的的一种高塔，如图 5–17 所示，风塔通常由重质材料如砖坯或其他一些土制材料建造，也可由普通的建筑材料建造。风塔高高地突出在屋面之上，能捕捉到高于地面 20 ~ 30ft 的风。这些风比流经地表的风更凉爽些，这就是风塔工作得效果好的原因。但这并不是风塔通风效果好的唯一原因。如图 5–17 所示，风从风塔顶部进入，然后又流经地下被土壤冷却后进入室内。某些设计中，

图 5–17
风塔有助于被动式降温，但是与本章所述的其他措施相比它不够经济。

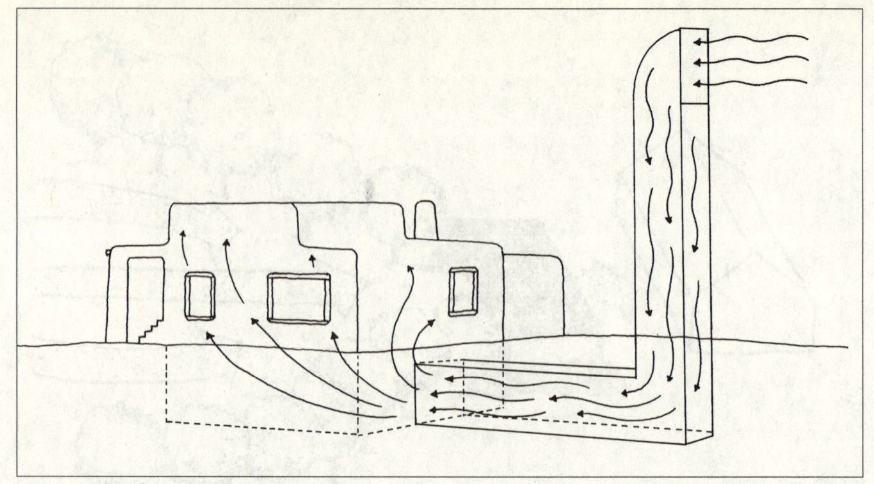

进入室内的空气先通过水面或潮湿的组织表面以增加湿度，再进入室内，为人们提供了凉爽而又新鲜的空气。当这些空气受热后，再通过窗户排出室外。

有趣的是，风塔能够在风停后利用烟囱效应来冷却建筑。太阳光晒热风塔上部的结构。储存在风塔上部的热量加热风塔内的空气。空气受热后上升，形成热虹吸。在热虹吸的作用下，热空气被抽到顶部排向室外。凉爽的空气从建筑另一侧的窗口进入室内。到了傍晚，烟囱在白天吸收并储存的热量继续促成这种向上的通风，将室内的热空气排向室外。为阻止多余的风进入室内或冬季热损失，风塔上设有可开关的挡板。

尽管风塔在中东和北美等干热气候区已经被成功地应用了数千年，但是它们很少被用于现代的新住宅中。经验表明，如果使用了其他被动式降温措施，风塔就不再重要了。笔者曾与一位住在沙漠气候区稻草房的业主谈过，其住宅主要是依靠高性能的保温墙体和夜间排热来实现被动式降温。此外，风塔在湿热地区的作用是有限的。因为热空气流经室内并不会使人感到舒适。

4. 地下新风预冷管道

通过地下新风预冷管道可以消除室内储存的热量。这种地下预冷管技术曾在 20 世纪七八十年代早期倍受建筑界关注。这种长管被埋在地下，可被动利用也可用风扇将室外空气引入室内。空气经过土壤自然冷却后送入室内，提供自然通风和被动式降温。

地下预冷管有两种形式：开放式和封闭式。在开放式系统中，空气引入室内，经由打开的窗户被排向室外[图 5-18（a）]。空气是沿着一条路线或者说是一条开放的路径运动的。在封闭式系统中，空气引入室内，然后由泵送入地下以冷却[图 5-18（b）]。冷却后的空气又通过一个封闭的环路循环回室内。

地下预冷管由金属和塑料（PVC 或聚丙烯材料）制成。尽管这两种材料都非常好用，但塑料管更容易安装也更适合在潮湿的环境下使用。为达到最佳的空气流速，管径以 6 ~ 18in 为最佳。此外，它们应被埋设在地面以下至少 6ft 处。在更暖和的气候区，埋设深度应更深，甚至可达到 12ft，那样才会有效。否则土壤温度不够低而不能吸收流经的空气中的热量，从而不能满足室内舒适度要求。

尽管地下预冷管理论上是可行的，设计师和建造者却很少有这方面的实践经验。所以要小心谨慎地进行。在湿热地区地下预冷管系统也需要干燥设施。地下预冷管内可能会产生霉菌孢子，可以随空气进入室内，对人体健康产生潜在的影响，也会使室内空气污浊。还要注

注释

冷却塔是对捕风装置的改进，在塔的顶部设有较厚潮湿材料的垫层，可以冷却通过的空气，冷空气由于重力作用下沉，在建筑内部通过冷却塔增强的空气流动。

图 5-18
地下预冷管。(a) 开放式和(b)封闭式。引入管道的空气经土壤冷却，然后再送入室内。在此过程中可能需要使用风扇来促进空气的循环。

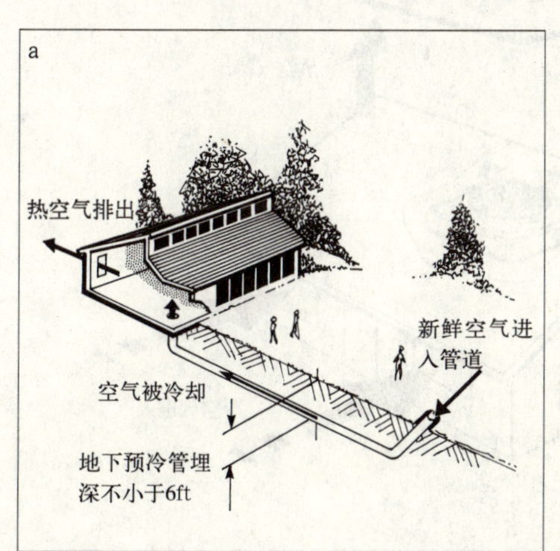

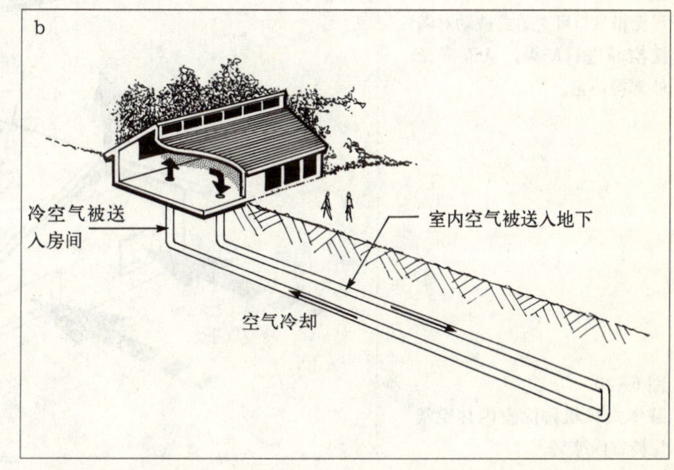

意的是进气口要认真保护以防昆虫、啮齿类动物和其他动物经其进入室内。最后，地下预冷管系统的安装是相当昂贵的，且需要配置大功率的风扇来运行。

5. 阁楼和整体式风机

设有通风设施的阁楼能降低顶棚进入室内的热量，从而降低室内蓄存的热量，极大地增强被动式降温的效果。这种阁楼的内部温度比传统阁楼低 30°F。

阁楼的通风可采取被动式和主动式两种。例如，设置在山墙上的、大小和位置合适的百叶窗口能被动地散逸室内热空气，它们与屋面上各种排气口所起的作用是一样的。屋面排气口处的小风扇只耗费很少的电能就可增强散热能力。在第 2 章中提到的被动式太阳能屋面排气口的效果更好(图 5–19)。它们不仅能有效通风，而且还能节约电能(安装一个防辐射膜能减少外部的热量获得，降低阁楼温度)。

更为有效的是整体式风机。它易于安装，而且造价低廉。如图 5–20 所示，室外凉爽的空气通过整体式风机从建筑物开启的窗户导入室内，然后通过阁楼把热空气排出。

整体式风机用于夜间降温。不过，当第二天室外气温达到 85°F 时，通常需要关闭它们。整体式风机若管理得当是很有效的，且其运行费

图 5–19
屋面排气口可主动或被动对阁楼空间进行降温，从而降低外部得热量。

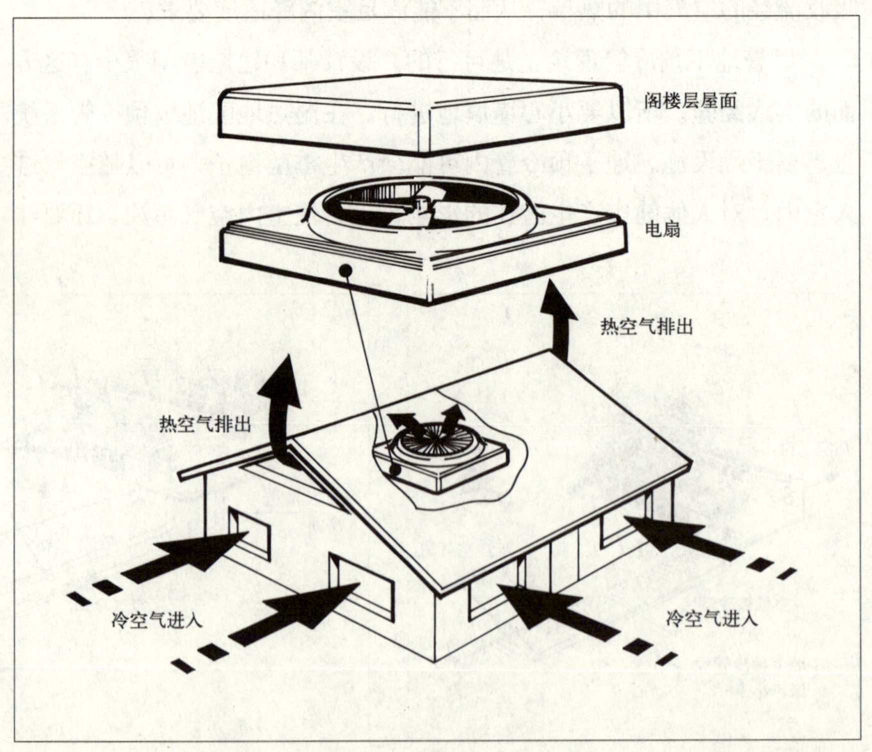

图 5–20
整体式风机排除室内热空气保持室内凉爽。

用也比中央空调系统低得多。但是它们只在室外气温降低到室内气温以下时才起作用。否则它们会把热空气引入室内。和空调不同，整体式风机只能将室内气温冷却到与室外相同的温度。冬季，它就变成了顶棚上的一个未经保温处理的大洞。如果不盖上，将会使室内大量热量进入阁楼。

自然的选择

自然的建筑材料像砖坯、草泥、夯实土和夯实橡胶土等在沙漠地区是很好的选择，这些材料建造的厚重外墙可以缓冲从室外传递的高温和热量。

6. 蓄热体

在某些情况下，蓄热体也有助于被动式降温。房间里的蓄热体会根据温度的变化储存或释放热量，这一点我们曾在第3章中解释过。当室内气温高于蓄热体温度时，蓄热体吸热，反之，蓄热体放热。这一性能有助于冬季采暖和夏季降温。

在制冷季节，建筑内的蓄热体能起到储存热量的作用，它能够将来自内部和外部的热量吸收和储存起来。如果室外气温在夜间显著降低，被地板和内部蓄热体墙面储存起来的热量就能在夜间自然通风释放。在夜间开窗，让凉爽的空气进入室内，白天被蓄热体吸收的热量就能释放。在许多气候区，即便是用于被动式太阳能采暖的蓄热体，也可用于夏季降温，这一点参见附加阳光间。

在干热气候区（沙漠地区）内部蓄热体尤其重要，即便是在一年中最热的几个月里，因为大气中缺少能吸收热量的湿气，夜间气温也会骤降。

在沙漠气候区，外部蓄热墙也有助于冷却建筑（图5–21）。外部蓄热墙体通常由混凝土、混凝土砌块和土质材料如土坯、夯实土或草泥等构成。用这些重质材料砌成厚墙，有助于延缓外部的热空气进入室内。下面通过考查位于亚利桑那州沙漠地区的一所建筑来了解其工作原理。随着黎明的到来，太阳开始照射建筑的外墙，这些阳光被转化为热量而加热外墙。随着时间的推移，建筑周围的热空气加热墙面。整个白天墙体都在吸收来自阳光和周围热空气的热量。蓄热墙吸收的热量传导进入室内，墙体的温度由外至内为下降的曲线梯度。如果墙体足够厚，则到日落时墙体可以吸收大部分热量，还能保证热量无法辐射入室内。

图5–21
在沙漠地区，黏土砌筑的外墙可以调节室内温度。白天，被墙体吸收的热量缓慢向室内一侧传递，但始终未到达室内；夜间，热量反向流动，释放到室外空气中。

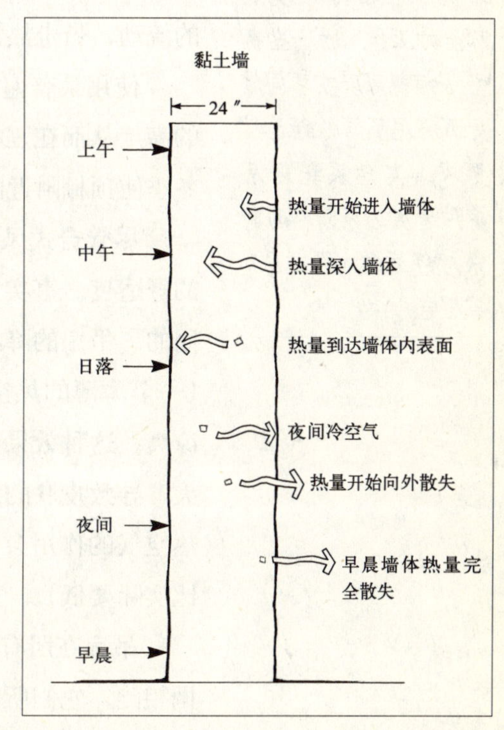

日落时，气温开始下降，被墙体吸收的热量又开始辐射到室外空气中。墙体中蓄存的热量开始向室外流动，墙被冷却下来。到第二天日出时，外墙已完全冷却，这种轮回持续不断，使居住者免受沙漠强热气流的影响。

在沙漠气候区设置内、外部蓄热体是至关重要的，而在湿热气候区，外部蓄热体对建筑是不利的。其原因是在该地区夜间气温通常很高，不适于采用通风措施来排除蓄热体中储存的热量。尽管如此，内部蓄热体也可与主动式的制冷系统联合使用，此时内部制冷系统所起的作用与沙漠地区夜间凉爽的空气相同。这种情况下，夜间业主不需要开窗，只需打开制冷机，让其工作几个小时，以排除内部蓄热体白天吸收的热量。只在夜间使用空调是节省能源和费用的。

5.1.4 直接给人体降温

几项技术可以提高冷却系统的能源效率，大多数的热泵和空调采用单一速度的压缩机，在任何环境下都全力工作，而一些新型压缩机可以在不同情况下满足不同的舒适性要求，其他系统采用多种速度的风扇尽可能保持舒适的水平并且节省用电。

降低来自室内和室外的热量及排除室内的热量都能显著促进被动式降温。不过，还有另外一种办法值得考虑：直接给人体降温。

1. 吊扇

使用普通的风扇是提高室内舒适度最有效、最经济的办法之一。风扇不仅可以增强通风，将热量从室内排出，它还能加快人周围空气的流动，带走热量，使人感到凉爽。

使用最普遍的是安装在顶棚，带有大扇叶的吊扇。可以调整吊扇的高度从而在夏季使近地面的冷空气流动到顶棚，使人感到凉爽；在冬季使顶棚附近的热空气流动到近地面，使人感到温暖。

尽管台式风扇和吊扇不能改变室内温度，但它们确实提高了室内的舒适度。事实上。使用吊扇与降低 4°F 的室温带给人们的感受是相同的。吊扇的降温是基于这样一个事实：流动的空气能带走皮肤周边（一个薄薄的热空气区域）的热空气，除去这层较热空气使人们感到凉爽。这种效果在湿热气候区尤为重要，因为人体周围的空气湿度较大，导致皮肤的汗液蒸发量降低（在冬季，流动的空气带走皮肤周围热空气的作用会使人感觉到冷，这实际上是一种错觉：认为周围气温比实际要低）。

吊扇在所有气候区都是有效的。尽管它们需要使用电能，但与空调相比，它们所耗费的电能是相当少的。

在第 3 章中曾详细讨论过，集热墙体的主要作用是加热室内空气，但它也能起到一定的降温作用。经过合理的设计，集热墙体的重质材料可以吸收室内的热量并将其传输到室外。

为获得这种效果，需要在玻璃窗上设排气口，如图 5–22 所示。在炎热的夏季打开排气口，它们会将蓄存在玻璃窗与集热墙之间的热量排出。排气口还可以结合挑檐设计，阻止热空气进入室内。

在沙漠气候区，集热墙体的通风排热效果较好。夜晚，凉爽的空气被动的或主动的流入室内，带走集热墙吸收的热量（一般是由室内的人、宠物、照明装置和火炉等产生的）。早晨，集热墙冷却下来，准备进行下一轮的热量吸收。

在夜间，居住者可以打开集热墙室内一侧下部的风口让热空气散逸到室外（图 5–22）。如果打开窗户引入新鲜空气，能获得良好的自然通风效果。尽管集热墙确实有助于被动式降温，但其降温能力有限。如果夜间外部气温比集热墙温度高（这种情况在许多气候温和区是常见的），那么这个设计策略降温效果就不明显。事实上，集热墙还可能增加夏季的制冷负荷，除非采取遮阳措施并把吸收的热量排出室外。

附加日光间主要是用来获得热量，但也可以降低室内温度。在制冷季节，用落叶树或人工遮阳装置对阳光间进行遮阳可以使其内部保持凉爽，同时还可以降低相邻的生活空间的室内温度。

采用通风措施也是保持附加日光间及与其相邻的生活空间凉爽的另一个办法（图 5–23）。正如在第 3 章中提到过的，热空气从屋面的通风口散逸，凉爽的空气从外墙下侧的通风口进入。为了到达良好的效果，夏季需要将较凉爽区域的空气引入日光间。

如果屋面上无法设置热空气出风口，那么就将其设于下风向的墙面。凉爽空气的入口应当被设在迎风墙面的下侧——即主导风向。这样布置能最大限度的进行空气交换，达到最佳的降温效果。依据可持续建筑工业委员会的规定，通风口面积至少应占南向窗户总面积的 15%。

使用自动调温器控制风扇确保达到最佳的通风效果。当日光间的面积是温室两倍时，使用自动调温器控制显得尤为重要，因为除了仙人掌和多汁植物外其他植物不能长时间处于 85°F 的高温环境中。

附加日光间中的蓄热体也可用于建筑降温。白天，设于地面和墙面的蓄热体吸收热量。如果夜间气温明显降低或夜间有凉风，蓄热体中储存的热量就可通过外部风口排出。第二天早晨，蓄热体又开始吸收热量。

附加日光间中的蓄热体也可降低与其相邻的生活空间的温度。蓄热墙把带有遮阳设施的阳光间和生活空间隔开，而且还能吸收室内的热量。夜间，蓄热体中储存的热量通过外部风口排出，蓄热体又可以吸收更多的室内热量。蓄热墙上的通风口还能将建筑内的热空气经由日光间排出室外。

利用日光间进行被动式降温的关键是夜间要有凉爽的空气。在湿热气候区不能利用日光间来进行被动式降温，因为在这些地区夏季气温波动通常在 80s 左右。降温幅度太小，不能排除日光间中蓄热体内储存的热量，从而导致日光间及相邻的生活空间变得非常不舒适。

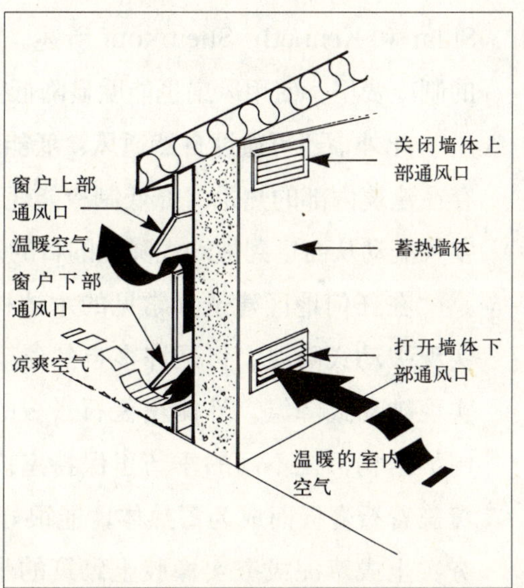

图 5–22
在干旱炎热的气候区，设置于窗户和蓄热墙体的通风口可以给建筑物提供被动式降温。

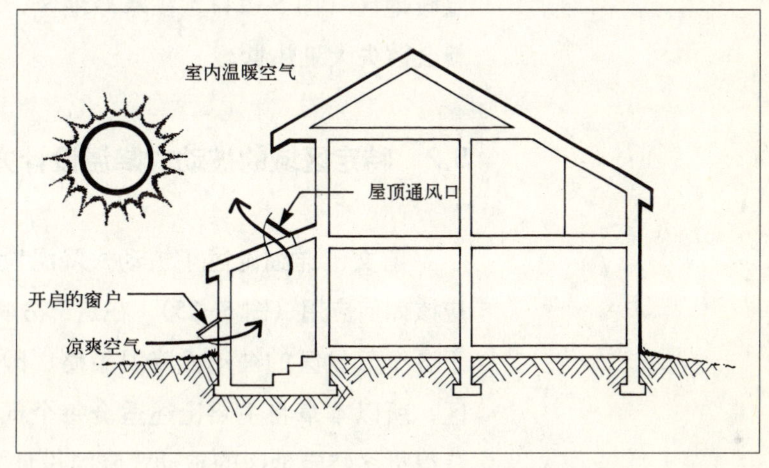

图 5–23
日光间的通风设计可使室内达到被动式降温的效果。

图 5–24
在沙漠地区夯土建筑保证了建筑的被动式降温效果。

也可将吊扇与空调联合使用。佛罗里达太阳能源中心的研究人员估计，在湿热地区这种措施可使房主将建筑自动调温器上的温度上调 2 ~ 6°F。据《Consumer Guide to Solar Energy》的作者 Scott Sklar 和 Kenneth Sheinkopf 所述，温度每调高 1°F 能节省大约 8% 的制冷费用。使用风扇也能明显降低噪声等环境污染。

此外，还可通过自然通风、低能耗主动式通风和蓄热体来排除蓄存在建筑内部的热量、降低制冷能耗。位置良好的风扇能够加速室内空气流动从而达到被动式降温的目的。

在任何地区建造如常见的木结构和石结构等良好的建筑都可以实现被动式降温。但是许多自然建筑体系如土坯房和草坯房也可以实现被动式降温。外侧覆盖石膏板的草坯厚墙是建筑优良的保温外围护结构，在不同的季节里保持室内舒适度。同时，由于厚墙外侧覆盖着石膏板而成为蓄热体，能很好地将热量分配到室内。由土坯、夯实土或草泥或夯实橡胶土砌筑的土墙也是优良的蓄热体，适用于温暖地区（图 5–24）。在寒冷地区，如果没做好外保温，蓄热墙体就会散失大量热量。

5.2 特定区域的被动式降温设计方法

前文已详细论述了被动式降温设计方法，现在介绍不同气候区应该如何应用（图 5–25）。在这部分将考察四个气候区，并简述适宜于各个气候区的被动式降温策略。因为许多策略适用于各个气候地区，所以本章将主要论述适合每个气候区具体的降温策略。如果想获得更多特定地区的被动式降温设计方法，需参考 Joe Lstiburek 和

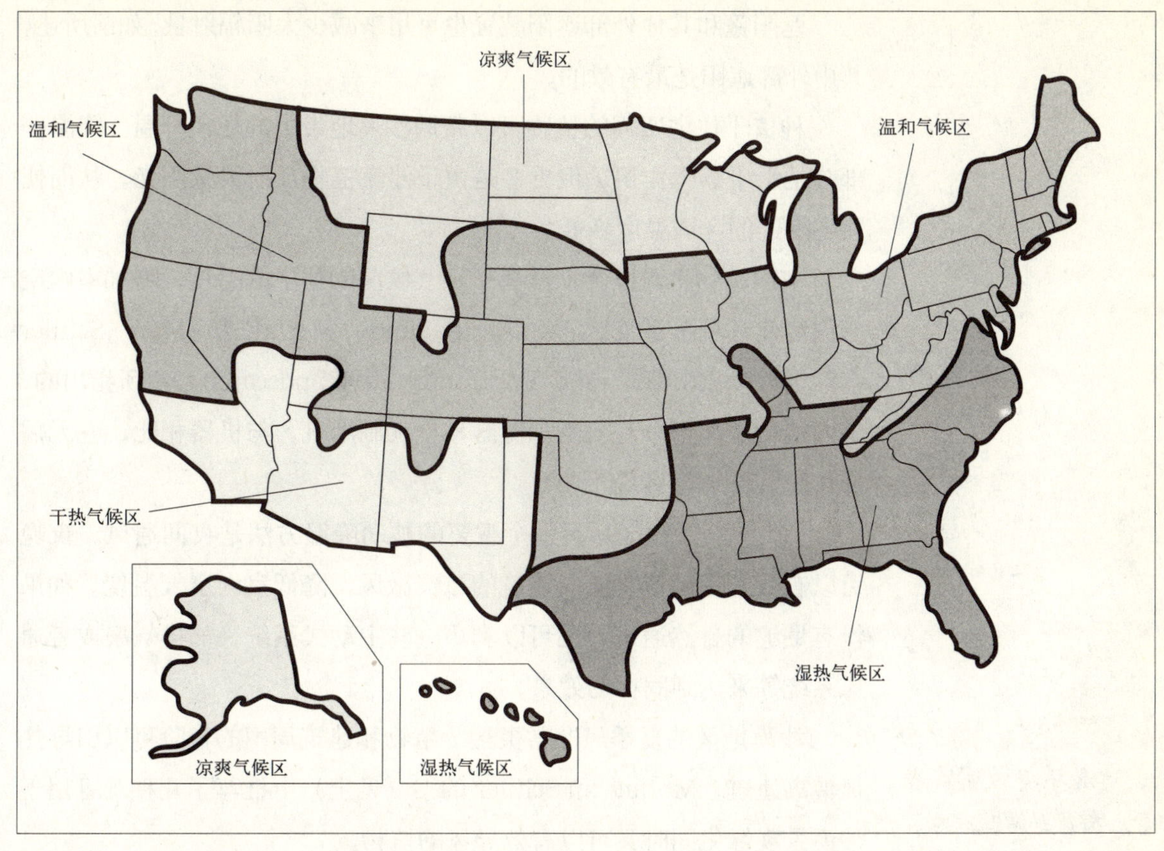

图 5–25
美国气候分区图

Bretsy Pettit 编著的《Builder's Guide for their region》(已经在 Resource Guide 中列出)。

5.2.1 干热气候区的被动式降温设计

干热气候区，如西南部沙漠或澳大利亚等人烟稀少的内陆地带，其气候特征是冬季短且温暖，温度基本都在 0℃以上，其他季节则炎热、干燥。在需要长期制冷的季节里，有很多保持室内舒适度的设计方法，前文也曾介绍过，其中最重要的措施是合适的朝向与窗户的正确设置。挑檐、优质的绝热材料和抗辐射材料也是极为重要的。

在沙漠地区，遮阳也是相当重要的。但是沙漠地区并不适合高大树木的生长。水资源的缺乏意味着树木生长缓慢。如果在这些地区生长着高大树木，一定要保护它们。

靠近建筑物种植的灌木、攀缘在格架、外墙或凉亭上的蔓藤植物都能起到遮阳作用。不管采取哪种措施，一定要遮挡住建筑的东西两侧。矮小树木和灌木可以遮挡早晨和傍晚的阳光。

遮阳篷和其他外部遮阳装置也可用来减少太阳辐射量，如前所述，其中外部遮阳是最有效的。

种植于住宅四周的植物可以帮助沙漠地带中的住宅降温。降温一部分是由于蒸腾作用，但更多是由于沙漠植物反射大量阳光，从而使住宅附近的区域温度降低。

室内植物也可以降低沙漠干燥气候区的住宅的温度，增加室内空气湿度及环境舒适度。正如Anne Simon Moffat 和 Marc Schiler在《Energy-Efficient and Environmental Landscaping》中所指出的，室内植物是"十分有效的加湿器和空气制冷机，与机器相比，它无需操作而且更加可靠。"

在沙漠气候区，另一个重要的被动降温方法是夜间通风。夜晚可以有效利用经植物导向建筑的凉爽微风，降低室内空气温度。如果没有足够的自然通风，还可以利用一些主动式系统，如排气扇或者通风系统等来达到同样的效果。

从环境的观点来看，植物是调节室内温度的生态空调。

ANNE SIMON MOFFAT, MARC SCHILER，绿色生活、高效节能和人居环境。

沙漠地区的夏季风非常炎热。植物和建筑周围的台阶可以引导热风偏离建筑。Moffat 和Schiler的书（见上）中推荐了几种既可用于沙漠景观绿化同时又可以有效导风的植物。

在沙漠气候区，人行道和车道由于白天阳光的暴晒而变得炙热，令人无法忍受。人行道和车道表面释放的热量会明显提高建筑周围的温度。为了创造较为舒适的居住环境，在车道、院子、人行道等附近应种植树木和灌木以提供遮阴。

选择合适的建筑材料对改善夏季室内舒适性方面起到很大的作用。以土砖、土坯、碎石、甚至是夯土等材料建造的建筑物，十分适用于沙漠气候。如果选择传统住宅，还可以用混凝土等材料来建造。

在生活中，解决一个问题后往往会产生另一个问题。例如，在沙漠气候区，利用高大树木遮阴来解决白天过热问题时，也会遮挡阳光影响太阳能光电设备的运行，除非将光电板安装在高杆上或者使用追踪式太阳能光电板。巧妙的屋顶设计也能为PV系统提供正常的运行环境，同时PV系统对地表的遮蔽作用也能够给夏季沙漠中的住宅降温。

5.2.2 被动式降温在湿热气候区的应用

湿热气候区的建筑在设计、材料以及建筑降温策略方面与沙漠气候区的建筑有很多相似之处。

和在沙漠气候区一样，湿热气候区的建筑首先要考虑合适的朝向和窗口设置。减少内部和外部辐射热是很重要的。浅色外墙、遮阳板、隔热材料以及反光板等在夏季都可以有效地隔离热量。正如北向窗口在阻止热量进入室内时所起的作用一样，它们能够有效阻挡寒风侵袭。

尽管这些措施能够降低室内温度，但是很难降低室内湿度。湿度过大影响体表热量的散发。当大气湿度很高时，蒸发减慢，人体热量挥发减少，会感到更加闷热。

沙漠气候区的夜间干燥空气可以散发到外部空间使室内温度降低。不同于沙漠气候区的是，湿热气候区夜间温度仍然很高。譬如，美国南部或其他地区，湿气保留了大气中的热量，导致夏季夜间温度很高。在阿拉巴马地区，凉爽的夜晚在三伏天是一种奢望。

在这些气候区，窗户、屋顶通风口和天窗可以保证适当的通风，降低室内温度，尤其在建筑周围有树荫围绕时，效果更佳。

但这些降温措施在温暖的季节也是非常有效的。底层或地下室的窗户可以将室外树荫处的凉爽空气引入室内，带走热量，由高层窗户、屋顶或者天窗排出。这种开放式的设计能够有效促进空气流通。

如果自然通风不够充足，那就需要安装排气扇来促进空气流动。除湿器也可以提高室内舒适度。

门廊周围的空气比较凉爽，朝向门廊的窗户也可以将凉爽的空气引入室内。

景观美化措施在夏季也能帮助建筑降温。例如在屋顶、窗口、墙、人行道、院子、门廊和车道上的树荫。（图 5–26）。蒸腾作用也可以降低建筑周围的温度。落叶乔木是较为理想的种植树，它们可以提供树荫，且不会挡风。相比之下，种植过密的植物会阻拦微风，并且阻挡建筑附近的热气散失，室内会变得更热。美中不足的是，尽管种植落叶乔木比较理想，但是它们可能会遮挡安装在屋顶上的 PV 板和太阳能热水集热器。

如同在沙漠气候区一样，凉爽的微风在湿热气候区十分珍贵，可以通过景观将其导入室内。

另一个来源于园林学家和建造者的设计策略是充分利用如院子和门廊等室外空间，在那里能够和朋友家人聊天、看书、烧烤或吃饭。

在湿热气候区，最重要的是免受正午阳光之害，确保室内最大舒适度。如果资金缺乏，那么也可以种植一些生长较快的树。

图 5–26

Shade trees around this home in hot, humid Texas greatly assist in passive cooling. 在湿热的得克萨斯州夏季，住宅周围的树荫能为住宅的被动式降温提供巨大的帮助。

5.2.3 在温带气候区的被动式降温

热带地区以北为温带地区。温带气候区并不像它的名字一样气候温和。很多区域冬季寒冷风大，夏季干热或者湿热。应根据地点不同，选择合适的设计策略。

温带气候区的天气状况是不同气候特征的综合体，这种气候条件给建筑师和景观设计师带来巨大挑战。建筑设计的重点是选择合适的朝向、正确的窗口位置、遮阳板、保温隔热性能好的材料。

设计中还可以采用覆土建筑。用土覆盖的后墙和屋顶可以使室内冬暖夏凉。景观设计师通过合理的规划也能够利用夏季遮阴提高室内舒适度。沿建筑南侧种植的落叶乔木在夏季能够为建筑提供合适的遮阴；在寒冷季节，当树叶脱落后，阳光直射建筑为室内提供热量。

建筑的东向和西向在清晨和傍晚也需要树木的遮蔽。在温和部分特殊地区，这一切都依赖于气候本身。当笔者在海拔 8000ft 的地方居住时，他十分渴望得到夏天的热量。在夏季寒冷的夜晚，室内蓄热体储存的热量大都在室内温度较低的一侧停止了传递，所以笔者希望清晨从东向的窗户获得一点额外的热量。

温和地区的建筑设计需要考虑风的因素，尤其在没有树木遮挡的地区，如美国北方平原。正确的选址能够防止冷风侵袭，还可以利用植树形成的防风带将夏季凉风导向建筑。如果夏天和冬天的风向不同，防风带比较容易设置。如果风向相同，那就必须作出选择。例如在温和气候地区，如果冬天加热所需负荷超出夏天制冷所需负荷，那么应该种植防风带来阻挡冬季的冷风侵袭。

5.2.4 寒冷地区的被动式降温

美国的北部和其他北半球国家地处或接近寒冷气候区，建筑设计中最主要的目标是如何在每年的寒冷季节保持室内温暖。

在寒冷气候区，某些地区整个夏天都很凉爽，所以无需给建筑遮阴，有些地区则比较热，需要设置挑檐和遮阳板为建筑降温，除此之外，不再需要其他降温措施。

在这个地区应该考虑采用覆土设计。这种设计方法可以使建筑夏季保持凉爽，冬季利用厚重土坯的蓄热能力保持室内温暖。此类建筑需要除湿防止夏季室内受潮。被动式太阳能设计，围护结构的良好保温性能以及使用防风设备都可以大大地减少对矿物燃料的需求。

5.3 被动式降温能够保护环境

被动式降温设计不仅减少了建筑对矿物燃料的依赖，而且还带来了更多的好处：避免因温室气体二氧化碳的排放而导致的全球气候变暖；减少其他污染物质；降低建筑制冷设备的成本。因此，被动式降温设计可以保护环境。

第6章 健康问题：被动式建筑中室内空气品质的优化设计

被动式采暖和降温是最可靠的环保技术，无需使用耗能和噪声大的暖炉或空调就可以提高住宅和办公建筑的舒适度，这种室内环境控制方法是非常成功的，它造价低而且环保。

正如前文所述，被动式建筑应当运行高效、操作方便。如第2章所述，要使被动式住宅高效运行需要采取一系列措施，其中基本原则是要减少冷风渗透。密封式住宅可以提高运行效率却会引发严重的室内空气品质问题。本章检测了室内空气品质，在建筑高效运行时对如何保护人类健康等方面提出了建议。以下所述为室内空气污染源。

6.1 室内空气污染源

室内的空气污染源很多。传统建筑材料、燃烧器具、清洁产品和消毒剂、家用杀虫剂、宠物甚至人体本身都是常见的污染源。住宅密闭性越好，产生的问题就越多。

现代建筑材料中含有的有毒化学物质会影响室内空气品质。建筑建成后通常需要一定的时间来排除有毒气体，但是含有这些化学物质的挥发性气体需要经过几个月甚至几年的时间才能除去。

这些产品的开发及销售是为了提高生活质量，改善居住环境。但是很多建筑材料挥发的甲醛严重影响了室内空气品质。用在室内外地板的OSB板以及用来制作橱柜和家具的木板都含有甲醛（图6-1）。20世纪70年代的研究发现，长时期处于低浓度甲醛的环境中的人们会变得十分敏感，即使是在这种环境中停留一小会儿，他

图 6-1
由合成树脂制造的工程用木材被大量应用在外墙、屋顶、楼梯扶手、地板等处，虽然这样可以减少建筑中木材的使用量，但合成树脂含有甲醛。
把实体材料 2×12（a，右侧）同 OSB 板材（a，左侧）比较。应该详细标明 OSB 板材有无甲醛或者含量高低，并且标明材料在使用前是否需要密封，尤其是用于封闭空间诸如潜水艇内部时。

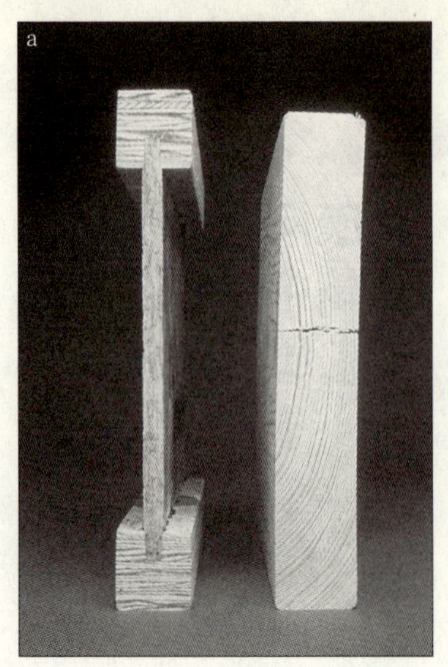

们的健康也会显著恶化。

尽管制造商已经采取措施在建筑材料中减少有毒化学物质的使用，但很多新建住宅还是含有各种能够致病的有害化学物质。事实上，现在不含有害物质的建筑是很少的。这些有害物质还包括毛毯、装饰用织物、地板、瓦片、室内装潢材料、墙纸和涂料等。

室内的空气还有很多其他污染源，使用矿物燃料的器具——火炉、烤箱、燃气壁炉、锅炉和热水器都能够产生对室内空气有害的一氧化碳气体。燃木锅炉和壁炉也能向室内释放有害气体和微粒。

大多数家庭的清洗剂和消毒剂放置在洗碗池下面，这是室内空气污染的又一来源。这些产品含有多种有毒物质。尽管只有很少挥发到空气中，却很危险。在清洁烤炉或平底锅时清洁剂挥发到空中，在空气中停留几天，很多居住者不经意间就会受到危害。具有讽刺意味的是，“个人护理”产品例如头发护理产品和指甲清洗剂也能够污染室内空气。

在室内使用杀虫剂是为了消除或者驱除蚂蚁、白蚁、苍蝇、跳蚤、飞蛾和其他昆虫，但这也是室内空气污染源之一。根据美国环保署（EPA）近期所作的一个调查，在过去一年中，75% 的美国人都在室内使用过至少一种化学杀虫剂。健康学家指出其中存在潜在的健康问题，最新的调查显示：在喷雾和液体杀虫剂中发现的一些据称是无害的物质也可能对人体健康造成威胁。

在一些卫生球和空气清新剂中同样发现有害的化学成分，同时还有地下室的角落和飞机模型所用的油漆挥发到空气中也会影响人体健康。

人和宠物产生的皮屑（来自于死亡的表皮细胞）散发的有害化学物质同样对室内空气有害。此外，建筑室内湿度高于 50% ~ 60% 时，容易产生霉菌和细菌等，它们能够引起某些人的不良反应。

毛毯和室内装潢也影响室内空气质量，它们有时像海绵一样，从其他物品吸收挥发的（容易蒸发）有机化合物——例如溶剂。再把污染物散发到室内空气中，滞留数月甚至数年，长期危及居住环境。

6.2 室内空气污染物对健康的影响

室内的空气污染物质通常分为三类：有毒物质，刺激性物质，过敏源(引起过敏的物质)。含有这些物质的环境会对健康产生不良影响。

6.2.1 短期、直接的影响

像其他有毒化学制品一样，人处于含有污染物的室内空气中可能对健康造成直接影响，医学上称之为急性效应。这种效应经常出现于滞留在有毒物质环境后不久，或者重复处于这种环境中以后。例如，一氧化碳是从熔炉或其他燃烧源中散发出来的一种颜色暗淡、无味的气体。当浓度较高时，一氧化碳能够致命；浓度较低时，一氧化碳会导致人们出现头疼、头昏眼花、虚弱、恶心、失去知觉和疲劳等症状。这些症状经常被误认为食物中毒或者流感（因此，所有使用燃烧器具的家庭最好有一氧化碳探测器）。

在火炉、烤箱或者热水器中，氮在燃烧时同氧结合产生另一种可燃气体——二氧化氮。二氧化氮气体刺激眼睛、鼻子和咽喉中的黏膜，甚至会导致呼吸短促。

6.2.2 长期、慢性的影响

有些化学物质在建筑建成几年以后才会对室内空气产生影响，称为慢性影响，例如氡，它是一种自然放射性气体。这种无色、无味的放射性污染物质产生于很多地区的土壤中，通过地下室和混凝土地面的裂缝渗入室内。住宅越封闭，氡的含量就越高。

土壤、岩石、水里含有的铀元素在放射性衰减过程中会产生氡气体，氡通过放射性衰减过程产生辐射。氡最主要的问题不是它的放射能，而是当它衰减时产生的放射性射线。在人体的呼吸器官中，氡气

氡是怎样进入室内的

- 地板中的裂缝
- 建筑接缝处
- 墙体的裂缝
- 楼板中的缝隙
- 管道附近的缝隙
- 墙中的空腔
- 供水管

来 源：EPA, A Citizen's Guide to Radon, 2nd ed.

存在于树脂中的甲醛

尿素甲醛（UF）常存在于夹板墙的镶板中，还存在于制作抽屉、家具等的中密度纤维板。

中密度纤维板是所有工程用木板中含树脂比例最高的一种产品。

用于软木夹板的树脂中含有大量苯酚甲醛（PF），但是尿素甲醛较少。

放射出射线会停留在呼吸器官的薄壁上，沿着气泡或者气囊对细胞产生影响。这将使细胞产生遗传性变化，甚至突变，在接受辐射大约 20 年后可能导致癌症。在美国，内科医生诊断表明每年有接近 14000 例肺癌是由氡气引起的，并且感染此类肺癌的人多数死亡。

甲醛是另一种常见的室内空气污染物质。如上所述，甲醛广泛存在于免熨织物、窗帘、地毯、绝缘玻璃纤维、油漆、洗发香波和塑料制品中。它也经常存在于建筑木料的树脂和胶粘剂中。多年来，制造绝缘玻璃纤维的树脂中一直含有甲醛。

甲醛也可以在燃料的燃烧过程中散发出来。密封的气炉和煤油加热器是室内甲醛的两个来源。总而言之，想生活在完全不含这种化学物质的环境中是相当困难的。

高浓度甲醛是一种带有刺激性气味的清澈液体。

在室内，气态的甲醛含量通常很低，不容易被察觉。虽然居住者可能闻不到，但是它仍然能够导致健康问题，例如眼睛流泪、咽喉疼痛、恶心和呼吸困难等。即使空气中甲醛含量低到 0.03/1000000，一些人仍十分敏感，如果含量更高可能引发哮喘病。长期处在含有甲醛的空气中可能引发癌症。在空气含有的一百多种有机化合物中，甲醛是被广泛认知的室内空气污染物质。

即使居住者没有敏感症或者呼吸系统免疫力低下的病史，不健康的居住环境也会对他们的身体产生严重影响，甚至诱发疾病。正如 David Rousseau 和 James Wasley 在《Healthy by Design》一书中所提到的，无论这些室内污染物质是否来源于建筑材料、器具、清洁用品或者家庭宠物，它们都对人类健康产生严重威胁，没人知道这个问题多么严重。哮喘病折磨着 1700 万美国人，30% 的美国人遭受着过敏症之苦。根据 John 和 Lynn Bower 的《The Healthy House Answer Book》中所提到的"这些污染物质经常引起或加剧室内空气品质的恶化。"

6.3 创造健康友好型居住环境

建造被动式采暖降温住宅的目的是尽最大可能为人们（包括建造者自己与家人）创造健康的居住环境。健康建筑的标准就是室内空气中应该不含有害物质、刺激性物质和过敏源。

为了确保空气洁净，健康建筑专家推荐以下三种方法：(1) 减少污染源；(2) 隔离污染源；(3) 通风。如果这些策略不足以解决空气污染问题，他们重点推荐第四种方法：过滤。

虽然一栋生态住宅有益于居住者的健康，但是如果建造的健康节能住宅损害自然环境，那么又有什么意义呢?

6.3.1 消除室内空气污染源

在新建或者有被动式太阳能系统的建筑中，最简单有效能减少室内空气污染的方法是减少污染源 ——建筑材料以及会产生潜在危害的各种器具。这就要仔细选择产品，例如，选用低甲醛或者不含甲醛的木板，选择低 VOC（挥发性有机化合物）或者不含 VOC 的油漆，磨光漆等。天然的建筑材料如麦秆和泥土是环保材料，可以避免室内空气污染。有以下四种产品建造者应慎重使用。

1. 工程用木材

第一类要尽量避免使用的是工程用木料，例如各种木板、夹板、小木料。工程木板是用木屑、锯末、小木条和其他类似材料与树脂粘合在一起制成的。尽管工程用木料减少了树木砍伐，能够充分利用木材，但因为含有树脂，这些产品中通常含有甲醛。

工业木料常用在橱柜和家具上，它们过去是用做内墙，柱、梁和框架。OSB 板和夹板主要用于地板、屋顶装饰以及外部覆盖物。

要在一栋新建建筑中创造健康的室内环境，应尽量避免使用含有甲醛的木制品，或者选择标示低甲醛含量的产品。Weyerhauser 以及 Louisiana Pacific 等公司都制造低甲醛木板。James M.Huber 公司制造一种高档无甲醛的木板。用麦秆做的木板也是无甲醛的。

2. 地毯

第二个应该避免或者减少使用的装饰品是地毯。《The Healthy House Answer Book》中提到“地毯是一个麻烦的家居装饰品，因为它上面可以存有大量的泥土、微小的灰尘和其他会引起过敏的微粒。”地毯会发霉从而使居住者过敏。人和宠物身上掉落的皮屑也会吸附在地毯上，并且会因真空吸尘器或其他室内活动而重新在室内扬起。

图 6–2
地毯是甲醛、灰尘、皮屑和其他潜在的刺激物积聚的一个主要的来源。应该合理选择瓷砖、木地板和无毒的材料。合理选择加热系统，使用被动式太阳能采暖以及太阳能热水系统——能够充分减少室内空气污染源。

书中还提到，“地毯纤维、填充物、化学处理物、以及清洁产品能够散发很多有害的化学物质。”大部分新地毯会散发甲醛（图 6–2）。一些挥发性的有机化合物，例如玩具车上的涂料，也会被地毯吸收，经过一段时间又重新回到室内空气中。

谨慎地选择采暖系统，最好使用被动式太阳能采暖系统或者太阳能热水系统来提供生活热水，能够充分地减少潜在的室内空气污染源。

尽量避免使用地毯装饰墙壁及地面，可以选用指定的瓷砖、石膏、硬木和羊毛类饰品来替代，而且最好选择环保产品，例如竹制地板、天然油毡或者软木地板等，它们既健康又环保。

3. 燃烧器具

第三类是燃烧器具：例如燃木炉、壁炉、燃气炉、火炉、热水器等。这些都能够产生一氧化碳和二氧化氮等污染气体，燃木炉还会把颗粒散播到室内的空气中。

可以使用低功率的电器来替代住宅中的燃烧器具，也可以使用燃烧清洁无污染的器具。把热水器、火炉以及锅炉安装在密闭的燃烧室或者室外，可以对室内的空气污染减到最少。无污染和高效能辅助加热系统在第4章论述过。通过改造以洁净能源为燃料的燃烧器具也可以减少污染。

4. 无毒油漆、染色剂和清漆

在建造被动式太阳能建筑或者普通建筑时都应该避免使用会带来室内空气污染的建材，也就是传统的油漆、染色剂等材料。很多产品中都含有高挥发性的有机化合物（VOCs），如杀虫剂、防霉剂、甲醛等，这些有机化合物在住宅建成或装修完毕的几个月后才会散去。

低含量VOC或者不含VOC的油漆、染色剂和清漆能减少室内的空气污染（图6-3）。可以通过专营绿色建材的零售商和供应商购买低含量VOC的墙漆。但位于美国科罗拉多州的Cedar Rose Guelberth健康材料中心说，这些所谓的绿色建材很多含有少量的汞或铅。一些制造商如丹佛的Wellborn和波特兰的Miller Paint，他们在产品目录后面注明其低含量VOC产品不含铅和汞。

很多环保墙漆也含有化学杀菌剂和防霉剂，尽管此类化学制品对健康的损害相对较小甚至无害，但有可能使体质敏感的人过敏。也可以选择圣迭戈的AFM公司生产的Safecoat牌墙漆，他们的产品价格较高，但是不含甲醛、杀菌剂和防霉剂，并采用最严格的VOC排放标准。同时AFM公司也出售生产环保墙漆等建材的完整生产线。BioShield公司生产的墙漆质量也比较好，不含甲醛、重金属和生物杀灭剂。

图6-3
低含量或不含VOC（挥发性有机化合物）的油漆是更环保的绿色建材。

对于传统墙漆来说，酪蛋白墙漆是另一种很好的选择。它是由色素和同其他物质混合的牛乳蛋白质（酪蛋白）制成的，马萨诸塞的Groton有一家传统的家庭式酪蛋白墙漆公司，他们生产的酪蛋白墙漆有16种颜色，不含生物杀灭剂，适用于敏感人群。酪蛋白墙漆是以粉状形式装运的。这种墙漆的不足之处是易脏易褪色，所以使用此类墙漆的墙壁应先刷一道防水层。

大部分适于室内外的墙漆是水性的。但是在直射阳光下的南向窗口处，经常使用油性漆。此时，应选择不含甲醛、汞、镉、铬或它们的氧化物以及低含量VOC的墙漆产品（VOC含量每公升不超过380g），同时也不应包含任何卤化溶剂。

近年来，越来越多厂家生产无毒涂料、清漆和密封漆，来取代广泛使用的传统涂料产品，这些传统产品含有潜在的致癌物质和诸如丙酮、铅和木材防腐剂等有毒物质。"健康"油漆产品更具安全和高效性，而且易于操作，虽然其市场价格高于传统产品，但是物有所值。在笔者家中，使用绿色环保水性油漆来漆橱柜和橘色油漆涂刷附加阳光间的木材，效果很好而且没有气味甚至连施工人员也赞叹不已（关于无毒的建料和油漆的更多信息，可以查看在资源索引部分列出的书目）。

可供选择的环保建材

为了保证室内良好的居住环境，应该选择绿色建材来替代传统的建材，尽管绿色建材价格稍高，但是物有所值。

- 木用底漆
- 清水墙漆
- 金属底漆
- 瓷漆
- 乳胶墙漆（亚光型、高光型）
- 虫胶清漆
- 天然漆
- 木材填孔剂，包括装饰板
- 车道密封底漆
- 基础密封底漆
- 混凝土，砖块和石材密封底漆
- 压木板

6.3.2 隔离有害污染源

第二道阻止有毒气体进入室内的防线是设置隔离措施，阻挡室外污染的气体进入室内。这种方法称为隔离法。

1. 密封人造木材

如前文所述，如木板、托梁、泡沫板和夹板等人造木材中都有含甲醛的树脂。如果必须使用这些材料，如木地板下的龙骨、屋顶的装饰板、或者外部盖板等，在安装之前应涂一层无毒的密封剂，要密封所有表面。无论使用哪种木质产品，使用密封胶前一定要把它们放在干燥的室外让甲醛能够散发。这些人造木材在堆积时也要分散开（可以间隔1×2s或者2×2s以确保充分的空气流通），很多绿色建筑供应商生产此类密封剂。如在科罗拉多州Carbondale的健康材料中心。健康材料中心对健康居住环境提供设计咨询，并推荐在木板及其他木制品上使用AFM的密封剂。

另一个成功隔离潜在有害物质的手段是设置隔汽层。在第2章中讨论过，隔汽层应设置在墙和顶棚中。在寒冷气候区，隔汽层设置在围护结构保温材料温度较高的一侧即清水墙体的内侧；在温暖气候区，隔汽层则设置在墙的外侧即在饰面材料内侧。

隔汽层的主要功能是防止墙体潮湿。墙体潮湿影响保温效果，也会导致木材和其他有机材料如纤维保温材料等腐烂，影响室内空气质量。除了对结构有潜在的损害外，墙体中潮气积聚也会促进霉菌的生长。这些菌体的微小颗粒会通过墙体裂缝渗入室内空气，危害人类健康。隔汽层可以解决这些问题，也可以防止木质产品中的甲醛渗入室内空气。

2. 阻止氡气体进入室内

可以阻拦氡气使之无法进入室内。建造住宅的时候，首先找出氡的 EPA 分区。即便基地的氡含量不超标，也应该测试一下土壤的氡放射量。专家建议在建造前，每栋建筑物在拟建范围里要检查两个点。目前用于此项检查的仪器价格较便宜并且使用简便，互联网上就可以查到。

如果经过测试，氡含量超标，那么就需要采取一些预防措施。即便初步检测中没有发现问题，但是氡气可能从别的地方渗入。开始可能仅仅在基地的一个检测点中发现含有氡，但当房子建成后，这个检测点的氡可能会渗入整个住宅。

阻止氡气进入室内的具体措施可以参照在索引中列出的《EPA's Model Standards and Techniques for Control of Radon in New Residential Buildings》，健康住宅实践方面的书籍也总结了阻拦氡气进入室内的各种技术。

在建筑中，屋顶、地板下面电线或管道通过的槽隙处，应使用塑性护板互相搭接。槽隙处的冷风循环也会降低房间的舒适度并导致大量热量流失，因此可以通过设置架空层来改善室内热环境（事实上，应该尽可能的在槽隙处设置架空层）。

一般来说，地下室或者混凝土盘管系统建在可渗透性厚平板材料上，比如约 4in 厚的集合层。4in 的多孔管同一个垂直的通往室外的无孔管道相连接能够从厚平板（图 6–4）下面导出氡气，同时也可以使用一个低功率的辅助风扇。在塑料平板上面，经常设置一层 6mm 的塑料护板来阻止氡气渗漏。注意在为厚平板和地下室安装钢丝网或者地板热装置时不要划破塑料护板。尽量采取措施使厚平板或者混凝土地板的缝隙最小。

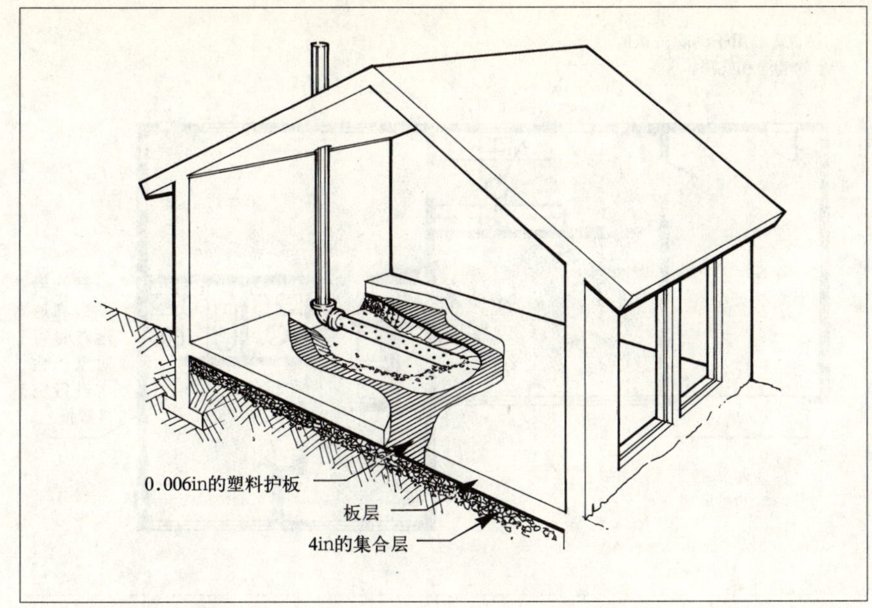

图 6–4
可以通过使用简单、低成本的技术将氡从建筑下部空间轻松地排除。

6.3.3 通风

第三道防线就是通风，即提供新鲜空气来取代污浊、被污染的室内空气。在运行较好的太阳能建筑中，空气每小时交换次数应在 0.35 ~ 0.5 次。换句话说，为了确保良好的室内空气品质，应该对室内三分之一到一半的空气每小时进行一次替换。如果依照上述原则设计建造的住宅，通常情况下无需辅助通风。也就是说，如果一栋建筑在建造时使用绿色环保建材，安装使用清洁燃料的器具，选购不含挥发性有毒有机化合物的家具，并且对所有潜在有毒物质进行密封，那就不需要辅助通风。

即便建筑已经遵循了所有健康规则，住宅密封良好也会减少换气的频率和必要的附加通风装置，一般来说，自然通风是最好的选择。在温暖的季节，打开一扇窗就足够了。寒冷季节，需要设置独立通风系统来保持室内空气清新。在本章将调查分析住宅的两种基本通风系统。

1. 排风扇

排风扇是一种最简便廉价的通风手段。排风扇可以安装在浴室、洗衣房和厨房里（图 6–5）。

安装在顶棚、浴室内的排风扇可以强化室内换气。新鲜空气通常是通过建筑物的缝隙处进入室内的（图 6–6）。在气密性好的节能住宅中，当洗澡和关闭房间时都应打开浴室的排风扇来降低室内湿度，

图 6–5
厨房、浴室和洗衣房的排风扇，可以为整栋房子通风。

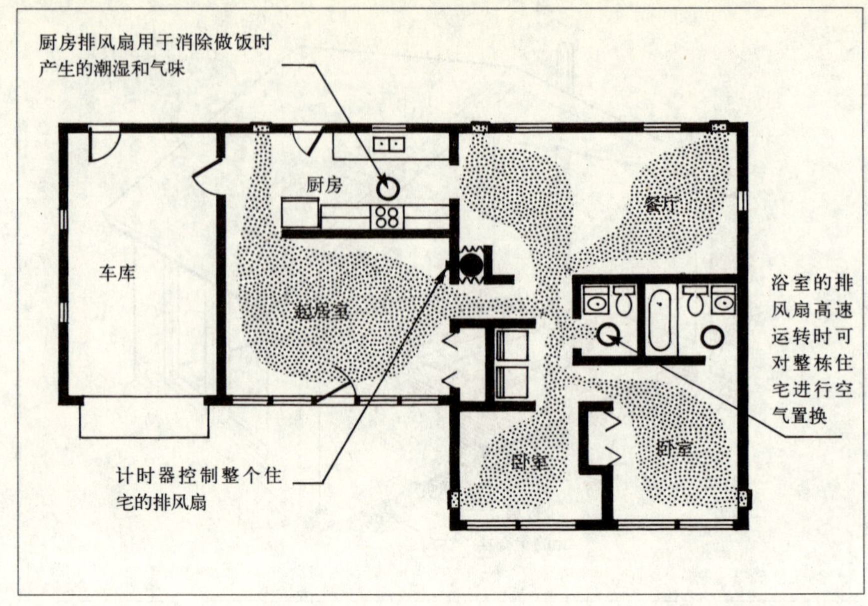

图 6–6
当排风扇运行时，新鲜空气通过建筑外围护结构的缝隙进入室内，如图所示。

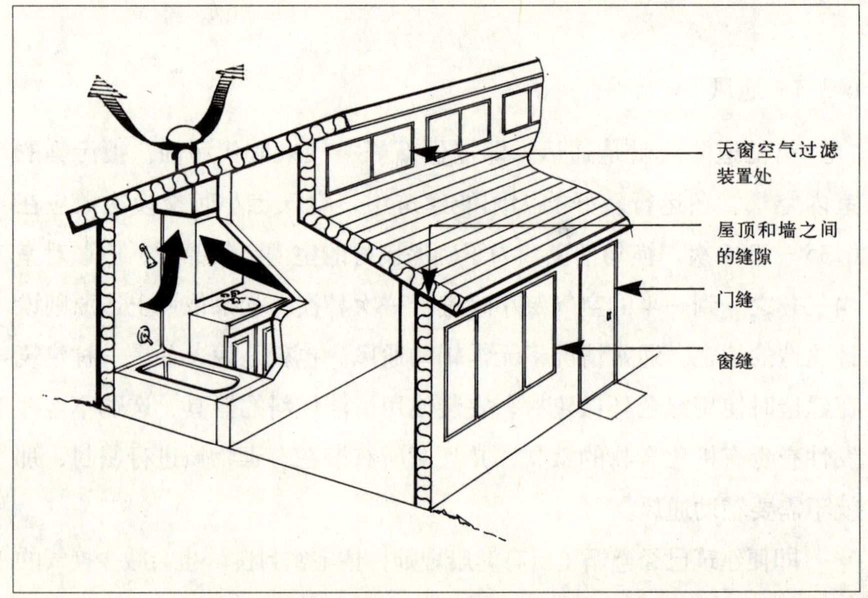

以免水汽凝结在窗户上或聚积在围护结构周围而生霉。其他时间也应该经常使用排风扇排出室内污浊空气。

排风扇的主要作用是排除室内的污浊空气，但通常仅对其周围空气进行交换而不能完全净化整栋建筑。如果安装计时器让排风扇每天运转几个小时，效果会好得多。严禁把空气排到阁楼或设备管道中，否则，阁楼中湿热的潮气会凝聚在围护结构上，降低其保温性能和使用寿命，同时还会破坏顶棚。因此，一定要把污浊空气排放到室外。

顶棚和厨房的排风扇能够有效运行但是噪声很大。不过，目前也有一些无噪声的设备（可以查阅附录）。

2. 室内整体通风系统

整栋建筑设置室内整体通风系统是一种更好的方法，它的工作原理是通过引入新鲜空气在室内产生正压，从而使污浊的室内空气通过房子的缝隙处排出。通风系统每分钟可通过管道运送 50 ~ 200ft³ 的空气。

为确保室内空气清新，如上所述，通风率最少为每小时 0.35 次或者室内每个人每分钟获得 15ft³ 的新鲜空气。室内每分钟 60ft³ 的通风率可以保证一个四口之家对新鲜空气的需求，无人在家时对新鲜空气需求较少，此时需要安装能够根据需要进行调整的通风系统，即使在家庭聚会时也能满足需求。

除非特别要求，大部分建筑物都没有安装适合的通风设备。

安装系统时，应该确保引入空气的清洁度，进风口不能设置在锅炉烟囱或烘干机附近。为保证进入室内的空气洁净无污染，应使用空气过滤器（图 6–7）。

此外，污浊的空气应该从产生的房间如厨房、洗衣房和浴室等处直接排出。新鲜空气应引入卧室、客厅和家庭工作室等人经常停留的房间。确保风扇和通风系统的过滤器等部件易于拆卸更换。

3. 热回收通风设备（HRVs）

室内每小时要置换至少三分之一的空气以满足对新鲜空气的需求。这样，在冬季会导致大量热量流失，在夏季则会导致制冷负荷增大。

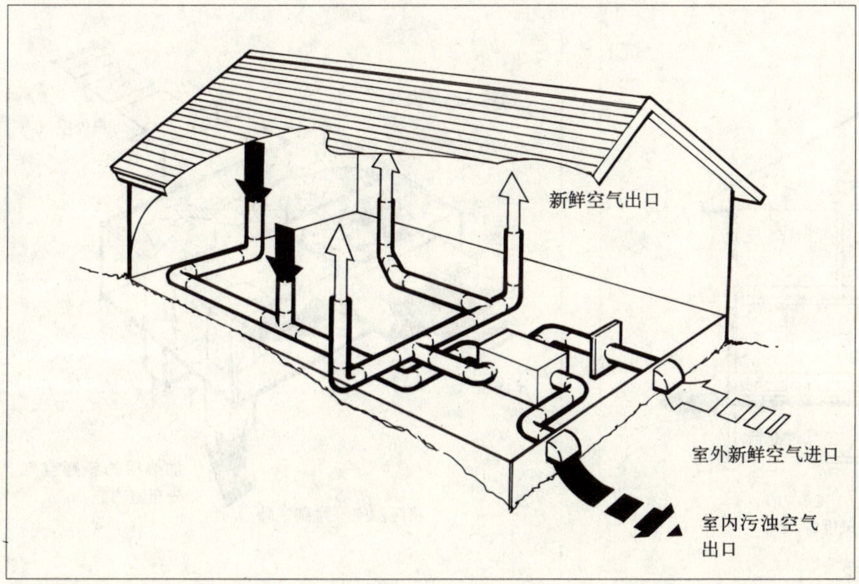

图 6–7
热回收通风系统把新鲜空气引入室内，将室内污浊空气排出。系统中安装的空气过滤器可以起到过滤进入室内空气的作用。这套系统是建筑整个空气采暖系统中的一部分。

为了减少能量损失，很多建造者安装了热回收通风设备（HRVs）。例如在被动式太阳能建筑中安装在窗户、墙或者地下室顶棚上的空气热交换器（图 6–8）。冬季通过一个热交换器把排出废气中的热量传递给新风；夏季，又通过空气热交换器为新风提供预冷。

使用排风扇的人都会抱怨噪声问题

这是因为多数人安装的排风扇质量不佳。为了避免这个问题，应该寻找一种 sone 值低的排风扇（sone 是声音的度量单位）。松下公司生产的的浴室排风扇风量为 70ft^3/min 响度为 0.5 sone，几乎听不到声音，功率只有 15W，效率很高。

4. 一体化的全面通风系统

将整个房子的通风设备能够整合为一个中央主动通风采暖降温系统，这个系统利用管道向室内输送新鲜空气。在整体通风系统中，排风扇利用系统管道将新鲜空气送入室内各个房间。

尽管将采暖和降温设备与通风系统相结合看似不错，但还是存在着一些问题。首先是主动通风采暖和降温系统中的管道很大：流量高达 1000ft^3/min，但风机相对较小，不足以把更多的空气通过该管道送入室内。解决这个矛盾的方法是通风机和采暖制冷系统必须同时运行，即使采暖降温系统不运行时，通风机也要继续运行。但是，与采用被动通风系统的建筑相比，这种运行方式产生的噪声和耗电量相对较大。

但是，当看了约翰 · 鲍尔所著的《Understanding Ventilation》一书中的通风章节后，就会明白为什么要先将房子密封，再安装提供新鲜空气的通风系统，而不是仅仅通过空气渗透进行通风换气。

原因可以归结为以下三点：控制、舒适和费用。在一个仅利用空气渗透进行通风的住宅中，业主对空气进入和排出的速度无法控制。

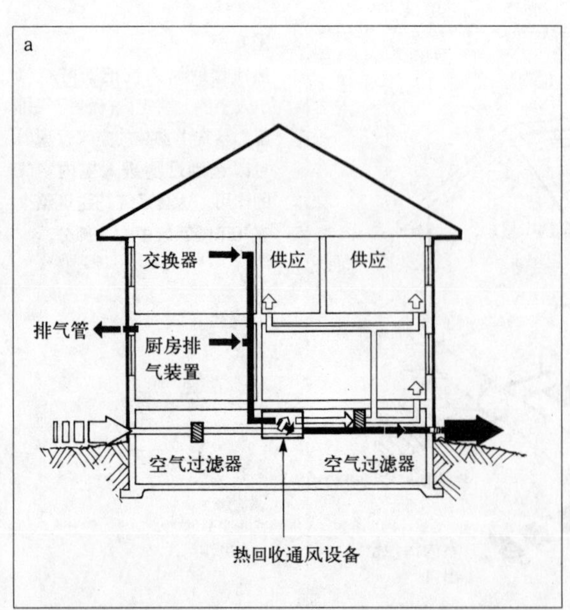

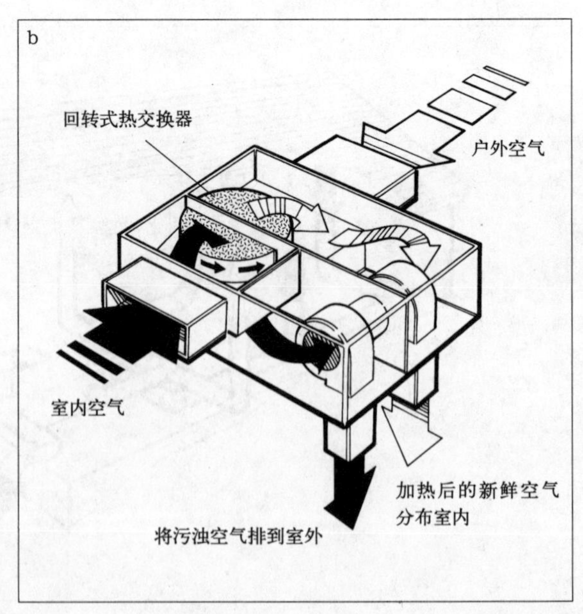

图 6–8
热回收通风设备是相对比较经济的，在提供新鲜空气的同时还可以储存热量。

冬天有风时，室内新风量过大，就需要更多的热量来维持室内舒适度。无法控制的自然通风不仅会降低室内舒适度，而且会带来巨大的采暖费用支出；而无风时，又无法获得足够的新风量来满足室内通风要求。结果，室内空气变得污浊，空气品质下降，影响人体健康。另外，无控制的通风还会把一些有害的化学品（如甲醛等）由围护结构外部的缝隙和裂缝中引入室内，降低人体的免疫力。

过多的空气渗透会把湿汽带进围护结构，导致保温能力下降。此外，湿气在墙壁凝结后从顶棚滴下，影响美观的同时又带来了房屋维护的问题。病菌也会在潮湿的围护结构中滋生，然后通过裂缝渗入室内引发疾病。

因此可以得到以下结论，通常情况下，气密性高并且安装了机械通风系统的建筑在不稳定的气候条件下更加舒适健康。最后一点：为了创造良好的居住环境，需要对室内空气置换量进行精确的控制。

6.3.4　空气过滤器

如果住宅建设时使用绿色建材，尽可能地消除或减少室内污染源，而且可以提供充分的室内新风，那么室内空气就应该符合绿色建筑居住标准。但事实证明，当居住者抽烟或使用头发喷雾剂、指甲油清洗剂、杀虫剂、清洁产品时，这些措施无法将其污染完全排除。此外，一些人对于化学物质甚至是松香都是非常敏感的，室内微量的污染物也会使他们产生过敏。

在这种情况下需要安装空气过滤系统。需要强调的是，新建建筑应尽量通过通风等措施提高室内空气品质，空气过滤器是最后一种选择。

选择空气过滤器时，市场上空气过滤器型号种类繁杂、价格相差很大，往往使人们购买时感到非常困惑，但事实上空气过滤系统只有两种基本类型：轻便式和整体式。

轻便式过滤器的价格在 \$80 ~ \$500 之间。整体式过滤器的价格会贵一些，其中包括安装费用。

1. 轻便式空气过滤器

轻便式空气过滤器通过对关闭通风系统的封闭房间连续不断的净化效果很好（图 6–9）。当通风系统开启时，需要过滤的空气体积就会超过它的净化能力。这种方法存在着一定的局限性，建筑必须能够

购买注意事项

在购买热回收通风设备时，一些制造商宣称他们的产品效率高达 90%，但在特定环境下的测试显示此类设备的效率大大降低。最好购买效率为 80% 的设备，它在工作过程中只有 10% 的热损失。

紧凑的房间布局可以提高主动通风采暖降温系统的运行效率，因为布局分散的房间冷风渗透量过大，导致冬天房间舒适性下降而且比较干燥，增加了采暖费用支出。因此紧凑的布局外加机械通风设备，就能创造一个舒适健康的居住环境。

约翰和林恩 · 玛丽 · 鲍尔，《健康的房子》(The Healthy House)

空气过滤仅是一种权宜之计，最有效的方法是从源头上减少或隔离污染源。

图 6–9
如图所示，由 Ultra Sun Technologies 生产的轻便式空气过滤器可以净化室内空气，但应建立在减少或消除室内污染源基础上。
（图片）由 Ultra Sun Technologies 公司提供

单独关闭采暖通风系统形成单独的封闭空间才能充分发挥过滤器的功效。

2. 整体式空气过滤器

整体式空气过滤器的作用是对整栋建筑的空气进行净化。安装整体式过滤器简单而又经济的方法是将过滤器安装在管道系统或主动通风系统的加热段，或与中央空调系统结合，这样系统就可在循环时利用过滤器对引入的空气进行净化。系统如要达到最佳运行效果，即使在轻度污染的房间里，风扇也必须每天运行几个小时，但是多数情况下房间污染严重（例如，家里铺设地毯、有吸烟者或有宠物），在空气污浊和微粒、细菌含量较高的时候系统必须增加运行时间以提高效果。

风扇耗电量低，对每月的支出影响不大。然而，风扇噪声很大，而且仅依靠普通玻璃纤维过滤器和空调过滤器是不够的，当吸收很大的颗粒时可能会损坏风扇的电动机和中央空调系统的盘管，所以普通过滤器无法有效保护易过敏的人和哮喘病人，需要经过特殊设计的空气过滤器来收集污浊气体或者微粒。

将住宅中的通风系统与中央空调系统或主动采暖系统集成运行后，一个单独的空气过滤器就足以净化经通风系统引入室内的新鲜空气，还能够通过采暖或者中央空调系统把污浊气体排出（图 6–7）。

对于被动式太阳能建筑而言，安装空气过滤器作为整个建筑机械通风系统的一部分是更好的选择，还可以选择在热回收通风设备中安装空气过滤器。费用大约在 $1000 ~ $2000 之间。

3. 过滤器的类型

根据过滤的对象不同，过滤系统还可分为两类：微粒型和气体型。微粒过滤器的工作原理是吸收悬浮的颗粒，如花粉，灰尘，头屑，细菌，烟灰或壁炉和炉子中燃烧物的灰烬（要注意壁炉和炉子产生的煤烟是过量一氧化碳的标志）。

4. 微粒过滤器

微粒过滤器根据吸附材料不同可分为三种基本类型：最常用的过滤器是卡板和塑料衬圈中含有玻璃纤维或者其他人造合成纤维将颗粒阻挡住。第二类是使用带静电的塑料薄膜或光纤材料吸附空气中的微粒。第三种类型是将织物纤维折叠后形成吸附材料。

微粒过滤器可消除房间空气中约 10% ~ 40% 的较大微粒。整个住宅因过滤空气的额外花费从 $1 ~ $15 不等。尽管费用并不高，但过滤器中的吸附材质必须每月更换，另外，大部分微粒过滤器主要吸附较大的微粒，更多较小的微粒则仍然留在室内。从健康观点来看，细小的微粒对人体造成的危害更大，因为细小的微粒能够避开人体呼吸系统的自然净化作用而深深地吸入肺中。重金属和杀虫剂等有毒物质往往依附在无毒的细小微粒上，这些微粒被肺膜吸收后能够导致严重的健康问题。中等大小的微粒也十分危险，因为它们可能引起过敏症和哮喘。

电子过滤器是更有效的过滤器，它能够吸收房间中 95% 的灰尘、泥土和烟灰等大的微粒。

大部分电子过滤器通电后就能吸附室内空气中的微粒。这些微粒在室内光滑的表面浮动，最后堆积在墙、顶棚上、地板、窗帘、桌面、宠物和人身上。尽管这种过滤器能有效消除空气中微粒，但是对堆积在墙壁和窗帘上的微粒则束手无策，这些微粒有可能再度在空气中传播。

电子过滤器由离子发生器、风扇和机械过滤器组成，价格并不昂贵，仅在 $50 ~ $150 之间。由于它是轻便式的，所以在每个房间都要配置一台或者使用一台在各个房间之间移动使用。

另一类电子过滤器是静电分离沉淀式。就像配有离子发生器的过滤器一样，通电后空气中微粒被吸附进过滤器而不是沉淀到室内。这种静电沉淀式过滤器价格较高。从 $150 ~ $1000 多不等。它的主要优点之一是能有效地捕捉空气中悬浮的泥土、灰尘和烟灰等较大的微粒，效率达到 95%。这种过滤器的优点之一在于其收集板，在收集板吸附各种微粒以后，能够放在洗碗机或者浴盆中清洁，然后再次使用。无需多次更换价格昂贵的过滤网。尽管这种过滤器能有效地消除较大的微粒，但对于较小的悬浮颗粒只有 10%左右的过滤效率。

5. 气体过滤器

很多家庭都为大量的气体污染物而烦恼，尤其是从地毯、油漆、家具和木制品中挥发出的有机化合物。这些污染物质必须用气体过滤器来消除。

典型的气体过滤器都配有吸附材料，多采用活性炭或者活性氧化铝。这些多孔渗水材料表面积很大。气体分子通过过滤器时会粘附在它们表面。

活性炭过滤器是市场上最常见的类型，它们能够很好地吸收苯和丙酮等物质的挥发性微粒。可是，这些污染物质在室内并不像甲醛一样常见。“加工过的”活性炭过滤器和含有注入高锰酸钾的活性氧化铝的气体过滤器可以吸收甲醛。一些制造商出售的气体过滤器包含活性炭和活性氧化铝两种物质。尽管我们讨论的过滤器是吸收气态的污染物质的，它同时也可以吸入微粒造成堵塞，将过滤器放置在逆风的位置可以解决这个问题。

6. 混合型过滤器

由于没有一种空气过滤器能够消除室内所有的空气污染物质，很多制造商开发出配有气体和微粒两种过滤功能的过滤器以确保能得到最佳效果。例如Enviracare 生产的轻便式室内过滤器，配有微粒过滤器消除灰尘、花粉和烟尘等污染物质，气体过滤器能消除油烟味、油漆味和新地毯及其他人造材料散发的挥发性有机化合物（VOCs），这种产品售价约为 \$380，其中可更换的过滤部件约为 \$60。

Sun Pure 空气清洁器是一种便携式的清洁器，含有六道过滤装置（图 6-9）。吸入的空气首先通过第一个过滤层（机械式的），吸收大量微粒。然后通过第二层，吸收甲醛和 VOCs 等空气物质。第三层是含活性炭的气体过滤层，可以吸收各种难闻的气味和气体污染物。第四层是 HEPA 过滤层（高效率微粒积聚器）用以吸收更小的微粒，例如花粉、真菌孢子、微小灰尘、烟雾和大多数能引起哮喘和过敏的细菌。第五层是可以杀死致病有机体的紫外线灯。最后一层过滤器是产生负离子的电离室，可以帮助失眠者提高睡眠质量。

Sun Pure 空气清洁器的价格为 \$579。尽管这种过滤器的过滤效果非常理想，但是过去 20 年的医学研究表明，完全无菌的环境对于人体的长期健康可能有害，适当的有菌环境对提高人体免疫力、保持健康是有益的。完全无菌的环境，会导致免疫系统变弱，这就是为什么美国儿童过敏和哮喘病比例迅速上升的原因。

7. 评估空气过滤器的效率

当购买空气过滤器时，要考虑过滤器的吸附对象和效率，也就是它吸收房间污染物的效率。过滤器的效率是该过滤器吸附或消除空气中微粒和气态污染物质的量与通过过滤器空气总量的比例。

过滤器的效率取决于通过过滤部件的空气量及对颗粒和空气污染物的过滤效果。

但是，现在还没有官方的标准来评价空气过滤器的效率。美国哮喘过敏基金会，曾两次请食品与药物管理专家组推荐全国性的标准，但是都没有成功。因为专家认为在空气过滤器改善人类健康方面研究数据不足，无法推荐全国性的标准。所以，消费者购买过滤器时只能依靠以下信息来源：(1) 制造商的宣传，但可能会受误导；(2) 由美国采暖制冷空调工程师协会（ASHRAE）和建筑设备制造商协会（AHAM）制定的标准。消费者可以查看产品上是否带有标签（标明该产品已通过官方测试），并与其他同型号的产品进行比较后购买。现在尚没有任何健康方面的评价体系。

美国采暖制冷空调工程师协会（ASHRAE）为颗粒过滤器开发了一种最简便有效的评估标准（MERV）。正如美国采暖制冷空调工程师协会（ASHRAE）粉尘污染和除尘设备专业技术委员会委员查尔斯 · 罗斯所说："这种评估体系（MERV）是根据不同的空气净化器从空气中滤出粉尘量的百分比，得到的从 1 ~ 16 的数字。数字越高表明从空气中滤出粉尘的效率越高。"

2000 年 2 月，美国采暖制冷空调工程师协会（ASHRAE）宣布了一个评价颗粒过滤器效率的新标准。该标准能够评价空气过滤器对不同大小颗粒的过滤效率，避免了如商家宣称其过滤器的效率可以达到 90%，但并没有告诉消费者这个数值是针对哪种尺度的微粒所造成的误导消费。

便携式空气净化器通常是由家用电器制造商协会（AHAM）评测，产品上的标签列出了空气净化率（CADR）——衡量空气净化器去除空气中的烟雾、灰尘和花粉等污染物效率的一项指标。根据家用电器制造商协会（AHAM）的说明，空气净化率（CADR）——单位时间与体积过滤的空气量只针对某种特定的空气净化器。如某种净化器对烟雾的空气净化率（CADR）为 380，那么它达到的净化效果相当于每分钟增加 380ft^3 的无尘空气。空气净化率（CADR）的值越高，空气净化器的效率越高。

美国采暖制冷空调工程师协会（ASHARE）和家用电器制造商协会（AHAM）的标准只能应用于评价颗粒状的污染物，此评价方法较复杂且不够精确，容易误导消费。而对气态污染物的净化效率的评价则比较简单直接（不用考虑粉尘颗粒的影响），因而并没有太多歪曲的空间。

需要进行空气过滤的场所

- 房屋不是使用绿色生态材料建造和装修的
- 没有采取措施来隔离房间内建筑材料产生的潜在的有害气体
- 燃烧源是来自于室内封闭的空气
- 房间内湿度过大，例如寒冷天气下玻璃产生冷凝，在表面生长真菌和霉菌。
- 空气不新鲜且气味不好
- 有残留的臭气
- 搬家或安装新设备、添置新家具后生病
- 家里有人吸烟
- 经常使用有毒的家用品，例如喷雾发胶和杀虫剂。

"尽管美国食品及药品监督管理局（FDA）没有相应的健康标准，"美国哮喘过敏基金会认为，"还是应该将某些便携式空气净化器作为二级医疗设备。"为了获得好评，制造商必须证明其产品的安全性以及在医学方面的贡献。"必须要有实验室的检测证明和美国食品及药品监督管理局（FDA）的二级设备证明。如果没有FDA的证明，购买之前一定要检查FDA的医疗设备清单。"

AAFA建议购买可以在一小时内循环8～10个房间的空气净化系统。虽然不能保证彻底净化空气，但至少要比达不到这个标准的空气净化系统优越。哮喘病患者应选择能够除掉空气中90%的直径大于0.3微米颗粒的空气净化系统。大多数室内过敏源颗粒的尺寸要比这个数值大，达到这个标准的净化器都能够轻易过滤这些过敏源颗粒。消费者也可以购买带高效微粒采集器（HEPA）的系统来达到这个目的。

多数厂家出售的带高效微粒采集器（HEPA）的过滤系统其效率都能超过99%，是目前市场上最有效的微粒净化器，并且能够持续使用5年。实际上它们还具有额外的功能。一台效率中等的净化器就能将困扰过敏症和哮喘病患者的微粒过滤掉，HEPA净化器可以用于患者卧室等对洁净度要求较高的地方。

8. 房间是否需要空气过滤器？

设计合理，通风良好的房屋一般不需要空气过滤器，但是建造者或房主如何确定房子是否通风良好？

幸运的是，现在有很多方法可以测试空气是否污染。例如，聘请一位专业人士来检测空气质量，也可以租或买一套设备自己测试，只是这个方法较为耗钱耗时。简单地说，你可以自己对房间空气进行检测，但检测结果往往说明需要对房间进行通风和空气净化。

9. 防止化合物过敏症

当家中有人患化合物过敏症（MCS）的时候，空气净化极为必要。空气过滤器虽然可以防止一些过敏症状的产生，但是可能会带来更多的问题，给人们带来很多烦恼。

某些空气过滤器本身会产生一些额外的污染物，从而给患有化合物过敏症（MCS）的人带来副作用。例如，某些净化器里面的玻璃纤维或涤纶纤维可能含有引发过敏的合成纤维。为了增强净化能力，有些生产商让净化器喷洒上一层油，而这层油就可能对容易过敏的人产生副作用。此外，某些净化器利用化学物质来除掉霉菌和其他微生物，也容易使人产生过敏。一个解决办法是将净化器放在烤箱中用200°F的温度烤两个小时，不过首先要参考使用说明，因为这样做可能会使某些净化器失效。另一个解决办法是在过滤器中再安装一个顺风设置的颗粒净化器。

另一个关于净化器的问题是它们会产生微量的臭氧（尤其是静电加速器和负离子生成器）。尽管少量的臭氧对大多数人没有什么影响，但对易过敏的人还是会产生影响。另外一种使用特殊塑料制成的静电空气过滤器也会对一些人产生影响。

气体净化器的吸收媒介也会引起过敏。由椰子壳氧化制作而成的活性炭净化器影响还小一些，但是由煤炭提取的活性炭净化器影响就比较严重了。

6.4 被动利用太阳能和新风

真正的被动式太阳能建筑一体化设计在力求良好的舒适度和健康的内部环境的同时，追求一个更远大的目标：保护环境不受破坏。如果一个节省能源的被动式太阳能建筑使业主感到不适，并对环境的生态系统产生破坏，那么它还有什么好处呢？当设计和建造房屋时，一定要考虑本章所讨论的策略，从而达到减少或消除室内空气污染的目的。

第7章 被动式建筑的设计与评估

被动式设计出色的住宅设计要求技术、工程、艺术和灵感的完美结合。只有当建筑师充分听取各方意见，实现设计、材料以及方法的最佳组合才能达到最佳的效果。设计的目标是追求全天的舒适度，同时尽可能的降低对常规能源的消耗，减少对生态系统的影响。

一体化设计能降低在被动式设计中出现失误的可能性。实践证明，被动式太阳能设计中一个微小的错误可能会带来长久的不适，甚至会比预期的还要严重，同时加重对外部环境的不利影响。怎样才能设计出成功的被动式住宅呢？

7.1 被动式设计的基本原则

在第 1 章我们提出了被动式设计的 14 条原则。它们是建筑设计的出发点，下面有必要回顾一下：

首先，选择好的朝向。好的朝向可以使建筑从上午 9 点到下午 3 点都能接收直射的太阳光，从而利用被动式太阳能采暖。其次，建筑朝向应为正南偏东或偏西 10° 范围以内。在被动式设计中，矩形建筑平面的采暖效果是最好的。当设计者勾画草图时，一定要注意南向窗户，按照第 3 章中所提出的原则，北面、东面、西面的窗户尺寸尽量要小。另外，在住宅设计时要加入挑檐，景观设计时要有遮阳措施。如果要从阳光中得到超过 25% 或 30% 的热源，一定要有附加的蓄热体来与大尺寸的直接受益窗相适应，并将它放于最佳位置。

被动式设计要求建筑围护结构有很好的保温隔热性能，应参照当地节能设计标准进行围护结构构造设计。由于许多保温隔热材料受潮之后性能会变差，所以设计时要采取措施避免保温隔热材料受潮或选用受潮后 R 值不会降低的保温隔热材料。防潮和通风系统对保持墙和屋面保温隔热材料的干燥也有帮助。通风系统对保证室内空气质量有好处。最好采用无毒无污染的建筑材料、涂料、染料、油漆和家用电器。

进行平面布置时，要尽可能使大多数房间可以直接接受太阳辐射热。开敞式的平面设计方案使太阳辐射热量分布均匀。然而，为了最佳的舒适度和功能分配，设计时要考虑电脑室和书房等房间无直射阳光。同时，室内要考虑日常空间的使用方式和日照的关系。早晨使用频繁的区域应位于建筑的东南侧。

另外，为了充分的保温隔热，被动式建筑要对空气渗透进行控制。把漏洞和裂缝密封从而减少空气渗透，但是要保证新鲜空气的流通。如果可能的话，通过景观、覆土和植被来抵御寒风。

当选址完成后，许多建筑师都会估算建筑的能耗情况，他们以此确定是否达到被动式设计的目标并且可以用能耗分析结果来指导辅助采暖和降温系统的设计。设计者可以通过手算或利用计算机程序来对建筑能耗进行估算预测。

7.2 手算分析建筑能耗

能耗情况可以通过一系列的计算来估计，通常利用计算表来帮助计算。笔者将对此步骤进行概述，读者也可以参考其他被动式太阳能设计的书，例如 James Kachadorian 编写的《被动式太阳能住宅》(《The Passive Solar House》)，对该计算过程有着详细的介绍包括计算的方程、计算表、参考表格和方法的扩展解释。在这部分里，作者将以康涅狄格州纽黑文的一个被动式太阳能建筑为例介绍计算过程，这本书是理解这些概念和进行能耗计算时不可缺少的参考书。

对建筑的能耗进行手算，先要确定围护结构的 R 值，从墙壁和屋面开始。表 7-1 列出了所有组成构件的 R 值。对于外墙壁，总 R 值为面层、外墙盖板、保温隔热层、清水墙和空气夹层的 R 值之和（如果存在冷热桥应在结果总和中扣除）。在此例中，建筑外墙的 R 值约为 21.4，屋面的 R 值约为 32.6。对于常见的构造，建筑师可以直接查阅相关手册而不必一点点计算出来。

所有组成构件R值 **表7–1**

外墙总热阻值		屋顶总热阻值	
项目	R	项目	R
风速15 英里每小时(室外)	0.17	风速15 英里每小时(室外)	0.17
1in厚松木板	1.25	15号毛毡纸	0.06
1in厚舌榫泡沫保温板	5.00	0.5in厚胶合板	0.62
0.5in厚胶合板	0.62	9in真空玻璃棉保温层	30.00
3.5in真空玻璃棉保温层	13.00	6 mm厚聚乙烯塑料	忽略不计
6 mm厚聚乙烯塑料	忽略不计	0.5in干墙体	0.64
0.5in干墙体	0.64	空气间层	0.68
空气间层	0.68	总热阻值=	32.61
总热阻值=	21.36	总传热系数=1/32.61=	0.0307
总传热系数=1/21.36=	0.0468		

确定了墙壁和屋面的 R 值后，设计师必须把他们转算为 U 值。在第 2 章我们知道，U 值实际上就是 R 值的倒数。

设计师利用 U 值以及墙壁和屋面的表面积来确定其热损失。完成计算后，设计师必须确定窗户的 U 值；同时确定窗户的面积，计算玻璃的热损失，基础热损失也要计算在内。

由于建筑外围护结构的构件裂缝同样会产生热损失，设计师必须估算出加热正常流入房间中的冷空气所需要的热量。而在被动式建筑中，换气效率最好在每小时 0.35 ~ 0.5 次之间。《The Passive Solar House》中列出了估算需要的公式。

墙壁、屋顶、窗户和空气渗透产生的热损失总和就是这个建筑总的热损失。表 7–2 中以每小时 Btus 为单位表示其结果。

在确定了建筑外围护结构的热损失后，设计师就可以估算所获得的太阳能——即通过太阳照射建筑获得的热能。获得的太阳能取决于表格（表 7–3）中列出的得热因子，表格同时列出了东、西、南向的窗户获得的太阳能。必须采用建筑所处的地区的气象数据。

表格中的得热率可以用来确定每扇窗户获得的热量，用得热率乘以玻璃的面积（ft^2）和

总耗热量 **表7–2**

项目	耗热量[Btus/(h · °F)]	占总耗热量的百分比(%)
外墙	76.14	17
屋顶	46.67	11
冷风渗透	174.77	40
门窗	141.14	32
	总计= 438.72 Btus/(h · °F)	

表7–1～表7–7摘自《The Passive Solar House》James Kachadofian（Chelsea Green，1997）。

北纬40度地区的太阳热得热因子 **表7–3**

月份	日照时间占全天的百分比(%)	天数(d)	东向	南向	西向
9月	57	30	787	1344	787
10月	55	31	623	1582	623
11月	46	30	445	1596	445
12月	46	31	374	1114	374
1月	46	31	452	1626	452
2月	55	28	648	1642	648
3月	56	31	832	1388	832
4月	54	30	957	976	957
5月	57	31	1024	716	1024

所有朝向的太阳得热汇总（×10^6 Btus）　　表7–4

月份	东向		南向		西向		总 计 (millions Btus)
9月	0.86	+	3.72	+	0.47	=	5.05
10月	0.66	+	4.37	+	0.37	=	5.40
11月	0.39	+	3.57	+	0.21	=	4.17
12月	0.34	+	3.58	+	0.19	=	4.11
1月	0.41	+	3.75	+	0.22	=	4.38
2月	0.63	+	4.09	+	0.35	=	5.07
3月	0.92	+	3.90	+	0.50	=	5.32
4月	0.99	+	2.56	+	0.54	=	4.09
5月	1.15	+	2.05	+	0.63	=	3.83

考虑遮阳系数的月太阳得热（×10^6 Btus）

表7–5

月份	SC		月总计		总计
9月	0.88	×	5.05	=	4.44
10月	0.88	×	5.40	=	4.75
11月	0.88	×	4.17	=	3.67
12月	0.88	×	4.11	=	3.62
1月	0.88	×	4.38	=	3.85
2月	0.88	×	5,07	=	4.46
3月	0.88	×	5.32	=	4.68
4月	0.88	×	4.09	=	3.60
5月	0.88	×	3.83	=	3.37

每个月照射的天数。然后把得到的数据再乘以日照的百分比。将这些数值填到表格中加起来便可得到一年中每个月东、西、南向窗户获得的太阳热量（表 7–4）。将获得的热量再进行调整从而抵消阴影系数(SC)，最终的结果就是每月获得的太阳热量（表 7–5）。

接下来，设计师必须计算每月需要的热量：即一年中每个月建筑所需要的热量。这个数值可以通过下面的方法得到：每月总热损失乘以每月的采暖度日数（h），这项数据可以从参考表格（表 7–6）得到(太阳得热率、日照百分比的数值可以在书中找到)。

知道每个月的热需求（热负荷）和每个月太阳得热量，就可以计算出每个月的太阳能采暖保证率。如表 7–7 所示，年热负荷和太阳得热量的差就是平均一年必须依靠辅助供热系统提供的热量。

建筑月热负荷　　表7–6

月份	耗热量[Btus/(°F · d)]		度日数		月耗热量(millions Btus)
9月	10529*	×	117**	=	1.23
10月	10529	×	394	=	4.15
11月	10529	×	714	=	7.52
12月	10529	×	1101	=	11.59
1月	10529	×	1190	=	12.53
2月	10529	×	1042	=	10.97
3月	10529	×	908	=	9.56
4月	10529	×	519	=	5.46
5月	10529	×	205	=	2.16
			Total	=	65.17

* 438.72Btus/(h · °F)×24h/d=10529Btus/(°F · d)

** 见附录

建筑性能表（$\times 10^6$ Btus） 表7-7

月份	热负荷	太阳能供热量	辅助热源补热量
9月	1.23	4.44	0
10月	4.15	4.75	0
11月	7.52	3.67	3.84
12月	11.59	3.62	7.97
1月	12.53	3.85	8.68
2月	10.97	4.46	6.51
3月	9.56	4.68	4.88
4月	5.46	3.60	1.85
5月	2.16	3.37	0
	总计=65.17		总计=33.73

将每月的热负荷和太阳得热量分别求和便可确定每年的热负荷和太阳得热量。这些值可以确定出每年利用的太阳能占建筑总能量需求的百分比。在附表中，热负荷是 6.5×10^7Btus，太阳得热量是 3.37×10^7Btus. 用太阳得热量除以热负荷，就可以得出这栋建筑每年获得的太阳能大约占建筑总能耗的 52%。

如果设计师对这个结果不满意，可以添加保温材料，增加南向的窗户和其他细部构件的保温性能从而减少由建筑物围护结构造成的热损失，同时增加太阳得热量，然后再次进行分析，如果调整后的结果仍然不尽如人意，可以再次进行调整和数据分析直到满足要求。类似的计算需要在寒冷季节进行，以便预测建筑在冬季的各种性能指标。

7.3 利用计算表和计算机软件对建筑能耗进行分析

即使有计算表的帮助，用手算对建筑能耗进行分析，仍然是一项艰难、枯燥、耗时的工作，而且很容易出错。因此，我们可以使用更快捷、准确的方法——能耗分析软件。利用计算机程序进行能耗分析，可以将影响建筑性能的众多因素都考虑在内，从而确定建筑性能。

利用计算机程序不仅计算速度更快，还可以进行综合的分析。对于大多数建筑师来说，计算机辅助设计是必需的。国家可再生能源实验室的被动式设计专家 Ron Judkoff 指出：利用建筑能耗模拟软件来设计建筑“即使在家用电脑上运行也是很快的”。

对被动式太阳能建筑进行软件能耗分析有三个非常重要的部分：(1) 年能耗设计分析，包括降温和制热；(2) 住宅和商用结构最低能耗设计分析；(3) 特定区域设计。大多数程序在初步设计甚至概念设计阶段即可进行分析。

本章中，笔者将回顾建筑分析软件。这些计算机程序不是用来绘图，而是用来分析能耗情况的。另外读者可以参考工具目录以寻求更多的工具软件。工具目录上有超过 200 种与建筑能源相关的软件，并定期更新，这些软件都包含可再生能源、高能效、及其他和可持续发展有关的分析和辅助设计功能。

建筑能耗模拟分析软件

建筑能耗模拟分析软件有以下四类：

1. 建筑整体能耗分析软件；

2. 法规和标准评估软件；

3. 材料、构件、设备选型及设计软件；

4. 综合型软件，如能耗经济分析、空气污染分析和水资源保护分析软件等。

对于想要得到关于计算机软件的完整列表的美国、加拿大以及世界其他国家的建筑师、业主、技术人员、施工人员和研究者等，请访问建筑技术能源办公室的网站 www.eren.doe.gov/buildings/tools_directory/

7.3.1 BuilderGuide

BuilderGuide 是华盛顿可持续发展委员会（SBIC）开发的一款能耗分析软件，它有 Windows 版本和 DOS 版本但没有 Macintosh 版本，软件附有一本《Passive Solar Design Strategies》。可以针对建筑所在的基地，调整程序参数设置。

《Passive Solar Design Strategies》的第一和第二部分对被动式太阳能作了简要介绍，包括节能、蓄热、朝向、南向玻璃等。第三部分为读者所处的区域提供被动式设计方法。该部分包括太阳特性设计、直接得热、附加阳光间及蓄热墙体相关的信息，还将帮助设计师确定门窗尺寸，容量及挑檐等其他建筑构件。

《Passive Solar Design Strategies》的第四部分是 4 张计算表，为设计师提供必要的数据，以通过手算对设计进行能耗分析。

《Passive Solar Design Strategies》所提供的工作表方便了用户在设计的任何阶段进行能耗分析。在设计一开始就进行分析使设计师有机会优化自己的设计，从而达到其设计目标。

图 7–1 显示的计算表 I，用于计算保温性能指标——即年均采暖负荷。年均采暖负荷是在特定区域内建筑达到良好的舒适度水平所需的热量，这取决于采暖度日数和建筑外围护结构及基础通过传热和空气渗透所造成的热损失。采暖负荷以“Btus/(ft^2 · a)”为单位。

然后把该建筑与传统建筑相比。例如，在 Grand Junction, Colorado 一栋 1500ft^2 条形框架结构的被动式太阳能建筑，大约需要 27000 Btus 的能量，而一栋相同大小的普通建筑每年每平方英尺则需要大约 43000 Btus 的能量。

工程信息

工程名＿＿＿＿＿＿ **建筑面积**＿＿＿＿＿＿

位置＿＿＿＿＿＿ **日期**＿＿＿＿＿＿

设计者＿＿＿＿＿＿

表Ⅰ　围护结构民热量

A．外围护结构耗热量

建筑构件	面积		R 值（表A）		耗热量
顶棚／屋顶		÷		=	
		÷		=	
墙体		÷		=	
		÷		=	
隔热地板		÷		=	
		÷		=	
无得热窗		÷		=	
		÷		=	
门		÷		=	
		÷		=	

＿＿＿＿ Btu/(°F·h)
总值

B．周边基础耗热量

构　件	周长		耗热量系数（表B）		耗热量
地面		×		=	
采暖地下室		×		=	
非采暖地下室		×		=	
防寒沟		×		=	

＿＿＿＿ Btu/(°F·h)
总值

C. 渗透耗热量　＿＿＿＿（建筑容积）×＿＿＿＿（每小时空气交换值）0.018 =＿＿＿＿ Btu/(°F·h)

D. 每平方英尺总耗热量　24 ×＿＿＿＿（总耗热量（A+B+C））÷＿＿＿＿（地面面积）=＿＿＿＿ Btu/(DD·sf)

E. 围护结构耗热量　＿＿＿＿（每平方英尺耗热量）×＿＿＿＿（采暖度日数（表C））×＿＿＿＿（综合采暖度日数（表C））=＿＿＿＿ Btu/(年·sf)

F. 围护结构耗热量水平（根据先前的计算结果或者根据表D的数值）＿＿＿＿ Btu/(年·sf)

对比E和F

图 7–1

本计算表格通过墙体 R 值、基础的耗热量等背景信息来估算建筑外围护结构耗热量情况，为被动式太阳能设计提供指导。

计算表Ⅱ辅助采暖性能分析

A．直接受益窗的有效得热面积

太阳能采暖构件编号	外轮廓面积		总的面积系数		调整系数(表E)		有效集热面积
______	______	×	0.80	×	______	=	______
______	______	×	0.80	×	______	=	______
______	______	×	0.80	×	______	=	______
______	______	×	0.80	×	______	=	______
______	______	×	0.80	×	______	=	______
______	______	×	0.80	×	______	=	______ sf
	______ 总面积						______ 总有效集热面积

B. 单位有效得热面积日负担的负荷 24 × ______ ÷ ______ = ______

总耗热量（表Ⅰ）　总有效集热面积

C．单位集热面积集热量

太阳能采暖构件编号	集热面积		单位集热面积集热量（表F）		
______	______	×	______	=	______
______	______	×	______	=	______
______	______	×	______	=	______
______	______	×	______	=	______
______	______	×	______	=	______
______	______	×	______	=	______
______	______	÷	______	=	______

______ ÷ ______ = ______

总值　总集热面积　集热量

D. 辅助采暖占总能耗的百分比 $\left[1-\frac{\text{\_\_\_\_\_\_}}{\text{集热量}}\right] \div \frac{\text{\_\_\_\_\_\_}}{\text{围护结构性能（表Ⅰ，E）}}$ = ______ Btu/（年·sf）

E. 辅助采暖程度（根据先前的计算或者是根据表G的数值）

______ Btu/（年·sf）

对比D和E

图7–2

本计算表格用来计算太阳得热和辅助采暖的需求。

在《Passive Solar Design Strategies》中图 7–2 提到的计算表 II，提供了计算辅助采暖性能指标即建筑通过被动式太阳能设计获得的热量及通过辅助供热获得的热量。

图 7–3 中提到的计算表 III，用于计算在没有辅助供热系统的情况下建筑预期的温度波动。

温度波动是由被动式太阳得热量及蓄热体等多种因素造成的。这个工作表要求设计师在建筑设计中提供在第 3 章中提到的附加蓄热体和主动蓄热体的信息。如果对分析的结果不满意，设计师可以通过增加更多的蓄热体来减少温度波动。正如第 1 章和第 3 章里提到的，附加的蓄热体可以营造稳定、舒适的室内热环境。

设计师可以用图 7–4 第 4 个工作表来确定降温的性能——即冷负荷——同时还应考虑建筑内外得热。

这些工作表等同于以前提到过的手算过程。《Passive Solar Design Strategies》这本书中包含设计师用来计算的具体数据。例如窗户和屋面 *R* 值及采暖度日数。这样，设计师不需要花几小时查阅参考书或搜寻图书馆中的技术信息来为设计进行能耗分析。

1.BuilderGuide：软件版本

和手算法一样，工作表计算法也需要相当长的时间和大量的计算。因此，被动式太阳能研究委员会即著名的可持续建筑研究委员会，提供了 BuilderGuide 工作表的软件版，即 DOS 版和 Windows 版（没有 Macintosh 版本）。

DOS 版本价值 $50，是帮助设计师完成工作表的计算机化的分析表。Windows 版本价值 $100，是一个更为成熟的能耗分析软件。与工作表或 DOS 版本相比，用户输入数据更迅速。当安装了程序之后，你所做的只是简单地新建一个工程任务，选择所处区域并给这个工程命名。程序打开后屏幕中包括一个窗口与八个表格（图 7–5）。前七个表格扩展开可以用来记录建筑的各个不同构件的细节如墙体、窗户和蓄热体。第八个表格帮助用户访问能耗分析程序，这一程序决定了冷、热负荷，太阳能得热率，辅助得热设备和温度波动。

各项建筑构件的数据输入以后，点击屏幕窗口空白区域打开一个窗口，将会显示一系列的选项。例如，输入墙体的具体情况后，会出现可供选择的很多类型的墙体结构及其 *R* 值的选项窗。选择完墙体结构类型后，设计师输入墙体面积或输入墙体尺寸由软件来计算面积。

表III　蓄热体／舒适度

A. 纸面石膏板和室内家具的比热容

	建筑面积		比热容		单位比热容	总值
直接受益房＿＿＿＿	＿＿＿＿	×	4.7	=	＿＿＿＿	
占直接受益房相连的空间＿＿＿＿	＿＿＿＿	×	4.5	=	＿＿＿＿	Btu/°F
					总值	

B. 直接得热围护结构的比热

蓄热体选项（包括厚度）	面积		单位比热容（表 H）		总比热容	
特隆布墙＿＿＿＿	＿＿＿＿	×	8.8	=	＿＿＿＿	
水墙＿＿＿＿	＿＿＿＿	×	10.4	=	＿＿＿＿	
直接受益墙＿＿＿＿	＿＿＿＿	×	13.4	=	＿＿＿＿	
非直接受益墙＿＿＿＿	＿＿＿＿	×	1.8	=	＿＿＿＿	
＿＿＿＿	＿＿＿＿	×	＿＿＿＿	=	＿＿＿＿	
＿＿＿＿	＿＿＿＿	×	＿＿＿＿	=	＿＿＿＿	
					＿＿＿＿	Btu/°F
					总值	

C. 与直接受益房连接的蓄热体的比热容

蓄热体选项（包括厚度）	面积		单位比热容（表 H）		总比热容	
特隆布墙＿＿＿＿	＿＿＿＿	×	3.8	=	＿＿＿＿	
水墙＿＿＿＿	＿＿＿＿	×	4.2	=	＿＿＿＿	
＿＿＿＿	＿＿＿＿	×	＿＿＿＿	=	＿＿＿＿	
＿＿＿＿	＿＿＿＿	×	＿＿＿＿	=	＿＿＿＿	
					＿＿＿＿ 总值	Btu/°F

D. 总比热容　＿＿＿＿ Btu/°F

(A+B+C)Btu/°F

E. 每平方英尺总比热容　＿＿＿＿ ÷ ＿＿＿＿ = ＿＿＿＿ Btu/(°F · sf)

总比热容　　合适的房屋面积

F. 冬季白天温度的波幅

	总建筑面积（表II）		舒适度（表I）		
直接得热＿＿＿＿	＿＿＿＿	×	＿＿＿＿	=	＿＿＿＿
阳光间或开口特隆布墙＿＿＿＿	＿＿＿＿	×	＿＿＿＿	=	＿＿＿＿

总值 ÷ 总比热容 = ＿＿＿＿ °F

G. 建议最大的温度波幅　＿＿＿＿ °F

比较 F 和 G

图 7–3

这张工作表格帮助设计师在没有运行辅助采暖系统的情况下估算室内的温度波动。

表Ⅳ　夏季降温性能分析

A. 不透明表面

选项	热损（表 I）		辐射屏蔽系统（表 J）		吸收比（表 K）		得热系数（表 L）		负荷
顶棚／屋顶		×		×		×		=	
		×		×		×		=	
		×		×		×		=	
墙		×	na			×		=	
		×	na			×		=	
门		×	na			×		=	

______ kBtu／年

总值

B. 非直接受益窗

选项	窗框内总面积		净面积系数	阴影衰减系数（表 M）		得热系数（表 L）		负荷
北向窗		×	0.80		×		=	
		×	0.80		×		=	
东向窗		×	0.80		×		=	
		×	0.80		×		=	
西向窗		×	0.80		×		=	
		×	0.80		×		=	
天窗		×	0.80		×		=	
		×	0.80		×		=	

______ kBtu／年

总值

C. 直接受益窗

太阳能系统选项	窗框内总面积		净面积系数	阴影衰减系数（表 M）		得热系数（表 L）		负荷
直接得热		×	0.80		×		=	
		×	0.80		×		=	
蓄热墙		×	0.80		×		=	
		×	0.80		×		=	
阳光间		×	0.80		×		=	
		×	0.80		×		=	

______ kBtu／年

总值

D. 内部得热　______ 固定构件（表N）＋（______ 可变构件（表N）× ______ 卧室的数量）＝ ______ kBtu／年

E. 每平方英尺的冷负荷　1000 × ______ (A+B+C+D) ÷ ______ 建筑面积 ＝ ______ kBtu／年

F. 蓄热和通风的调整　______ (表O)　Btu／（年·sf）

G. 降温性能分析　______ (E ~ F)　Btu／（年·sf）

H. 降温性能比较（根据先前的计算结果或者根据表 P 的数值）　______ Btu／（年·sf）

对比 G 和 H

图 7–4

这张工作表格用于计算自然采暖降温性能的数值。

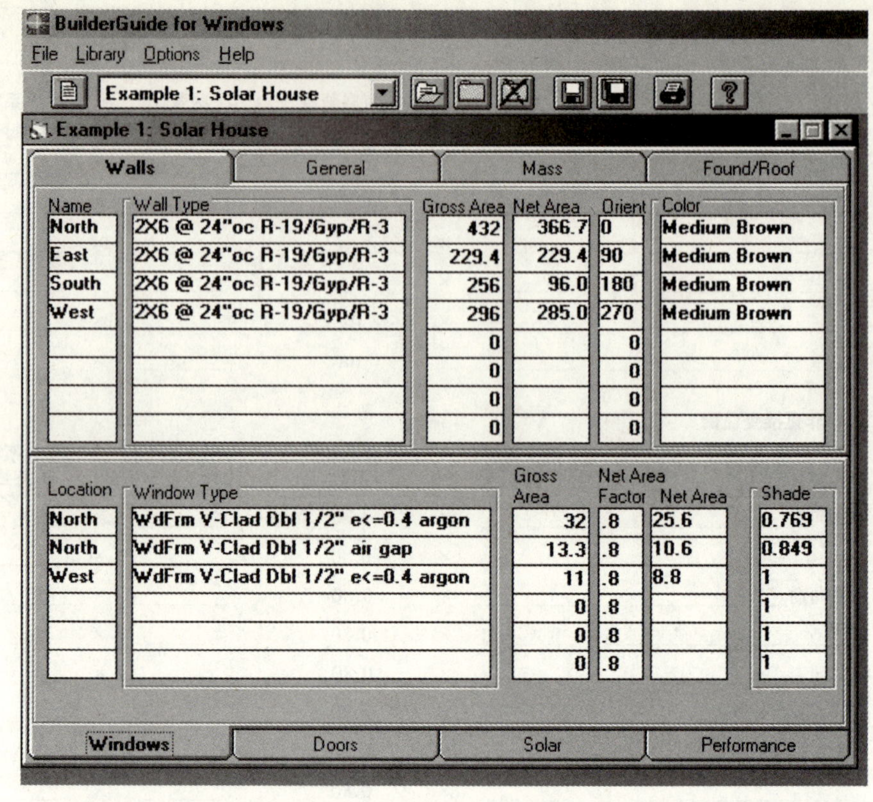

图 7–5

Windows 系统下的 Builder Guide

打开软件后屏幕上有八个表格。点击前七个中的每一个输入数据，完成后点击最后一个测定能耗效果。还可以改变数值来提高全年的效果。

如果表格中没有需要的数据，可以点击结构库——建筑构件信息的资料库，增加数据。笔者在很短的时间里就在数据库里添加了关于秸秆墙和土坯墙 R 值的信息。

因为 Windows 系统有高度的自动化，所以 Windows 系统下的 BuilderGuide 的表格输入速度要比填写工作表或 DOS 表格程序更快。一旦墙体、门窗、蓄热体等一系列数据输入完毕，就可以自动进行性能分析了。

BuilderGuide 提供两种分析模式。第一种分析提供年均采暖负荷（保温性能指标）、潜在太阳能采暖负荷（占总的热负荷的百分比）、附加采暖设备（辅助采暖性能指标）。它还提供温度波动表和降温负荷（夏季降温性能指标）。也就是说这个软件可以提供通过填写工作表得到全部信息。和工作表一样，BuilderGuide 可以为设计提供能耗数据，同时也提供基本建筑设计数据，可与用标准方法建造的建筑数据进行比较。

第二种分析是提供墙、门、窗、基础、楼板、屋面以及空气渗透等产生的热损失。这对精确定位需要改善部分的位置至关重要。

BuilderGuide能迅速、高效地进行性能分析，其结果可以打印和存盘以做日后参考。如果结果未达到预期目标，设计师可以通过处理各种建筑构件来改进建筑长期的能耗性能。例如，设计师可以增加保温材料，把开窗转到南向以更好地接受阳光，同时增加蓄热体。然后再次进行技术能耗分析并与第一次的方案作比较。如果这些变动仍未能达到设计师的能耗目标，还可以作其他修正。

2.BuilderGuide的优缺点

BuilderGuide是一套很好的设计工具，具有较高的使用价值。可持续建筑发展委员会能够提供设计者所在地的数据，从而节省了时间和精力。

只要增加一些费用，用户就能订购美国239个地点中任何地区的太阳得热量和采暖度日数，其中包括阿拉斯加的大部分区域。如果拟建建筑物所处城市（镇）不在数据库范围之内，还可以订购含有该市（镇）附近城镇数据的软件。

BuilderGuide的参考手册除了对运行程序的介绍外，还包含有用的例子、关于各种技术术语的背景知识以及专业术语表。软件用户界面功能强大。使用者还可以从SBIC处购买附加软件（WinGuide），用于与所处地区1993能源模式规范的要求比较。

BuilderGuide也有几个小缺点。如参考手册中就有几处小的印刷错误，但不会对内容的理解造成障碍。参考手册中所选取的计算机窗口图例难以辨认，如程序图片中的文字字号太小以至于看不清。另一个问题是打印输出的能耗分析和不如屏幕显示的版本完整。

另外，BuilderGuide 提供的有关墙体、屋面和楼板的选项不够多，不能满足大多数设计师的要求，而且对于秸秆和土坯这样的建筑体系的信息没有选择性。如果计划修建秸杆建筑或把其作为保温隔热面板用于外墙，就需要自己提供一些信息（例如墙体的*R*值）。

笔者发现《Passive Solar Design Strategies》中有关框架和屋面的选项很有限，仅限于常用的建筑材料和技术。窗和基础相关的数据也很有限。如果设计师熟悉建筑结构并且了解其建筑材料、技术及其*R*值，就不会带来很大麻烦，他们可以在结构库中增加*R*值的信息。如果是经验不够丰富的设计师或施工人员，则不得不去做一些研究来查找这些信息了。

总而言之，BuilderGuide 存在的问题与其对建筑师、施工人员、业主的作用相比，就显得微不足道了。

7.3.2 Energy–10

Energy–10 是一款在 Windows 系统下比 BuilderGuide 更有效的设计软件，该软件是由可持续建筑发展委员会、国家可再生能源实验室、Lawrence Berkeley 国家实验室以及 NREL's Doug Balcomb 领导下的 Berkeley 太阳能小组联合开发的。Energy–10 有广泛的使用对象，如建筑师、工程师、建筑承包商和施工人员等。

与 Energy–10 一起出售的还有一本实例记录手册——《Designing Low–Energy Buildings》。该书第 1 章是被动式太阳能设计简介。第 2 章概述了设计的原则和实践的关键之处。虽然这些信息主要针对初学者，但对有经验的建筑师和施工人员来说也是很好的回顾。笔者发现这本书的覆盖面要比《Passive Solar Design Strategies》更广，它可以作为 BuilderGuide 软件的补充。

《Designing Low–Energy Buildings》描述了 Energy–10 软件的应用，其中有一章详细介绍了 16 种改善建筑性能的策略，比如保温隔热和采光。随 Energy–10 软件发行的还有一本安装手册和其他一些支持文件。

据可持续建筑发展委员会介绍，《Designing Low–Energy Buildings》和 Energy–10 可以同时运用于节能、低增长率的商业、会所和居住建筑的辅助设计中。虽然这些法则也适用于大型的建筑中，但其最主要的目的是运用于小型和普通类型的建筑设计中，即有一个或两个热量分区，面积大约在 10000ft^2 以下的建筑。一个热量分区是达到同一采暖或降温水平的一个区域。例如一个有两个热量分区的建筑，可以是一个附带仓库的办公室。同样的，虽然书面材料的焦点主要集中在商业建筑上，但能耗分析的信息则是与居住建筑有关的。据 SBIC 的介绍，这套软件大约有 2100 个注册用户，其中大部分人都把它用于住宅建筑设计。

花很少的时间研究《Designing Low–Energy Buildings》和操作 Energy–10 就可以掌握它们，并能发现其全部价值。购买软件并在可持续建筑发展委员会登记的顾客将会获得免费的技术支持、定期免费升级软件、新消息的通知以及关于 Energy–10 专题研讨会等的相关信息。

1. 进一步地了解 Energy-10

Energy-10 由建筑师、工程师、施工人员及官方人员联合开发，这促进了联合设计。它可帮助设计师在建筑显著能耗方面（热荷载和冷荷载）进行多种策略设计分析。和 Windows 版的 BuilderGuide 一样，Energy-10 也考虑到特定区域设计。软件中提供全美国 239 个市（镇）关于温度、太阳辐射、气象资料和有效率的关键数据。但是不同于 BuilderGuide，用户必须为每个区域购买额外的数据文件。另外，Energy-10 还包含允许用户自定义气象信息的程序 WeatherMaker 及其数据库。用户在具体的地点使用这些数据，比软件中提供的 239 个主要区域更接近实际情况。WeatherMaker 中还包含另外 3958 个地点的温度数据。

如果 WeatherMaker 中没有和建筑基地或附近区域相符合的文件，则使用当地的温度数据，比如从当地气象台得到数据，程序会为之产生相应的文件。其他国家用户也可以制作适合自己区域的气象文件，这使得 Energy-10 可以应用于世界任何地方（远比其他程序的应用范围要广）。

和 BuilderGuide 一样，Energy-10 允许设计师在设计早期明确项目目标的预设计阶段并进行能耗分析。在某种意义上，这些程序使用户在工程设计完成之前就可以对其进行描述和评估。《Designing Low-Energy Buildings》的作者指出，从一开始设计脑子里就有能耗观念对设计很有好处，这远比对只凭直觉或粗略地进行节能评估的设计方案完成后再进行全面的能耗分析要好得多。

Energy-10 及其打印出的材料在确定基本设计策略的初步阶段是很有用的。在建筑师把设计构想转化为设计蓝图的阶段，Energy-10 可检验是否所有的设计决策正向着设计目标发展。Energy-10 也可以用来分析工程构造过程中的决策，例如由各种原因造成的建筑材料和建筑体系的变化等。

2.Energy-10 的运行方法

正如刚才提到的，Energy-10 可以用于设计的任何阶段。作者下面叙述的内容显示了软件和支持的信息是如何贯穿于建筑设计的开始（预先设计）一直到最后的（构造）过程。

一开始，用户进入程序并点击新建任务按钮。屏幕中会出现询问

设计过程

草图设计——明确工程目的和目标

初步设计——设计决策

设计过程——设计决策转化为蓝图

图 7–6

如图所示，Energy–10 从输入最少的数据开始。计算机迅速的生成两个建筑模型，一个参考建筑模型，一个低能耗建筑模型。

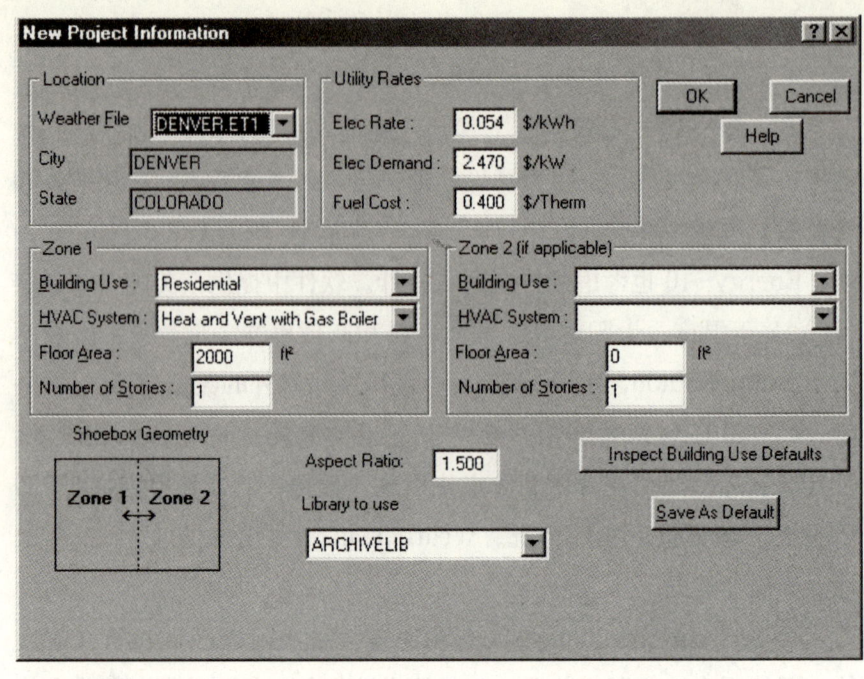

预期建筑五个基本细节的窗口（图 7–6）。假设我们要设计一个家庭的建筑——一个单一区域的建筑，用户就可以选择合适的场地文件，包括建筑基地的气象数据等信息，然后选择建筑的用途，例如住宅、学校或办公室。接下来用户从 10 种设定好的采暖通风及空调支持系统形式中选择一种，并输入建筑面积和层数（如果有第二区域，也要输入相似的信息）。最后，用户点击当地利用率并确认所列数据是否准确。

通过这些数据输入，Energy–10 使用大量默认值迅速建立预设计参考模型 (PRB)。这些默认值即大多数具备建筑特性的典型构件细节和平均值，比如保温材料、窗户、恒温装置的设定值等等。

Energy–10 建立的参考建筑模型是沿东西方向轴的长方形体，这很可能与初期的设想相差甚远。程序计算预期的采暖和降温负荷，描述能量在采暖、降温、照明、风扇以及插座负荷（主要是家用电器和电子设备这样的插座）中是如何使用的，以及能耗成本是如何划分的。这种结果有很强的指导性。

在《Designing Low–Energy Buildings》中，SBIC 指出：不从一个更接近于最终建筑的模型开始的原因是，在设计的初步阶段，一般不需要了解建筑具体的几何形式。参考模型的仿真结果就可以迅速地提供有用的信息。

Energy–10 可以在参考第一栋建筑的同时来设计第二栋建筑。

这个模型虽然也是一个简单的鞋盒式长方体，但它是用户针对诸如采光、南向玻璃、蓄热体等多种能效策略选择的设计产物。该设计模型被称为低能耗建筑(LEB)。

Energy-10 对建筑物和令人头疼的各种能耗参数图表进行分析，包括采暖、降温、照明和插座负荷的能耗（图 7-7）。把参考建筑和低能耗建筑分别标示为建筑 1 和建筑 2，建筑师可以通过这些图表对它们进行比较。对于经验丰富的建筑师，这种一对一的比较

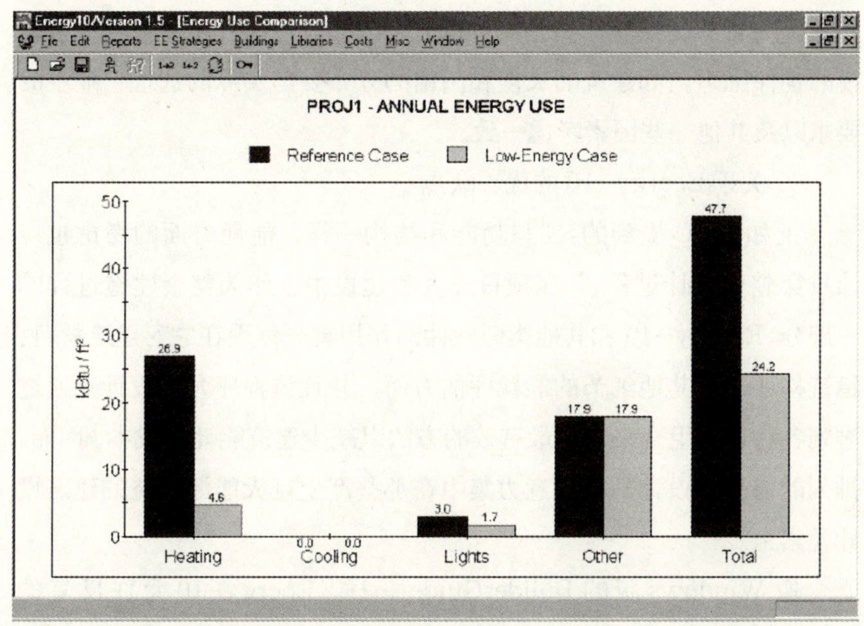

图 7-7
Energy-10 可以进行各种变量图表分析，其中之一即建筑年均能耗分析。

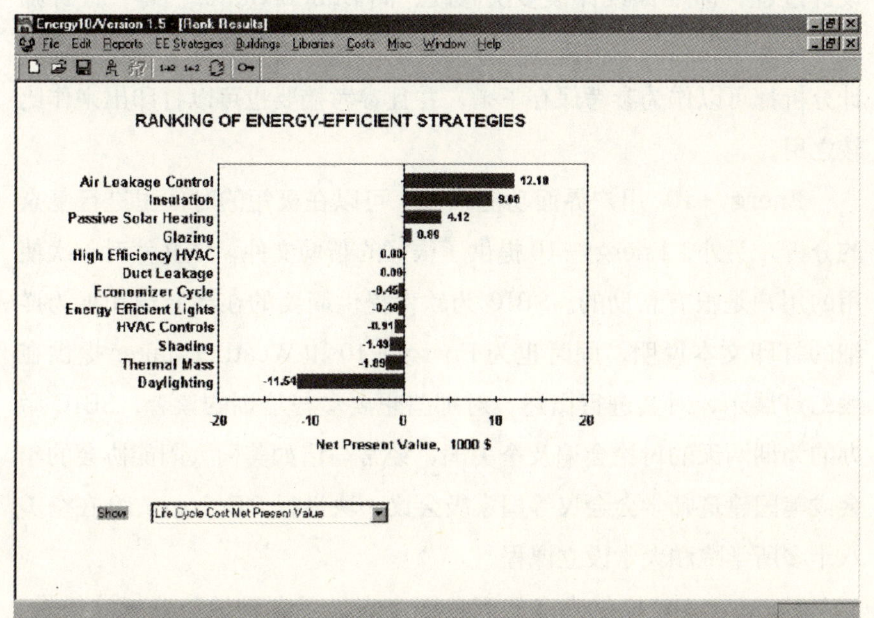

图 7-8
对预想建筑的能耗情况进行评定，有助于设计师进行最大程度的节能设计。

SBIC 说到："就如功能和结构一样，能耗方面的考虑也应该贯穿整个设计过程。"

能够显示潜在的节能效果。此外，Energy-10 包含一项排列功能，对各种不同的节能选项重新组织，从最高效到最低效一一展示，不仅仅针对 Btus（British Thermal Units 能量单位）而且涉及到经济方面（图 7-8）。在每个工程开始时进行排列，为以后的设计提供指导并节省时间。因此，在预设计分析中使用该软件，可以使设计师从预设计到初步设计的阶段中了解哪种能耗设计策略可以获得最大的节能效果。

《The Low-Energy Building》这本书可以作为能耗设计的典型代表。随着低能耗设计和能耗效果的分类，设计师开始改变计算机建模的构件细节，如建筑的尺度和门窗的分布要与实际的选址、业主的要求以及其他一些因素考虑一致。

3. 关于 Energy-10 的优、缺点

正如 SBIC 提到的："与功能和结构一样，能耗方面的考虑也应该贯穿整个设计过程。"在项目开发和建设中，作为整个建造过程的一部分，Energy-10 和其他类似软件的作用首先体现在它对建筑材料、建筑构件以及其他细节的能耗评估方面。并且该程序允许设计师通过排列各种选择组合来确定最有效的方法以减少建筑能耗和成本。因而，排列能够帮助设计师将注意力集中在那些产生巨大能源效益的建筑设计元素上。

像 Windows 版的 BuilderGuide 一样，Energy-10 允许反复的设计过程，即准许设计被多次修改。同 BuilderGuide 一样，设计师可以在完成设计的整个过程中评估每个变化的能耗状况。每种建筑设计分析都可以作为参考保存下来，并且参考摘要也可以打印出来作比较之用。

Energy-10 用户界面功能强大，可以在极短的时间里进行复杂的分析。另外，Energy-10 提供了很好的帮助文件，该文件对首次使用的用户是很有帮助的。SBIC 为软件提供简要的在线介绍和更为详细的打印文本说明，同时也为 Energy-10 和 WeatherMaker 提供在线幻灯展示，对其进行概述。对那些想要参与培训的读者，SBIC 举办的为期两天的讨论会遍及全美国，经常与诸如美国太阳能协会的年会或美国建筑师学会会议等国家级会议一块举行。Energy-10 在全美八十多所学院和大学设立课程。

Energy-10 提供众多的彩色图来表显示各种性能分析的结果。

这些图表有助于用户全面的理解其设计决策中所隐含的能耗关系。专业设计师可通过打印这些图表向客户展示各种高效能建筑设计的益处。我们还可以很容易的把图表插入到报告文本中。

Energy-10 还包含基于最终设计参数、当地气候条件、日照水平对采暖、空调和通风系统进行自动评估的功能。

此外，还可以通过 WeatherMaker 来自定义 Energy-10 的区域文件。这使得 Energy-10 不仅适用于美国，也适用于其他国家。

Energy-10 得到用户的高度评价。根据 SBIC 的调查，与其他软件相比有 60% 的用户认为 Energy-10 的用户界面功能更强大。

Energy-10 确实也存在一些缺点。笔者发现建筑选项有局限性，尤其是屋面的选择。对于用稻草和其他自然材料建造的建筑，建筑师需要自定义构件数据库，包括墙体的 R 值等。但由于这类建造方式还不在主流市场之列，所以这仍然只是一个构想。

另一个缺点是 Energy-10 对未来能耗的估计不太准确。例如，人在建筑物中工作或居住的情况是各不相同的。不同的温度设定、窗户和灯光的使用的差异都会对建筑能耗有非常大的影响。

在《Designing Low-Energy Buildings》中，SBIC 注意到“用户的影响”能够导致年能耗为“商业和居住建筑平均能耗的 70% ~ 140%。”即由于使用方式的不同，建筑物的能耗可以比预测的减少 30% 或增加 40%。他们提到“一些用户在冬季时把自动调温器调低并且注意在寒冷的天气里关紧门窗；一些用户只有在需要时才使用空调，在温和的春季、秋季和夏季他们打开门窗利用自然通风来保持建筑内部的凉爽。与此相反，另外一些用户则依赖于火炉或是空调，并支付高额的费用。此外，不同的用户也有不同的舒适度要求。”

造成 Energy-10 分析能耗和实际能耗潜在差异的一个原因是软件预测的依据是平均的气象和日照数据。SBIC 指出：“任何一年内的实际天气状况都不同于长期的年平均状况。”伴随着气候变化引起的气温上升，在世界很多地方夏季的冷负荷将增加而冬季的热负荷将减小。

另外一个原因是内部得热。SBIC 指出：“内部得热的规律是变化莫测的，特别是电器负荷。这给预测能耗分析造成了很大的不确定性，商业建筑和住宅建筑相比更是如此。”

造成设计和实际能量消耗不符的第三个原因是输入数据错误——

即描述的建筑和实际建造的建筑还是有区别的。此外，如果没有正确安装保温材料，也不能达到预期的效果。

SBIC 建议专业设计师要谨慎的向客户解释 Energy-10 分析的结果。作为业主，也不要期望估计的能耗及节能效果和实际的完全一致。虽然这些估计都是基于广泛应用的可靠规程，但他们仍然是只是估算。

另一个对 Energy-10 预期用户的潜在问题是软件的费用。现在(2002 年 6 月)，专业版的费用是 $250 (非 SBIC 会员)，学生版是 $100。虽然这似乎是很大一笔花费，但物有所值。在建筑的整个寿命周期里它能节省数万美元。

Energy-10 还增加了新功能，例如光伏发电的应用。建筑师可以在设计草图中修改带有两个区域的建筑设计。输入后图表将自动地转换成对建筑的描述。

对于可持续建筑委员会的这两种软件哪一种会更适合设计师的问题，SBIC 的副主任 Doug Hargrave 说："总之，我们正努力向人们推荐 Energy-10，因为事实证明，Energy-10 可以胜任 windows 版 BuilderGuide 的所有工作，并且相比之下其功能更强大一些，如它可以提供更多的数据、更加详细的分析、更广泛的图表和比较。"

7.3.3 Solar-5：基于 DOS 的分析和设计工具

另一个有潜力的设计和分析工具是 Solar-5，设计师可以在互联网上从洛杉矶建筑和都市设计网站登陆到加州大学，免费下载由 Murray Milne 教授领导的加州大学洛杉矶分校建筑设计工具开发项目部推出的这款软件。25 年来，研究生们把开发该程序作为一项课题来研究。

Solar-5 是在 DOS 平台下开发的程序，虽说在视窗时代有些不合时宜，但其功能非常强大；Solar-5 帮助学生、建筑师、建造者及其他人理解一些复杂的现象，并提供形象的图形演示（当这本书准备出版时，Solar-5 的 Windows 版《住宅节能设计》已发行）。

如同 Energy-10，用户先输入建筑物的基本数据，包括场地、建筑类型、层高、层数和工程名称，然后程序就设计出适应气候的建筑，或者是高效的、性能优良、低能耗的建筑——使用数据库默认值可以做得非常快。同时，Solar-5 还能提供许多说明建筑耗能状况的图片(图 7-9)。使用该软件，设计者可以轻松达到工程要求。

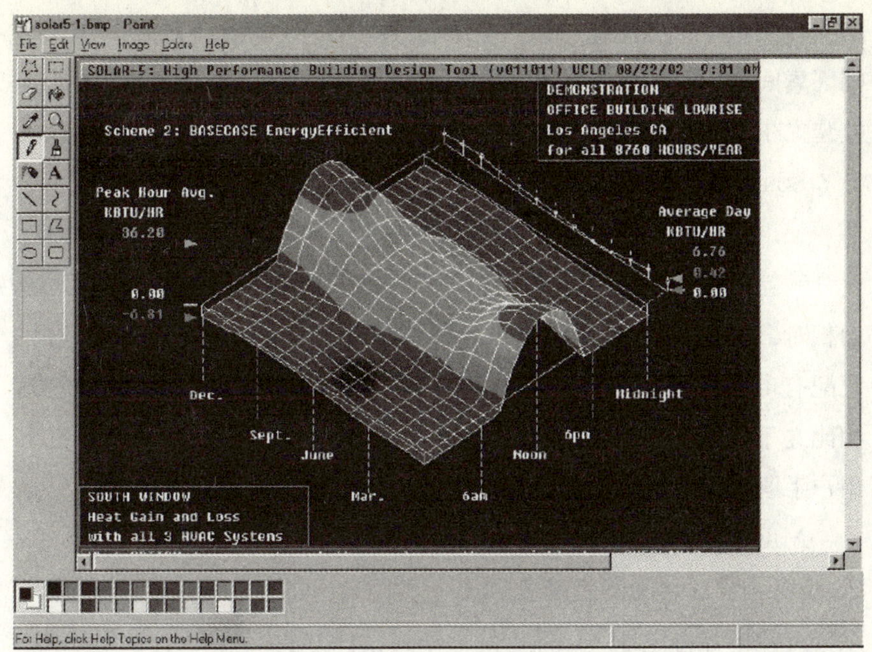

图 7–9
Solar–5 创造了完美的建筑性能模拟图像。

Solar–5 拥有 239 个地区月平均数据。如果拟建建筑所在场地不在提供的数据库中，可以输入需要的数据。同 Energy–10 一样，Solar–5 通过全年每天每小时的运行情况，分析这个设计方案的节能性能，也可以对修改方案进行分析。同样的，Solar–5 也含有可列出建筑材料和构件的数据库，设计中可以利用数据库所列产品来提高建筑的节能效果。所有被动式设计策略，如直接受益得热和蓄热墙都可以用此程序模拟。这个数据库包含许多不同类型的窗和蓄热方式，可以根据需要选择和添加。

Solar–5 可以实时显示所有设计和修改的效果。当运行能量分析时，该程序能够把这些数据加以计算，甚至会建议设计者添加遮阳构件来减少夏季和换季时的太阳得热，然而在 Energy–10 或《Builder–Guide for Windows》中却不具备该功能。Solar–5 也能够计算室外季节差异对建筑的影响，如冬季白雪覆盖、夏季绿草葱葱，这些影响在其他两个软件中都得不到体现。如同 Energy–10，Solar–5 在一个新的设计中可以得出最经济的节能方式。例如，它能准确得出一年中最冷和最热季节将会出现得热和失热的位置。运用这些信息，设计者就可以做出调整，改善全年的节能效果。

Solar–5 可以调节构造层的布置方案，正如许多保暖部位，这是上述两种软件所不具备的优点。Solar–5 还允许设计者比较 9 种方案中

《住宅节能设计》
(HEED)

Milne 教授及他的学生开发的 Windows 版 Solar–5，是一款多方面超过 Solar–5 的功能强大的新型工具，该程序可以用来分析新建建筑的能耗，不仅仅是取暖和降温的能耗还包括采光和其他家用电器的耗电量。HEED 还能帮助用户计算节能效率，比如既有住宅或公寓的窗户遮阳效率和隔热效率。虽然 HEED 比 Solar–5 要友好许多，但（到 2002 年 9 月）仅在南加利福尼亚得到普及。当然，设计人员已经计划在整个加利福尼亚普及并将调整它的数据，使它适应全美国的计算机系统。可以在 www.aud.uda.edu/heed 中免费下载。

的48种不同性能指标，如每年的热负荷。另外，该软件还可以研究不同因素间的相互作用，如气候和空气渗透。最新版本还能测定自动光控装置在调整能源上的应用以及减少温室气体的排放方面的效果。

Solar-5的优缺点

Milne教授评价说，Solar-5具有“快速、界面美观”的特点。几分钟就可下载并迅速、容易地掌握该程序。然而，Solar-5 在这方面相对BiulderGuide for Windows 和 Energy-10还是有一定差距。它配有电子指南，该指南是一个图文并茂的简介，并非程序说明书。相比之下，这种指南更利于引领用户设计和分析建筑。Solar-5也有用户手册，用户可以下载并打印以备后用，较有参考价值。

Milne 教授也提供了其他的设计软件，包括“气候顾问 Climate Consultant”，它用图表形式列出了不同地区的气候数据。该程序可以分析并推荐特定地区最适宜的被动式设计方法。

来自于UCLA的另一项计算机程序Solar-2，利用各种不同的遮阳与窗框rectangular fins的组合来演示太阳光从窗口入射情况，从而来控制白天的入射光。它可以用图表示建筑物每小时的眩光位置，并用表格来表示阳光照射的窗户面积占全部窗户面积的百分比和阳光对玻璃上的辐射量等信息。

UCLA的另一种软件是Opaque，这个软件可以绘制墙的细部构造和屋顶的剖面，然后计算其 U 值。它能在图上标出热量流过墙体各层的温度差、通过围护结构的热流量等。和UCLA提供的其他软件一样，该软件也可以从网上免费下载。

7.3.4 EnergyPlus：美国能源部的最新工具软件

美国能源部2001年4月发行了另一种有潜力的实用工具：EnergyPlus。该程序的适用对象是：建筑师、建造者、工程师、业主和开发商。如同Energy-10，该程序适用于规划、设计和建造的整个过程，还有助于实现建筑节能。它含有模拟编码，可以让用户预知存在的影响因素，如窗口和通风设备对能效、用户舒适度的影响。用户可以模拟窗帘、镀膜玻璃和采光系统的节能特性。

EnergyPlus基于BLAST和DOE-2两种程序，这两个程序是在20世纪80年代早期发行的。尽管这些程序被许多人认为是当时最全面、最精确的能量模拟程序，并且含有图片说明的版本，但界面不是非常美观。虽然存在这些缺点，但 BLAST 能更精确地模拟蓄热体，DOE-2 能更精确地模拟 HVAC（采暖通风与空调）系统。另外，两者在图示表达方面还不够完善。

EnergyPlus 的开发是基于对这些程序的拓展和升级及法规的修正，其模拟能力优于以前程序的合并版。EnergyPlus 是目前在市场上最成熟、最综合的应用程序之一。添加了新的功能，包括对成本的模拟和图解，以及对太阳能热利用（太阳能热水系统）和太阳能光电系统的模拟。然而在 2001 年 4 月份的版本中，操作 EnergyPlus 需要从菜单中读写，使其看起来更像以 DOS 而不是以 Windows 为基础的，而且界面不够美观。毫无疑问，忠实的用户们肯定要对这些缺陷提出异议。

EnergyPlus 及其用户手册可以在网上免费下载，但是以典型模式下载也将耗用一个小时的时间。阶段性升级在 DOE 网页公布，且同时在《Building Energy Simulation User News》上刊登。

EnergyPlus 操作灵活、功能强大。它赋予用户精确、详细解决具体设计问题的能力。它是一个模拟程序，但它也关联其他程序，这种特性拓展了它的兼容性，使功能变得更强大。该程序集中解决建筑设计、经济性、环境影响以及用户舒适度等问题。

EnergyPlus 比 Energy-10 较难操作，而且界面也不够美观，但是 EnergyPlus 的强大性能和完善性值得建筑师们付出努力掌握应用。

7.4 设计软件造就更好的建筑

建筑师和建造者进行设计成功的关键是运用被动式太阳能采暖和降温的多年经验，但学习的过程是很困难的：有关被动式太阳房的经验很少，并可能会产生居住者感到不舒适且付出高于预算使用费用的现象。这些问题主要来源于：设计这些房子时，缺少了一种可以整体设计的重要的工具，使设计人员可以对蓄热体、保温材料、窗玻璃和其他因素进行一体化设计。

能量分析对太阳能建筑设计的发展前景产生了巨大影响。不管是用手算、用工作表格还是综合的软件，能量分析都能帮助设计者改善建筑的全年性能和舒适度。能量分析软件是市场上是最快、最强大的工具，不仅帮助设计者从事整体设计、选择建筑构件，还可以降低建筑造价，达到节能效果。

第8章 仅仅利用太阳能，为何不能多管齐下？——其他生态建筑技术

20世纪70年代，伴随着石油危机的爆发和缓解，可再生能源的应用经历了一个兴起而后衰落的过程，好像一场时尚潮流一晃而过，令人沮丧。但是，在20世纪90年代，可再生能源又迎来了新的发展。实际上，有关可再生能源技术的新闻从来都是引人瞩目的，例如风能，已成为增长速度最快的发电能源，从1980年的仅10^7W，一跃增长为1999年的1.56×10^{10}W，而2000年一年，就增长了6.5×10^9W！

增长速度居第二位的发电能源，并不是煤、天然气或核能，而是光伏发电。根据华盛顿特区World-watch研究所的资料，20世纪90年代，光伏发电量以每年16%的速度增长！连世界石油第三大巨头British Petroleum也通过并购本国最重要的光伏板生产厂Solarex进入了可再生能源产业。虽然现在太阳能的发电量远远落后于风能发电量，但在新千年中，光伏板的销售增长前景非常看好。

同样，人们越来越关注被动式太阳能建筑设计和建筑节能技术。很多高校和企业都采用了被动式太阳能热利用等新能源技术，以负担部分采暖和制冷负荷。

能源供应日趋紧张，而且，煤和石油等矿物燃料的大量使用加速了地球变暖。因此，人们越来越重视被动式太阳能采暖、降温及可再生能源发电技术的开发和应用，使用清洁能源的新时代正在到来，对石油和天然气的需求正在日益减少。

但这些变化足以改变恶劣的环境吗？我们正经历的太阳能革命是否足以创造一个可持续发展的未来？

这是绝不可能的。

8.1 为人类创造可持续发展的庇护所

太阳能和风能是可持续领域的重要元素，可再生能源是支撑可持续发展的唯一动力。这点在住宅设计中体现得最为明显。

据美国住宅居住委员会的统计，随着人口的不断增加，美国每年新建 1200 万栋住宅。每一栋新建住宅都需要 14300 板英尺（即 $12\times12\times1''=144\text{ft}^3=1/12\text{ft}^3$，系英美各国材积单位）的木材框架。如果将建造一栋住宅的墙、楼板和屋顶的 2×4s 和 2×10s 的木板首尾相接放置，可以延伸 2.5 英里。如果美国所有新建住宅的木板首尾相接连成一条线，将延伸 3200 万英里——是往返月球距离的 6.5 倍。室内使用的木材如胶合板等将覆盖约 6300ft^3，相当于两个网球场的面积。这个数值与每年建造的 1200 万住宅的乘积将更加惊人。上述列出的还仅仅是常用建材中的两种，因此，新建住宅对资源不断增长的需求是惊人的。

传统方式建造的被动式采暖降温住宅，主要依赖可再生能源达到节能的效果，但对其他资源的消耗并没有减少。因此，应该尽可能的使用天然材料（如土坯、稻草和速生林木材），如果仍然大量使用人工建材来建造新住宅，则会消耗掉大量的化石燃料，占用大量土地并且破坏生态环境。

使用传统建材建造的被动式太阳房还会产生大量的污物排入化粪池或市政排水沟，经化粪池过滤的大量沉积物成为地面潜在的污染源，会对地表水造成污染。虽然城市通常都建有污水处理设施，但是污水仍然会对水资源造成一定的污染。

尽管现代被动式太阳能建筑可以在很大程度上摆脱对供热和制冷系统的过分依赖，但是依然需要依靠大量昂贵的基础设施来提供食物、水、电和废物处理。尽管通过被动式采暖和降温减少了对能源的依赖，但大部分家庭还是不能脱离常规资源的供给。

创造真正可持续发展的庇护所已成为一种新的潮流，由生态建筑师领导，通过生态设计手法设计房屋；采用天然材料建造房屋，以达到与环境最大限度的和谐共生。越来越多的建筑师正在加入这一行列，他们意识到：尽管可再生能源技术是重要的、非常有潜力的，但对于真正可持续发展的建筑而言，仅仅是其中的一部分。

笔者在建造自己的住宅时就充分意识到了这一点（图 8–1），为了使住宅采用的能源系统尽可能的独立，笔者设计了一套仅靠风能和太阳能来采暖和降温的被动式系统。该住宅基础和墙使用 800 块土坯建造而成。起居室采用稻草等一系列可循环利用的的绿色建材建造，包括地毯、衬垫、保温材料等（图 8–2），该住宅利用中水和雨水收集系统提供日常生活用水，住宅的其他建材几乎全部使用旧建筑回收利用的建材，住宅周围的绿化也采用当地的植物品种。

通过这些尝试，笔者结合自己的体会总结了可持续建筑的建造方法。

图 8–1
笔者的被动式太阳能建筑的外观／用许多绿色建材建造太阳能光电住宅。

图 8–2
笔者的住宅内部，图中显示的厨柜用废旧的木材建造，地面用矿石废料铺设。

8.2 选址

为了营造与环境和谐共处的生态建筑，首先要对建设场地进行合理的选择。许多生态学者都主张：应尽可能的提高现有城市环境的空间利用率，限制城市的无限扩张，以保护自然空地、耕地和野生动物的栖息地。David Pearson 曾在他的论著《全新的自然家园》中指出：从生态学的意义上讲，改善我们现有城市的生态环境，比开拓郊区来获取更大空间更有价值。与发散式布局的社区相比，人们可以更加方便高效的得到交通、医疗和消防等服务，降低因私家车的使用所造成的油耗、保养开支，减少空气污染。

在密集型社区里，即便使用私家车，驾车时间也会较短。花在路上的时间越少，我们和朋友、家人在一起的时间越多，环境也会越好。

如果喜欢住在郊区，应选择通风良好、日光充足的地方作为建设场地，如果资金充足，应尽量选择环境好、外界干扰少且对生态环境影响小的区域，建设场地应尽可能多留出一些空地，这样就可以轻松营造自己的生态空间。

很多人错误地把建筑建在乡村田园景色最迷人的地方，最好的景色往往就在建设过程中被他们自己亲手毁掉。所以，最好的方法就是将最美的地方保留出来，将建筑建在一旁，透过窗户就可以欣赏到美丽的景致。

场地的选择是一个复杂的问题，应多查阅生态建筑相关论著，学习怎样建设与环境和谐共处的建筑。

8.3 能效

建造与环境和谐共处的建筑，效率是非常重要的。“效率”不仅指能源利用效率，还包括水和建筑材料等各种资源的利用效率，建造过程中应尽可能的节约资源。例如，木结构建筑屋脊支撑柱上钉子的间距通常取 16in，但 24in 也完全能够满足结构支撑的要求，采用后者会节约木材的用量。采用传统建材的建筑，设计时应尽量符合模数，避免因特殊尺寸过多造成浪费。

生态建筑可以通过安装了低水位冲水的节水马桶、微生物处理马桶、节水淋浴喷头和高效节水的洗衣机和洗碗机来达到高效用水的目的。

8.4 建造“小型”房屋

建造可持续的住宅需要认真考虑所建房屋的规模。现在应该反思普遍存在的“盲目求大”的理念。在当今资源供应紧张且人口持续增长的情况下，面积过大的房屋无疑是一种奢侈品，伴随它的是环境的牺牲——为奢靡、放纵和炫耀的生活而付出的高昂代价。如果人们只有宽敞的豪宅，而没有与之匹配的生态环境来容纳它，那又有什么值得骄傲的呢？

大面积的住宅不仅在建设过程中耗费相当多的材料和能源，在日常运行中，同样会消耗大量能源。装修时需要耗用大量的油漆涂料，昂贵的家具和饰品，比如豪华的地毯和窗帘，这些东西在制造的时候又污染了环境。简洁紧凑的房屋设计虽然不会令主人展示富有，但它却诠释了一种节俭、环保及理性的生活方式。

如果设计得当，同样可以在简洁紧凑的住宅里舒适地生活。1200 ~ 2400ft^{2}的住宅已能满足居住需求，不必再考虑更大面积的住所。在任何场合，设计者都应尽量提高空间的利用率。如果能够接受这种简洁紧凑的居住模式，会发现有许多设计诀窍来提升有限空间的利用率，并且还有许多这方面的文献可供参考。

8.5 生态的建筑材料

另外，还可以用生态建筑材料建造房屋。如泥土、稻草以及它们的混合物。生态房屋是清洁、舒适、宜人甚至是令人惊叹的（图 8-3）。厚重的实墙给人以舒适和安全的感觉。生态住宅在舒适性和美感方面超过了一般的现代住宅。

所有的生态住宅用的材料都是可再生和可回收的。例如，木材、稻草和黏土等。

以自然的手法进行设计

笔者在设计和建造房屋自宅时，试图遵循生态可持续原则：节约（高效率的利用所需要的），资源循环利用，利用可再生资源等，举例如下：

节约／高效：

保温性能良好的墙和屋面
基础周围的保温措施
覆土建筑设计
节能窗
节能器具
节能电器
节能灯
户外晒衣
天窗保温帘
窗户的遮阳
节水淋浴喷头和马桶
花园节水灌溉系统
气密性装置
屋面的木制椽条

循环利用：

夯土墙；循环使用地毯、衬垫和瓷砖；循环使用纤维保温材料；回收可再加工利用的门
回收可制作家具的废旧木材
再生漆
可循环利用的沥青路面
固定的回收中心
循环利用混凝土块做种植层
循环利用施工现场的废料

可再生能源的利用：

被动式太阳能采暖和降温
光伏发电和风能发电
稻草墙
由轻质的草泥建造发电机房

复原：

为本地植物重新辟地种植

生态住宅不仅有利于我们身体和精神上的健康，还可以保护环境。为了人类良好的生存环境，我们有义务保护地球生态系统，它是我们生命的源泉。

生态住宅同样是节能的，而且很适合采用被动式太阳能采暖和降温。大部分的生态住宅使用了蓄热体和保温材料，以保持室内冬暖夏凉。另外，生态住宅采用环保材料，因此适合于气密性良好的设计方案。

在生态住宅的日常使用中，石油和天然气类的燃料消耗较少。与广泛流行的砌体结构相比，建设过程消耗的能源更少。因为使用的材料大都是当地适宜的材料，加工过程中的能耗也低。减少了温室气体排放，给环境带来相当大的益处。

建筑领域也开始重视生态建筑的建设。很多研究生态建筑的建筑师和工程师成为其中的佼佼者。加利福尼亚州的结构工程师 Bruce King，创立了研究生态建筑的组织，该组织正在研究生态建筑材料的结构特性，试图对材料的性能有更深入的了解。

生态建筑技术正逐渐被人们所接受，材料的耐火性能和结构强度符合规范。银行及保险业对生态建筑技术也给予了广泛的关注和肯定。生态住宅的转卖价格也比一般住宅高。随着能源价格的攀升，生态住宅的价格会随之提升。

如果读者还想了解更多关于生态建筑的知识，可以参考《The Natural House：A Complete Guide to Healthy，Energy-Efficient，Environmental Homes》。书中详述了 13 种生态建筑技术，示范了他们都是如何建成的，以及优缺点。书中还包括一个详尽的选材指导（Resource Guide），通过网站：www.chelseagreen.com/Chiras. 可查询。

图 8–3
图示为美国科罗拉多州波多黎各市的稻草房，采用被动式采暖和降温。

8.6 绿色建筑材料

目前，生态建材的种类越来越多，为了营造更加生态的居住环境，应从健康环保的建材中进行选择。“生态建筑材料”包含了多种类型，有的是生产过程耗能较少，有的是由废弃物制成，另一些则来源于自然界，如棉花和羊毛等，还有一些材料对人体健康无害。

目前，市场上已有上百种的生态建筑材料可供选择，大部分在经营传统建材的市场就可找到。还有一些只在专业商店出售，如位于科罗拉多州Boulder的Planetary Solutiond建材市场，还有得克萨斯的奥斯汀的Eco-Wise，均是全美九家地区供应商之一。

另外，现在每种传统建材都有了生态环保的替代产品，如由回收橡胶和塑料制成的屋面板、用于做框架的速生林木材、由回收的塑料汽水瓶制成的地毯、竹制地板、使用环保油漆的橱柜、废料制成的钉子等，可选择的种类很多，并且选择余地越来越大。而且，以上所有产品，不仅有益环保，而且对人体健康没有危害。

人们又是怎样确定某种产品的“绿色程度”呢？之前的工具条对评价产品的标准作了一个简要的概述。选择建材的过程可能很复杂，例如，某种建材特别符合有关标准，但对业主来说无论是采购还是运输都是一笔巨大的开销；而很多时候，某些产品又只有一两项指标满足“可持续”材料的标准；还有些材料需要专业技术安装和维修，对工程所在地区可能也是不合适的。就像Sam Clark在《The Independent Builder》中提到的一样：“仅仅是技术上可行是不够的，运送配货体系也要跟上，还需要当地代理商能提供安装和维护服务。”

因此，不要认为选择生态建材，是一件非常简单的事。当然，现在产品的信息渠道越来越多，选择合适的生态建材也变得越来越容易了。

应选择尽可能多的符合生态健康标准的建材和产品，但不要过份追求完美，真正完美的事物是不存在的，只要对健康环保有更大益处就好。建议重点考虑性价比高、实用性强的产品，如作结构框架的木材、保温材料、瓷砖瓷瓦、混凝土和清水墙等，物美价廉的生态产品当然买得越多越好。

许多绿色建筑产品价格具有竞争力，笔者家里的瓷砖、保温材料、地毯、地毯衬垫、油漆和家具比传统产品价格更低而且绿色环保。如果某种产品确实价格较高，也不要轻易放弃，多花费的资金有可能在

生态建筑选材

稻草
草泥
砖坯
泥砖
夯土
管状夯土
沙袋
铸塑泥土
石块
木材
纸制建材

绿色建材评估标准

- 低能量
- 有效利用资源
- 少量或没有污染
- 在生产中产生最少的污染
- 使用寿命结束时实现完全回收
- 取材于可回收或天然材料
- 由对社会负责的、有信用的厂家生产
- 选用已有成效的绿色建材
- 本地制造
- 无毒
- 持久
- 建设和使用成本低
- 美观
- 符合建设要求
- 价格竞争力

购买其他设备时节省出来，或者也能在运行中节省出来。价格也可以反映质量。较高价格的产品可能会增加舒适度或减少对健康的影响。可以把购买便宜产品节省下来的资金应用在一些价格较高的产品投资上。

不要让那些不懂生态建筑的设计和施工单位打乱了你的原定计划，他们是相对保守的群体，只习惯用那些他们熟悉的、用得顺手的建材而不太会在意人们居住的感受。如果在选材上出现失误，他们付出的代价会很大，所以他们会过于谨慎，不希望完工后接到过多的投诉。他们担心新技术和新产品的表现达不到厂家承诺的标准，最后造成返工。

因此，要亲自去考察、检验材料的性能，向老用户咨询产品使用情况，在本书的结尾部分列出了采购指南。

8.7 备选给水系统

建设可持续建筑的另外一个重要环节是设置辅助供水设施，为室内、外供水。其中应用最广的是雨水收集系统，它将雨水从屋面收集起来然后贮藏进水罐或蓄水池中。需要时，经过滤后加压泵入室内。

在一些地区，由于用水量大、降雨不足，地下水的供应量不断减少，地表水也日趋枯竭，雨水收集系统的重要性得到了充分体现。这种设备不仅能够向家中供水，也可以减少人们对地下水和地表水的过渡开采，同时节约了水的输送和净化所用的能耗，形成了自给自足的模式，对于这个过分依赖于成品的世界是很有益的，可以有效提高人们对灾难和故障的应对能力。

结合节水措施，采用节水器具，如节水淋浴器，节水马桶，高效洗碗机和洗衣机等，雨水收集系统基本可以满足生活用水。为使雨水收集系统正常运行，雨水量应充足，集水面应光滑和相对清洁（如钢屋盖），并需要设置贮水装置（如水塔）以及过滤系统。

8.8 污水处理系统

在可持续建筑中，采用污水处理系统可以避免污染地表水和地下水。简单、高效的水处理系统能够实现中水回用和污水处理。

灰水是指洗涤、洗衣、淋浴等活动产生的生活废水，每户约有50%～80%的生活废水直接从下水道流走，废水含有植物营养素等成分，经中水处理后可用于庭院绿化灌溉等处，通过中水回用可以有效减少对供水的需求。

中水系统应作为房屋设备的基本组成部分之一在设计阶段就整合进建筑中。

使用中水系统，需要将日常应用的有毒清洗剂替换成有生物相容性的肥皂或其他洗涤品，避免对植物产生危害。

最简单的中水回用方式是从洗衣机接一根软管到花园，这种方式简单有效，但有其缺点。位于新墨西哥州的SSA(Solar Survival Architecture)开发了一种简单有效的室内植物净化系统处理中水。中水先流经串联的植物净化器，然后通过内含微生物的浮石床分解水质。种植土层设置在浮石床上部，植物根系扎在下层的浮石层中，吸收由微生物分解得到的养分和水。当中水流经这种植物净化系统时，可以得到较好的净化，净化后的中水可以用来浇灌室外植物和冲洗厕所。

中水系统比较复杂且种类繁多，不易掌握。应该参考有关文献、影像资料并咨询专家，也可以登录 Art Ludwig 的网站查找资料(www.oasis-design.net)。

污水回收利用的另一种方式是回收利用厕所及厨房废水中的养分。利用堆肥厕所，很快可以将排泄物变成有机肥料，从而改善土壤状况，并且在此过程中不会产生异味。这种堆肥厕所在斯堪的纳维亚的农村地区非常有效，因为那里的土壤状况不适合采用化粪池。虽然美国在粪便处理方面有非常严格的制度，但这种堆肥厕仍然非常流行，经其处理过的有机肥料对花卉和蔬菜的生长非常有好处。计划建造堆肥厕所之前，应详细查阅相关参考文献，如Joseph Jenkins编著的“The Humanure Handbook”一书。

污水也可通过人工湿地处理，合理设计的人工湿地是最安全有效的中水处理措施。最常用的做法是在地下挖一个充满砾石的深坑，污水经下水道流入后形成湿地。像前述中水处理系统中的浮石层一样，通过浮石层表面的微生物分解污水。生长在砾石层上的植物从污水中汲取所需的水分和养分。经自然净化的水可以用于外界植物的浇灌。

图 8–4
从这种太阳能加热的化粪池流出的液体被排入了右边的呈一行栽置的植物净化器，这里它流进了浮石层，废物被分解，植物生长在浮石层上面的土壤中，根扎进浮石层，吸收水分和有机物。

Earthship 公司在科罗拉多州和新墨西哥州首次采用了太阳能化粪池。（图 8–4）。经沉淀后，液体流入种植层内，这种系统同中水系统中的种植层相似，只是种植层设置在户外。经这种方式处理的污水，可以达到较高的清洁程度。

新墨西哥州的 Tom Watson 发明了一种替代化粪池的过滤装置，即 Watson 毛细过滤器（图 8–5）。该装置设置于户外，具有埋深较浅的浮石床，污水先流入一个小型塑料过滤装置，过滤后进入浮石床，污染物在浮石床内经微生物进行分解，作为养分被植物吸收。

8.9 景观设计中的节能与环保措施

在基地的景观营造中，必须尽可能地减少由于设计、施工等因素对自然植被所造成的破坏。基地绿化最好采用当地植物，因为当地植物已经适应了本地的土壤和气候，更易于成活。虽然外来植物可为景观设计提供更多的选择，可以营造更加多彩的基地环境，但它们常常需要更多的水、肥料、杀虫剂和专门的维护。如果基地位于干旱或半干旱地区，耐旱植物是较好的选择，这并不意味着基地将被长满刺的仙人掌类植物所围绕，耐旱植物同样有着丰富多彩的种类和艳丽的花

图 8–5
Watson 毛细管过滤器，可以替代传统化粪池。

朵吸引蜜蜂和蜂鸟围绕。道理其实很简单：与大自然和谐相处，顺其自然比刻意雕琢效果更好。

正如第 5 章所述，良好的景观设计既可在夏季遮蔽阳光、冬季阻挡寒风，提高太阳能建筑的性能使之冬暖夏凉，又可以美化建筑，给各种鸟类和动物提供食物和栖息场所。因此，合理选择和配置绿化，结合保温层、遮阳和土壤的蓄热作用可以有效减少空调能耗和使用费用。

8.10 新时代的住宅

可持续建筑对于人类未来是至关重要的，还有许多知识和困难有待于人们去学习和克服。本书中谈到许多生态新技术，如中水技术和生态污水处理技术等，在这些技术的试验过程中，政府相关研究机构会通过各种传感器进行追踪测试以评估其实际效果，以便在更大范围内进行推广。

设计高质量的生态建筑并大量使用生态建材在实际操作中可能存在着一些困难，其造价往往比传统建筑高，但在长期的使用过程中会因其较低的能耗在较短的时间内收回增加的成本。

目前，环境问题已成为人类发展所面临的主要问题之一，我们生活在这个世界上，深刻的感受到环境变化所带来的种种问题。但我们对此既不必整天忧心忡忡，也不要任其自流，保持一颗平常心更加有助于创造一个可持续发展的未来、一个新时代的住宅。

附录：美国和加拿大部分城市太阳辐射量的平均百分比

以 1959 年 12 月分的记录为基础，除了个别例子外，这些图表来源于美国气象局出版的地区气象学数据库中“正常、平均、极端”的表格。

地区／省或城市	1 月	2 月	3 月	4 月	5 月	6 月	7 月	8 月	9 月	10 月	11 月	12 月
ALABAMA												
Bimingham	43	49	56	63	66	67	62	65	66	67	58	44
Montgomery	51	53	61	69	73	72	66	69	69	71	64	48
ALASKA												
Anchorage	39	46	56	58	50	51	45	39	35	32	33	29
Farbanks	34	50	61	68	55	53	45	35	31	28	38	29
Juneau	30	32	39	37	34	35	28	30	25	18	21	18
Nome	44	46	48	53	51	48	32	26	34	35	36	30
ARIZONA												
Phoenix	76	79	83	88	93	94	84	84	89	88	84	77
Yuma	83	87	91	94	97	98	92	91	93	93	90	83
ARKANSAS												
Little rock	44	53	57	62	67	72	71	73	71	74	58	47
ARIZONA												
Phoenix	76	79	83	88	93	94	84	84	89	88	84	77
CALIFORNIA												
Eureka	40	44	50	53	54	56	51	46	52	48	42	39

地区／省或城市	1月	2月	3月	4月	5月	6月	7月	8月	9月	10月	11月	12月
Fresno	46	63	72	83	89	94	97	97	93	87	73	47
Los Angeles	70	69	70	67	68	69	80	81	80	76	79	72
Red Bluff	50	60	65	75	79	86	95	94	89	77	64	50
Sacramento	44	57	67	76	82	90	96	95	92	82	65	44
San Diego	68	67	68	66	60	60	67	70	70	70	76	71
San Francisco	53	57	63	69	70	75	68	63	70	70	62	54
COLORADO												
Derver	67	67	65	63	61	69	68	68	71	71	67	65
Grand Junction	58	62	64	67	71	79	76	72	77	74	67	58
CONNECTICUT												
Hartford	46	55	56	54	57	60	62	60	57	55	46	46
DISTRICT OF COLUMBIA												
Washington	46	53	56	57	61	64	64	62	62	61	54	57
FLORIDA												
Apalachicola	59	62	62	71	77	70	64	63	62	74	66	53
Jacksonville	58	59	66	71	71	63	62	63	58	58	61	53
Key West	68	75	78	78	76	70	69	71	65	65	69	66
Miami Beach	66	72	73	73	68	62	65	67	62	62	65	65
Tampa	63	67	71	74	75	66	61	64	64	67	67	61
GEORGIA												
Atlanta	48	53	57	65	68	68	62	63	65	67	60	47
HAWALL												
Hilo	48	42	41	34	31	41	44	38	42	41	34	36
Honolulu	62	64	60	62	64	66	67	70	70	68	63	60
Lihue	48	48	48	46	51	60	58	59	67	58	51	49
IDAHO												
Boise	40	48	59	67	68	75	89	86	81	66	46	37
Pocatello	37	47	58	64	66	72	82	81	78	66	48	36
ILLINOIS												
Cairo	46	53	59	65	71	77	82	79	75	73	56	46
Chicago	44	49	53	56	63	69	73	70	65	61	47	41

地区／省或城市	1月	2月	3月	4月	5月	6月	7月	8月	9月	10月	11月	12月
Springfield	47	51	54	58	64	69	76	72	73	64	53	45
NDIANA												
Evansville	42	49	55	61	67	73	78	76	73	67	52	42
Fort Wayne	38	44	51	55	62	69	74	69	64	58	41	38
Indianapolis	41	47	49	55	62	68	74	70	68	64	48	39
IOWA												
Des Moines	56	56	56	59	62	66	75	70	64	64	53	48
Dubuque	48	52	52	58	60	63	73	67	61	55	44	40
Sioux City	55	58	58	59	63	67	75	72	67	65	53	50
KANSAS												
Concordia	60	60	62	63	65	73	79	76	72	70	64	58
Dodge City	67	66	68	68	68	74	78	78	76	75	70	67
Wichite	61	63	64	64	66	73	80	77	73	69	67	59
KENTUCKY												
Louisville	41	47	52	57	64	68	72	69	68	64	51	39
LOUISIANA												
New Orleans	49	50	57	63	66	64	58	60	64	70	60	46
Shreveport	48	54	58	60	69	78	79	80	79	77	65	60
MAINE												
Eastport	45	51	52	52	51	53	55	57	54	50	37	40
Portland	55	59	58	57	57	64	66	63	62	59	51	49
MASSACHUSETTS												
Boston	47	56	57	56	59	62	64	63	61	58	48	48
MICHIGAN												
Alpena	29	43	52	56	59	64	70	64	52	44	24	22
Detroit	34	42	48	52	58	65	69	66	61	54	35	29
Grand Rapids	26	37	48	54	60	66	72	67	58	50	31	22
Marquette	31	40	47	52	53	56	63	57	47	38	24	24
Sault Ste.Maine	28	44	50	54	54	59	63	58	45	36	21	22
MINNESOTA												
Duluth	47	55	60	58	58	60	68	63	53	47	36	40

地区／省或城市	1月	2月	3月	4月	5月	6月	7月	8月	9月	10月	11月	12月
Minneapolis	49	54	55	57	60	64	72	79	60	54	40	40
MISSISSIPPI												
Vidsburg	46	50	57	64	69	73	69	72	74	71	61	45
MISSOURI												
Kansas City	55	57	59	60	64	70	76	73	70	67	59	52
Sllouis	48	49	56	59	64	68	72	68	67	65	54	44
Springfield	48	54	57	60	63	69	77	72	71	65	58	48
MONTANA												
Havre	49	58	61	63	63	65	78	75	64	57	48	48
Helena	46	55	58	60	59	63	77	74	63	57	48	43
Kalispell	28	40	49	57	58	60	77	73	61	50	28	20
NEBRASKA												
Lincoin	57	59	60	60	63	69	76	71	67	66	59	55
Noth Platte	63	63	64	62	64	72	78	74	72	70	62	58
NEVADA												
Ely	61	64	68	65	67	79	79	81	81	73	67	62
Las Vegas	74	77	78	81	85	91	84	86	92	84	83	75
Reno	59	64	69	75	77	82	90	89	86	76	68	56
Winnemucca	52	60	64	70	76	83	90	90	86	75	62	53
NEW HAMPSHIRE												
Concord	48	53	55	53	51	56	57	58	55	50	43	43
NEW JERSEY												
Atlantic City	51	57	58	59	62	65	67	66	65	54	58	52
NEW MEXICO												
Abuquerque	70	72	72	76	79	84	76	75	81	85	79	70
Roswell	69	72	75	77	76	80	76	75	74	74	74	69
NEW YORK												
Albany	43	51	53	53	57	62	63	61	58	54	39	38
Binghamton	31	39	41	44	50	56	54	51	47	43	29	26
Buffalo	32	41	49	51	59	67	70	67	60	51	31	28
Canton	37	47	50	48	54	61	63	62	54	45	30	31

地区／省或城市	1月	2月	3月	4月	5月	6月	7月	8月	9月	10月	11月	12月
New york	49	56	57	59	62	65	66	64	64	61	53	50
Syracuse	31	38	45	50	58	64	67	63	58	47	29	26
NORTH CAROLINA												
Asheville	48	53	56	61	64	63	59	59	62	64	59	48
Raleign	50	56	59	64	67	65	62	62	63	64	62	52
NOTH DAKOTA												
Bismark	52	58	56	57	58	61	73	69	62	59	49	48
Devils Lake	53	60	59	60	59	62	71	67	59	56	44	45
Fargo	47	55	56	58	62	63	73	69	60	57	39	46
Williston	51	59	60	63	66	66	78	75	65	60	48	48
OHIO												
Cincinnati	41	46	52	56	62	69	72	68	68	60	46	39
Cleveland	29	36	45	52	61	67	71	78	62	54	32	25
Columbus	36	44	49	54	63	68	71	68	66	60	44	35
OKLAHOMA												
Oklahoma city	57	60	63	64	65	74	75	78	74	68	64	57
OREGON												
Baker	41	49	56	61	63	67	83	81	74	62	46	37
Portland	27	34	41	49	52	55	70	65	55	42	29	23
Roseburg	24	32	40	51	57	59	79	77	65	42	28	28
PENNSYLVANIA												
Harrisburg	43	52	55	57	61	63	68	63	62	58	47	43
Philadelphia	45	56	57	58	61	62	64	61	62	61	53	49
Pittsburgh	32	38	45	50	57	62	64	61	62	54	39	30
PHODE ISLAND												
Block Island	45	54	47	56	58	60	62	62	60	59	50	44
SOUTH CAROLINA												
Charleston	58	60	65	72	73	70	66	66	67	68	68	57
Columbia	53	57	62	68	69	68	63	65	64	68	64	51
SOUTH DAKOTA												
Huron	55	62	60	62	65	68	76	72	68	61	52	48

地区／省或城市	1月	2月	3月	4月	5月	6月	7月	8月	9月	10月	11月	12月
Rapid City	58	62	63	62	61	66	73	73	69	66	58	54
TENNESSEE												
Knoxville	42	49	53	59	64	66	64	59	64	64	53	41
Memphis	44	51	57	64	68	74	73	74	70	69	58	45
Nashville	42	47	54	60	65	69	69	68	69	65	55	42
TEXAS												
Abilene	64	68	73	66	73	86	83	85	73	71	72	66
Amarillo	71	71	75	75	75	82	81	81	79	76	76	70
Austin	46	50	57	60	62	72	76	79	70	70	57	49
Brownsville	44	49	51	57	65	73	78	78	67	70	54	44
Del Rio	53	55	61	63	60	66	75	80	69	66	58	52
El Paso	74	77	81	85	87	87	78	78	80	82	80	73
Fort Worth	56	57	65	66	67	75	78	78	74	70	63	58
Galveston	50	50	55	61	69	76	72	71	70	74	62	49
San Antonio	48	51	56	58	60	69	74	75	69	67	55	49
UTAH												
Salt Lake City	48	53	61	68	73	78	82	82	84	75	56	49
VERMONT												
Burlington	34	43	48	47	53	59	62	59	51	43	25	24
VIRGINIA												
Norfolk	50	57	60	63	67	66	66	66	63	64	60	51
Richmond	49	55	59	63	67	66	65	62	63	64	58	50
WASHINGTON												
North Head	26	37	42	48	48	48	50	46	48	41	31	27
Seattle	27	34	42	48	53	48	62	56	53	36	28	24
Spokane	26	41	53	63	64	68	82	79	68	53	28	22
Tatoosh Island	26	36	39	45	47	46	48	44	47	38	26	23
Walla Walla	24	35	51	63	67	72	86	84	72	59	33	20
Yakima	34	49	62	70	72	74	86	86	74	61	38	29
WEST VIRGINIA												
Elkins	33	37	42	47	55	55	56	53	55	51	41	33

地区/省或城市	1月	2月	3月	4月	5月	6月	7月	8月	9月	10月	11月	12月
Parkersburg	30	36	42	49	56	60	63	60	60	53	37	29
WISCONSIN												
Green Bay	44	51	55	56	58	64	70	65	58	52	40	40
Madison	44	49	52	53	58	64	70	66	60	58	41	38
Milwaukee	44	48	53	56	60	65	73	67	62	56	44	39
WYOMING												
Cheyenne	65	66	64	61	59	68	70	68	69	69	65	63
Lander	66	70	71	66	65	74	76	75	72	67	61	62
Sheridan	56	61	62	61	61	67	76	74	67	60	53	52
Yellowstone Park	39	51	55	57	56	63	73	71	65	57	45	38
ALBERTA												
Edmonton	35	43	45	53	52	49	61	58	49	48	39	33
BRITISH COLUMBIA												
Prince George	22	31	36	44	50	47	52	53	43	31	22	18
Vancouver	16	26	30	41	47	43	56	56	46	32	19	13
MANITOBA												
WInnipeg	38	47	45	50	51	51	63	60	48	46	30	32
NEWFOUNDLAND												
Garder	26	29	29	28	32	33	41	40	38	33	23	23
NOVA SCOTIA												
Halifax	34	39	40	38	44	46	51	50	45	44	31	33
ONTARIO												
Kapuskasing	27	36	37	41	41	43	48	45	33	27	16	21
Toronto	27	35	38	42	48	56	61	60	53	45	29	27
QUEBEC												
Montreal	29	36	40	41	44	47	51	51	45	37	24	28
SASKATCHEWAN												
Regina	37	41	41	52	55	51	67	63	52	51	35	34

资源指南

本指南列出了本书所有涉及到的信息的来源，通过本指南可以找到一些重要的书籍、文章、录像、杂志和剪报，也可以找到一些相关的学会、组织和出版商的网址或联系方式。

被动式太阳能采暖和整体设计（1、3、7章）

PUBLICATIONS

Aulisi, Susan, and Doug McGilvray. *House Warming*. Edinburg, N.Y.: Adirondack Alternate Energy, 1983. Overview of passive solar heating with some interesting design ideas.

Chiras, Daniel D. "Build a Solar Home and Let the Sun Shine In," *Mother Earth News*, August/September 2002, pp. 74–81. A survey of passive solar design principles, also showing the economics of passive solar heating.

Chiras, Daniel D., ed. "Solar Solutions," *The Last Straw* 36 (Winter 2001). A collection of over a dozen articles, many by the author, on passive solar heating, integrated design, thermal mass, and more.

Chiras, Dan. "Learning from Mistakes of the Past," *The Last Straw* 36 (Winter 2001), 15-16. Describes common errors in passive solar design.

Cole, Nancy, and P.J. Skerrett. *Renewables Are Ready: People Creating Renewable Energy Solutions*. White River Junction, Vt.: Chelsea Green, 1995. Contains numerous interesting case studies showing how people have applied various solar technologies, including passive solar.

Crosbie, Michael. J., ed. *The Passive Solar Design and Construction Handbook*. New York: John Wiley and Sons, 1997. A pricey and fairly technical manual on passive solar homes. Contains detailed drawings and case studies.

Crowther, Richard I. *Affordable Passive Solar Homes: Low-Cost Compact Designs*. Denver, Co.: SciTech Publishing, 1984. Contains some valuable background information on passive solar design and numerous designs for passive solar homes.

Energy Division, North Carolina Department of Commerce. *Solar Homes for North Carolina: A Guide to Building and Planning Solar Homes*. Raleigh, N.C.: North Carolina Solar Center, 1999. Available on-line at the North Carolina Solar Center's Web site. (See Organizations.)

Freeman, Mark. *The Solar Home: How to Design and Build a House You Heat with the Sun*. Mechanicsburg, Pa.: Stackpole Books, 1994. Fairly useful introduction, although it contains more information on general building than passive solar design and construction.

Jones, Leonard D. "Thermal Mass in Passive Applications," *The Last Straw* 36 (Winter 2001), 10-12. A good, fairly detailed introduction to the function of thermal mass.

Kachadorian, James. *The Passive Solar House*. White River Junction, Vt.: Chelsea Green, 1997. Presents a lot of good information on passive solar heating and an interesting design that has reportedly been fairly successful in cold climates.

Kubsch, E. *Homeowner's Guide to Free Heat: Cutting Your Heating Bills Over 50%*. Sheridan, Wy.: Sunstore Farms, 1991. A self-published book with lots of good, basic information.

Miller, Burke. *Solar Energy: Today's Technologies for a Sustainable Future*. Boulder, Co.: American Solar Energy Society, 1997. An extremely valuable resource with numerous case studies showing how passive solar heating can be used in different climates, even some fairly solar-deprived places.

Olson, Ken, and Joe Schwartz. "Home Sweet Solar Home," *Home Power* 90 (Aug./Sept. 2002), 86–94.

Passive Solar Industries Council. *Passive Solar Design Strategies: Guidelines for Home Builders*. Washington, D.C.: PSIC, undated. Extremely useful book with worksheets for calculating a house's energy demand, the amount of back-up heat required, the temperature swing one can expect given the amount of thermal mass you've installed, and the estimated cooling load. You can order a copy from the Sustainable Buildings Industry Council (formerly the PSIC) with detailed information for your state, so you can design a home to meet the requirements of your site.

Potts, Michael. *The New Independent Home: People and Houses that Harvest the Sun, Wind, and Water.* White River Junction, Vt.: Chelsea Green, 1999. Delightfully readable book with lots of good information.

Reynolds, Michael. *Comfort in Any Climate*. Taos, N.M.: Solar Survival Press, 1990. A brief, but informative treatise on passive heating and cooling.

Sklar, Scott, and Kenneth Sheinkopf. *Consumer Guide to Solar Energy: More Ways to Reduce Your Energy Bills and Save the Environment.* Chicago, Il.: Bonus Books, 1995. Delightfully written introduction to many different solar applications, including passive solar heating.

Solar Survival Architecture. "Thermal Mass vs. Insulation." *Earthship Chronicles*. Taos, N.M.: Solar Survival Architecture, 1998. Basic treatise on passive solar heating and cooling.

Sustainable Buildings Industry Council. *Designing Low-Energy Buildings: Passive Solar Strategies* and *Energy-10 Software.* SBIC, 1996. A superb resource! This book of design guidelines and the *Energy-10* software that comes with it enables builders to analyze the energy and cost savings in building designs. Helps permit region-specific design.

Taylor, John S. *Shelter Sketchbook: Timeless Building Solutions.* White River Junction, Vt.: Chelsea Green, 1983. Pictorial history of building that will open your eyes to intriguing design solutions to achieve comfort, efficiency, convenience, and beauty.

Van Dresser, Peter. *Passive Solar House Basics*. Santa Fe, N.M.: Ancient City Press, 1996. This brief book provides basics on passive solar design and construction, primarily of adobe homes. Contains sample house plans, ideas for solar water heating, and much more.

VIDEOS

Buildings for a Sustainable America. A concise overview of passive solar buildings and their benefits. Available from the Sustainable Buildings Industry Council (SBIC), 1331 H Street NW, Suite 1000, Washington, D.C. 20005. Tel: (202) 628-7400. Web site: www.sbicouncil.org.

The Solar-Powered Home with Rob Roy. An 84-minute video that examines basic principles, components, set-up, and system planning for an off-grid home featuring tips from America's leading experts in the field of home power. Can be purchased from the Earthwood Building School at 366 Murtagh Hill Road, West Chazy, N.Y. 12992. Tel: (518) 493-7744. Web site: www.interlog.com/~ewood.

MAGAZINES AND NEWSLETTERS

Backwoods Home Magazine. Publishes articles on all aspects of self-reliant living, including renewable energy strategies such as solar. P.O. Box 712, Gold Beach, OR 97444. Tel: (800) 835-2418. Web site: www.backhome.com.

The CADDET Renewable Energy Newsletter. Quarterly magazine published by the CADDET Centre for Renewable Energy, 168 Harwell, Oxfordshire OX11 ORA, United Kingdom. Tel: +44 123335 432968.

Earth Quarterly (formerly *Dry Country News*). A new magazine devoted to living close to, and in harmony with, nature. Covers all aspects of natural life including homebuilding and renewable energy. Box 23-J, Radium Springs, N.M. 88054. Tel: (505) 526-1853.Web site: www.zianet.com/ earth.

EREN Network News. Newsletter of the Department of Energy's Energy-Efficiency and Renewable Energy Network. See listing under organizations.

Home Energy Magazine. Great resource for those who want to learn more about ways to save energy in conventional home construction. 2124 Kittredge Street, No. 95, Berkeley, CA 94704.

Home Power. Publishes numerous articles on PVs, wind energy, microhydroelectric, and occasionally an article or two on passive solar heating and cooling. P.O. Box 520, Ashland, OR 97520. Tel: (800) 707-6585. Web site: www.homepower.com

Inside and Out. Newsletter of the Sustainable Buildings Industry Council. See their listing under organizations.

The Last Straw. This journal publishes articles on natural building and features articles on passive solar heating and cooling. Contact them at: TLS, HC 66, Box 119, Hillsboro, NM 88042.
Tel: (505) 895-5400. Web site: www.strawhomes.com.

Mother Earth News. Publishes numerous articles on renewable energy and related topics. Ogden Publications, 105 S.W. 42nd St., Topeka, KS 66609.
Tel: (785) 274-3400. Web site: www. mother earthnews.com.

National Renewable Energy Lab Now. Check out their newsletter on line at: www.nrel.gov.

Solar Today. This magazine published by the American Solar Energy Society contains a wealth of information on passive solar, solar thermal, photovoltaics, hydrogen, and other topics. Also lists names of engineers, builders, and installers and lists workshops and conferences. ASES, 2400 Central Ave., Suite G-1, Boulder, CO 80301. Tel: (303) 443-3130. Web site: www.solartoday.org.

ORGANIZATIONS

American Solar Energy Society. Publishes *Solar Today* magazine and sponsors an annual national meeting. Also publishes an on-line catalogue of publications and sponsors the National Tour of Solar Homes. Contact this organization to find out about an ASES chapter in your area. 2400 Central Avenue, Suite G-1, Boulder, CO 80301. Web site: www.ases.org/solar/.

Center for Building Science, Lawrence Berkeley National Laboratory's Center for Building Science works to develop and commercialize energy-efficient technologies and to document ways of improving energy efficiency of homes and other buildings while protecting air quality. Web site: http://eande.lbl.gov/CBS/CBS.html.

Center for Renewable Energy and Sustainable Technologies (CREST). Nonprofit organization dedicated to renewable energy, energy efficiency, and sustainable living. CREST, 1612 K St. NW, Suite 410, Washington, DC 20006. Tel: (202) 293-2898. Web site: http://solstice.crest.org.

El Paso Solar Energy Association. Active in solar energy, especially passive solar design and construction. P.O. Box 26384, El Paso, TX 79926.

Energy Efficiency and Renewable Energy Clearinghouse. Great source of a variety of useful information on renewable energy. P.O. Box 3048, Merrifield, VA 22116. Tel: (800) 363-3732.

Florida Solar Energy Center. A research institute of the University of Central Florida. Research and education on passive solar, cooling, and photovoltaics. FSEC, 1679 Clearlake Road, Cocoa, FL 32922. Tel: (321) 638-1000. Web site: http://www.fsec.ucf.edu.

Midwest Renewable Energy Association. Actively promotes solar energy and offers valuable workshops. P.O. Box 249, Amherst, WI 54406. Tel: (715) 824-5166. Web site: www.the-mrea.org.

National Renewable Energy Lab. Center for Buildings and Thermal Systems. Key players in research and education on energy efficiency and passive solar heating and cooling. NREL, 1617 Cole Blvd., Golden, CO 80401. Tel: (303) 384-7349. Web site: www.nrel.gov/buildings/highperformance.

North Carolina Solar Center. Offers workshops, tours, publications, and much more. Address: Box 7401, Raleigh, NC 27695. Tel: (919) 515-3480. Web site: http://www.ncsc.ncsu.edu.

Renewable Energy Training and Education Center. Offers hands-on training and certification courses in U.S. and abroad for those interested in becoming certified in solar installation. U.S. 1679 Clearlake Road, Cocoa, FL 32922. Tel: (407) 638-1007.

Solar Energy International. Offers a wide range of workshops on solar energy, wind energy, and natural building. Contact them at P.O. Box 715, Carbondale, CO 81623. Tel: (970) 963-8855. Web site: www.solarenergy.org.

Sustainable Buildings Industries Council. This organization has a terrific Web site with information on workshops, books and publications, and links to many other international, national, and state solar energy organizations. Publishes a newsletter, *Buildings Inside and Out.* SBIC, 331 H. Street NW, Suite 1000, Washington, DC 20005. Tel: (202) 628-7400. Web site: www.psic.org/.

ENERGY-EFFICIENT DESIGN AND CONSTRUCTION (Chapter 2)

PUBLICATIONS

Chiras, Dan. "Minimize the Digging: Frost-Protected Shallow Foundations," *The Last Straw* 38 (Summer 2002), p. 10. A brief treatise on frost-protected shallow foundations.

———. "Retrofitting a Foundation for Energy Efficiency," *The Last Straw* 38 (Summer 2002), p. 10. Describes ways to retrofit foundations to reduce heat loss.

Carmody, John, Stephen Selkowitz, and Lisa Heschong. *Residential Windows: A Guide to New Technologies and Energy Performance.* New York: Norton, 1996. Extremely important reading for all passive solar home designers.

Fine Homebuilding. *The Best of Fine Homebuilding: Energy-Efficient Building.* Newtown, Ct.: Taunton Press, 1999. A collection of detailed, somewhat technical articles on a wide assortment of topics related to energy efficiency including insulation, energy-saving details, windows, housewraps, skylights, and heating systems.

Lstiburek, Joe, and Besty Pettit. *EEBA Builder's Guide—Cold Climate.* Minneapolis: Energy Efficient Building Association, 1999. Superb resource for advice on building in cold climates.

———. *EEBA Builder's Guide—Mixed Humid Climate.* Minneapolis: Energy Efficient Building Association, 1999. Superb resource for advice on this climate.

———. *EEBA Builder's Guide—Hot-Arid Climate.* Minneapolis: EEBA, 1999. Superb resource for advice on building in hot arid climates.

Magwood, Chris, ed. "Roofs and Foundations," *The Last Straw* 38 (September 2002). An excellent resource for those who want to learn about energy- and material-efficient foundations.

National Association of Home Builders Research Center. *Design Guide for Frost-Protected Shallow Foundations.* Upper Marlboro, Md.: NAHB Research Center, 1996. Also available on-line.

Oehler, Mike. *The $50 and Up Underground House Book: How to Design and Build Underground.* A very popular book for those who want to live inexpensively off the beaten path.

Roy, Rob. *The Complete Book of Underground Houses: How to Build a Low-Cost Home.* New York: Sterling, 1994. A revision of a 1979 best-seller with new information on earth-sheltered homes. Can be purchased from the Earthwood Building School (listed earlier).

Sikora, Jeannie L. *Profit from Building Green: Award Winning Tips to Build Energy Efficient Homes.* Washington, D.C.: BuilderBooks, 2002. A brief, but informative overview of energy-conservation strategies.

Wells, Malcolm. *The Earth-Sheltered House: An Architect's Sketchbook.* White River Junction,

Vt.: Chelsea Green, 1998. Although you won't find a ton of information on earth-sheltered housing in this book, you will be regaled with lots of inspiring designs that will help you see the potential of this design strategy.

Wilson, Alex, Jennifer Thorne, and John Morrill. *Consumer Guide to Home Energy Savings, 7th ed.* Washington, D.C.: American Council for an Energy-Efficient Economy, 1999. Excellent book, full of information on energy-saving appliances.

Yost, Harry. *Home Insulation: Do It Yourself and Save as Much as 40%.* Pownal, Vt.: Storey Communications, 1991. Extremely useful book for anyone building his or her own home.

ORGANIZATIONS

American Council for an Energy-Efficient Economy. Numerous excellent publications on energy efficiency, including *Consumer Guide to Home Energy Savings.* 1001 Connecticut Avenue NW, Suite 801, Washington, DC 20036. Tel: (202) 429-0063. Web site: www.aceee.org.

Building America Program. Leaders in promoting energy efficiency and renewable energy to achieve zero-energy buildings. U.S. Department of Energy. Office of Building Systems, EE-41, 1000 Independence Avenue SW, Washington, DC 20585. Tel: (202) 586-9472.

Cellulose Insulation Manufacturers Association. Your place to "shop" for information on cellulose insulation. 133 S. Keowee St., Dayton, OH 45402. Tel: (937) 222-2462. Web site: www.cellulose.org.

Energy Efficiency and Renewable Energy Clearinghouse. Great source of a variety of useful information on energy efficiency. P.O. Box 3048, Merrifield, VA 22116. Tel: (800) 363-3732.

Energy Efficient Building Association. Offers conferences, workshops, publications and an on-line bookstore. 490 Concordia Ave., P.O. Box 22307, Eagen, MN 55122. Tel: (952) 881-1098.

Insulating Concrete Forms Association. A great place to begin your research on ICFs. 1807 Glenview Rd., Suite 203, Glenview, IL 60025. Tel: (847) 657-9730. Web site: www.forms.org.

National Fenestration Rating Council. For information on energy efficiency of windows. 8484 Georgia Ave., Suite 320, Silver Springs, MD 20910. Tel: (301) 589-1776. Web site: www.nfrc.org.

National Insulation Association. Offers a wide range of information on different types of insulation. 99 Canal Center Plaza, Suite 222, Alexandria, VA 22314. Tel: (703) 683-6422. Web site: www.insulation.org.

BACK-UP HEATING (Chapter 4)

Radiant Floor and Baseboard Hot Water Systems

PUBLICATIONS

Fust, Art. "A Simple Warm Floor Heating System," *The Last Straw* 32 (Winter 2000), 25-26. Contains much useful information.

Grahl, Christine L. "The Radiant Flooring Revolution," *Environmental Design and Construction* (January/February 2000), 38-40. Superb introduction to radiant-floor heating.

Hyatt, Rod. "Hydronic Heating on Renewable Energy," *Home Power* 79 (October/November 2000), 36-42. Provides a lot of practical advice on building your own radiant-floor heating system and powering it with photovoltaic panels.

Siegenthaler, John. "Hydronic Radiant-Floor Heating," *Fine Homebuilding* (October/November 1996), 58-63. Extremely useful reference. Well written, thorough, and well illustrated.

———. *Modern Hydronic Heating.* Albany, N.Y.: Delmar Publishers, 1995. Everything you would ever want to know about hydronic heating.

Wilson, Alex. "Radiant-Floor Heating: When It Does—and Doesn't—Make Sense," *Environmental Building News* 11 (January 2002), 1, 9-14. Valuable reading.

ORGANIZATIONS

Radiant Panel Association. Professional organization consisting of radiant heating and cooling contractors, wholesalers, manufacturers, and professionals. 1433 West 29th Street, Loveland, CO 80539. Tel: (970) 613-0100. Web site: www.radiantpanelassociation.org.

Forced-Air Heating, Furnaces and Boilers

PUBLICATIONS

Fine Homebuilding. *Energy-Efficient Building*. Newtown, Ct: Taunton Press, 1999. Contains a collection of extremely useful articles on heating systems.

O'Connell, John, and Bruce Harley. "Choosing Ductwork," *Fine Homebuilding* 110 (June/July 1997, 98-101. Essential reading for anyone interested in installing a forced-air heating system.

Wilson, Alex. "A Primer on Heating Systems," *Fine Homebuilding* 110 (February/March1997), 50-55. Superb overview of furnaces, boilers, and heating systems.

Wall-Mounted Space Heaters

Consumer Product Safety Commission. For a wealth of information on space heaters, including safety precautions, contact Office of Information and Public Affairs, CPSC, Washington, D.C. 20207 or call their hotline at (800) 638-2772. Web site: www.cspc.gov.

Heat Pumps

PUBLICATIONS

Malin, Nadav, and Alex Wilson. "Ground-Source Heat Pumps: Are They Green?" *Environmental Building News* 9 (July/August 2000), 1, 16-22. Detailed overview of the operation and pros and cons of ground-source heat pumps.

National Renewable Energy Lab. "Geothermal Heat Pumps," published on-line at http://www.eren.doe.gov/erec/factsheets/geo_heatpumps.html. Great overview of GSHPs.

ORGANIZATIONS

Geo-Heat Center, Oregon Institute of Technology, 3201 Campus Dr., Klamath, OR 97601. Tel: (541) 885-1750. Web site: www.oit.osshe.edu/~geoheat/.

Geothermal Heat Pump Consortium, Inc. 701 Pennsylvania Ave, NW, Washington, DC 20004-2696. Tel: (888) 333-4472. Web site: www.ghpc.org.

International Ground Source Heat Pump Association. Provides a list of equipment manufacturers, installers by state, and numerous other resources for contractors, homeowners, students, and the general public. 490 Cordell South, Stillwater, OK 74078-8018. Tel: (405) 744-5175. Web site: www.igshpa.okstate.edu/.

U.S. Department of Energy, Office of Geothermal Technologies. Carries out research on GSHPs and works closely with industry to implement new ideas. EE-12, 1000 Independence Avenue, SW, Washington, DC 20585-0121. Tel: (202) 586-5340.

Woodstoves and Masonry Heaters

PUBLICATIONS

Barden, Albert A. AlbiCoreTM Construction Manual. Norridgewock, Me.: Maine Wood Heat Company, 1996. Detailed construction manual.

Barden, Albert A. *The Finnish Fireplace: Construction Manual.* Norridgewock, ME: Maine Wood Heat Company, Inc., 1984. The only complete English language primer on making masonry heaters. Available through the Maine Wood Heat Company (listed above).

——— and Keikki Hyytiainen. *Finnish Fireplaces: Heart of the Home*. Finland: Building Book Ltd., 1988. A valuable resource for anyone wanting to learn more about Finnish masonry stoves. Available through the Maine Wood Heat Company (listed above).

British Columbia Ministry of Environment, Land, and Parks. "Reducing Wood Stove Smoke: A Burning Issue," Sept.1994. Web site: www.env.gov.bc.ca/epd/epdqa/ar/particulates/rwssabi.html.

Gulland, John. "Woodstove Buyer's Guide," *Mother Earth News* (December/January 2002), 32-43. Superb overview of woodstoves with a useful table to help you select a model that meets your needs.

Johnson, Dave. *The Good Woodcutter's Guide: Chain Saws, Portable Sawmills, and Woodlots.* White River Junction, Vt.: Chelsea Green, 1998. A practical guide to felling trees and cutting fire wood safely.

Lyle, David. *The Book of Masonry Stoves: Rediscovering an Old Way of Warming*. White River Junction, Vt.: Chelsea Green, 1984. This book contains a wealth of information on the history, function, design, and construction of masonry stoves.

ORGANIZATIONS

Hearth, Patio, and Barbecue Association. (Formerly the Hearth Products Association.) International trade association that promotes the interests of the hearth products industry. Offers lots of valuable information. 1601 North Kent Street, Suite 1001, Arlington, VA 22209. Web site: http://hpba.org.

Masonry Heater Association of North America. Publishes a valuable newsletter and has a Web site with links to dealers and masons who design and build masonry stoves. 1252 Stock Farm Road, Randolph, VT 05060.
Tel: (802) 728-5896. Web site: www.mha-net.org.

Wood Heat Organization. Promotes safe, responsible use of wood for heating. Contact them at: 410 Bank Street, Suite 117, Ottawa, Ontario Canada K2P 1Y8. Web site: www.woodheat.org.

PASSIVE COOLING (Chapter 6)

PUBLICATIONS

Givoni, Baruch. *Passive and Low Energy Cooling of Buildings.* New York: John Wiley and Sons, 1994. A fairly technical book, but one of few resources on the subject.

HEALTHY/GREEN BUILDING (Chapter 8)

PUBLICATIONS

Borer, Pat, and Cindy Harris. *The Whole House Book: Ecological Building Design and Materials.* Powys, England: Centre for Alternative Technology Publications, 1998. Contains a wealth of information on building healthy, environmentally friendly homes.

Baker-Laporte, Paula, Erica Elliot, and John Banta. *Prescriptions for a Healthy House: A Practical Guide for Architects, Builders, and Homeowners.* 2nd ed. Gabriola Island, B.C.: New Society Publishers, 2001. Superb resource with a great amount of useful information.

Bower, John. *The Healthy House: How to Buy One, How to Build One, How to Cure a Sick One.* 3rd ed., Bloomington, In.: The Healthy House Institute, 1997. A very detailed guide to all aspects of home construction. Worth its weight in gold.

——— and Lynn Marie Bower. *The Healthy House Answer Book: Answers to the 133 Most Commonly Asked Questions.* Bloomington, In.: The Healthy House Institute, 1997. Great resource for those who just want to learn the basics.

Chappell, Steve K., ed. *The Alternative Building Sourcebook.* Fox Maple Press: Brownfield, Me., 1998. Lists over 900 products and professional services in the area of natural and sustainable building.

Chiras, Daniel D. *The Natural House: A Complete Guide to Healthy, Energy-Efficient, Environmental Homes.* White River Jct., Vt.: Chelsea Green, 2000. A comprehensive survey of natural building with additional information on passive solar heating and cooling, green building materials, and other topics.

City of Austin Green Builder Program. *Sustainable Building Sourcebook.* Austin: City of Austin Green Builder Program. Excellent resource, available on-line at www.ci.austin.tx.us/greenbuilder/.

Davis, Andrew N. and Paul E. Schaffman. *The Home Environmental Sourcebook: 50 Environmental Hazards to Avoid When Buying, Selling, or Maintaining a Home.* New York: Henry Holt, 1996. Good overview of sources of health hazards in homes.

U.S. Environmental Protection Agency. *The Inside Story: A Guide to Indoor Air Quality.* Washington, D.C.: EPA, 1995. Very helpful on-line publication for those interested in learning more about indoor air quality issues and solutions. You can access it at www.epa.gov/iaq/insidest.html.

———. *Indoor Air Pollution: An Introduction for Health Professionals.* Washington, D.C.: EPA, 1994. A detailed guide on air pollution and health effects. Very valuable for diagnosing problems caused by indoor air pollution. Also contains an extensive bibliography of research papers on the subject. Available at: www.epa.gov/iaq/pubs/hpguide.html.

———. *Model Standards and Techniques for Control of Radon in New Residential Buildings.* Washington, D.C.: EPA, 1994. This on-line document provides detailed, fairly technical information on ways to prevent radon from becoming a problem in new construction. Available at: www.epa.gov/iaq/radon/pubs/newconst.html.

———. *A Citizen's Guide to Radon. The Guide to Protecting Yourself and Your Family from Radon.* 2nd ed. Washington, D.C.: EPA, 1992. A very basic on-line introduction to radon. Available at: www.epa.gov/iaq/radon/pubs/citguide.html.

———. *What You Should Know About Combustion Appliances and Indoor Air Quality.* Washington, D.C.: EPA, undated. A great little introduction to the effects of indoor air pollutants from combustion sources. Available at: www.epa/iaq/pubs/combust.html.

——— and the U.S. Consumer Product Safety Commission. *The Inside Story: A Guide to Indoor Air Quality. EPA Document No. 402-K-93-007.* Washington, D.C.: U.S. Government Printing Office, 1995.

Hermannsson, James. *Green Building Resource Guide.* Newtown, Ct: Taunton Press, 1997. A goldmine of information on environmentally friendly building materials. Reader beware: not all building materials in books such as this pass the sustainability test.

Holmes, Dwight, Larry Strain, Alex Wilson, and Sandra Leibowitz. *GreenSpec: The Environmental Building News Product*

Directory and Guideline Specifications. BuildingGreen, Inc.: Brattleboro, Vt., 1999. Guideline specifications make this an extremely valuable resource for commercial builders and architects.

Pearson, David. *The Natural House Catalog: Everything You Need to Create An Environmentally Friendly Home.* New York: Simon and Schuster, 1996. Contains a lot of information on building and furnishing a sustainable home, including a list of products and services.

Rousseau, David, and James Wasley. *Healthy by Design: Building and Remodeling Solutions for Creating Healthy Homes.* Point Roberts, Wa: Hartley and Marks Publishers, 1999. Great book with lots of useful information.

Spiegel, Ross, and Dru Meadows. *Green Building Materials: A Guide to Product Selection and Specification.* New York: John Wiley and Sons, 1999. The newest entry into the green building materials books. Looks like a great resource.

MAGAZINES AND NEWSLETTERS

Environmental Building News. The nation's leading source of objective information on green building, including alternative energy and back-up heating systems. Archives containing all issues published from 1992 to 2001 are available on a CD-Rom from BuildingGreen, Inc., 122 Birge Street, Suite 30, Brattleboro, VT 05301. Tel: (803) 257- 7300. Web site: www.BuildingGreen.com

Environmental Design and Construction. Publishes numerous articles on green building. 81 Landers Street, San Francisco, CA 94114. Tel: (415) 863-2614. Web site: www.EDCmag.com.

Natural Home. Publishes numerous articles on natural building and healthy building products. Contact them at: 201 Fourth St., Loveland, CO 80537. Web site: www.naturalhomemagazine.com.

ORGANIZATIONS

Air Conditioning and Refrigeration Institute (ARI). Offers information on in-duct air filtration/air cleaning devices. 4301 N. Fairfax Dr., Suite 425, Arlington, VA 22203. Tel: (703) 524-8800. Web site: www.ari.org.

American Academy of Environmental Medicine. Contact them for the name of a physician who is qualified to diagnose and treat multiple chemical sensitivity. 10 E. Randolph Street, New Hope, PA 18938. Tel: (215) 862-4544.

American Academy of Otolaryngologic Allergists. Another source for names of physicians qualified to diagnose and treat multiple chemical sensitivity. 8455 Colesville Road, #745, Silver Springs, MD 20901. Tel: (301) 588-1800.

American Society of Heating, Refrigerating, and Air Conditioning Engineers (ASHRAE). Provides information on air filters. 1791 Tullie Circle, NE, Atlanta GA 30329. Web site: www.Ashrae.org.

Association of Home Appliance Manufacturers (AHAM). For information on standards for portable air cleaners. 20 North Wacker Drivee, Chicago, IL 60606. Tel: (312) 984-5800, ext. 308. Web site: www.aham.org.

BuildingGreen, Inc. Publishes *Environmental Building News*, *GreenSpec Directory* (a comprehensive listing of green building materials), *Green Building Advisor* (a CD-Rom that provides advice on incorporating incorporating green building materials and techniques in residential and commercial applications), and Premium Online Resources (a Web site containing an electronic version of its newsletter, the GreenSpec products database, and more). 122 Birge St., Suite 30, Brattleboro, VT 05301. Tel (800) 861-0954. Web site: www.BuildingGreen.com.

Conservation and Renewable Energy Inquiry and Referral Service. U.S. Department of Energy office for information and a referral on air-to-air heat exchangers. P.O. Box 3048, Merrifield, VA 22116. Tel: (800) 523-2929.

Gas Appliance Manufacturers Association, Inc. For information on gas heating appliances. 1901 N. Moore Street, Suite 1100, Arlington, VA 22209.

The Healthy House Institute. Offers books and videos on healthy building. Contact them at 430 N. Sewell Road, Bloomington, IN 47408. Tel: (812) 332-5073. Web site: http://hhinst.com/index.html.

Indoor Air Quality Information Clearinghouse. Distributes EPA publications, answers questions, and makes referrals to other nonprofit and government organizations. Contact them at: P.O. Box 37133, Washington, DC 20013-7133. Tel: (800) 438-4318.

Multiple Chemical Sensitivity Referral and Resources. Professional outreach, patient support, and public advocacy devoted to the diagnosis, treatment, accommodation, and prevention of multiple chemical sensitivity disorders. 508 Westgate Road, Baltimore, MD 21229.
Tel: (410) 362-6400.
Web site: www.mcsrr.org.

National Association of Home Builders Research Center. A leader in green building, including energy efficiency. Sponsors important conferences, research, and publications. 1201 15th St. NW, Washington, DC 20005. Tel: (800) 898-2842. Web site: www.nahbrc.org. For a listing of their books contact www.builderbooks.com

National Radon Hotline. Calling this number or contacting their Web site will give you access to local contacts who can answer radon questions. Tel: (800) /SOS-RADON. Web site: www.epa.gov/iaq/contacts.html.

U.S. Consumer Product Safety Commission. Contact them for information on potentially hazardous products or to report one yourself. CPSC, Washington, DC 20207-0001. Tel: (800) 638-CPSC. Web site: www.cpsc.gov/.

Wood Heater Program, U.S. Environmental Protection Agency, For information on woodstoves. OECA/OC/METD, 401 M Street, SW, Washington, DC 20460. Tel: (202) 564-2300.

Wood Heating Alliance. For answers to questions about the safety of woodburning stoves. 1101 Connecticut Ave, NW, Suite 700, Washington, DC 20036.

SUPPLIERS: GREEN AND HEALTHY BUILDING MATERIALS

Because there are many manufacturers of healthy, green building materials, please refer to *GreenSpec, Green Building Resource Guide, Green Building Materials,* or *Sustainable Building Sourcebook*. Below is a list of retailers who sell healthy, environmentally friendly building materials, paints, stains, and finishes.

Building for Health Materials Center. Offers a complete line of healthy, environmentally safe building materials and home appliances including straw bale construction products; natural plastering products; flooring; natural paints, oils, stains, and finishes; sealants; and construction materials. Offers special pricing for owner-builders and contractors. P.O. Box 113, Carbondale, CO 81623. Tel: (970) 963-0437. Web site: www.buildingforhealth.com.

EcoBuild. This new company in Boulder, Co. works specifically with builders, providing consultation and green building materials at competitive prices. Call David Adamson at: (303) 544-6255. Web site: www.eco-build.com.

Eco-Products, Inc. Offers a variety of green building products including plastic lumber. 1780 55th Street, Boulder, CO 80301. Tel: (303) 449-1876.

Eco-Wise. Retail store that carries Livos and Auro nontoxic natural finishes and adhesives. 110 W. Elizabeth, Austin, TX 78704. Tel: (512) 326-4474. Web site: www.ecowise.com.

Environmental Building Supplies. Green building materials outlet for the Pacific Northwest. 1331 NW Kearney Street, Portland, OR

97209. Tel: (503) 222-3881. Web site: www.ecohaus.com.

Environmental Construction Outfitters. Sells an assortment of green building materials. 44 Crosby Street, New York, NY 10012. Tel: (800) 238-5008. Web site: www.environproducts.com.

Environmental Home Center. Offers a variety of green building materials. 1724 4th Ave. South, Seattle, WA 98134.
Tel: (800) 281-9785. Web site: www.environmentalhomecenter.com.

Planetary Solutions. Long-time green building material supplier. Offers paints, flooring, tile, and much more. 2030 17th Street, Boulder, CO 80302.
Tel: (303) 442-6228.
Web site: www.planet earth.com.

作者推荐参考书目

1.The Natural House: A Complete Guide to Healthy, Energy-Efficient, Environmental Homes(Chelsea Green)

2.The Natural Plaster Book. Earth, Lime, and Gypsum Plasters for Natural Homes(New Society Publishers)

3.Lessons From Nature: Learning to Live Sustainably on the Earth {Island Press}

4.Beyond the Fray: Reshaping America~ Environmental Movement (Johnson Books)

5.Voices for the Earth: Vital Ideas from America~Best Environmental Books (Johnson Books)

6.Environmental Science: Creating a Sustainable Future, 6th ed (Jones and Bartlett)

7.Natural Resource Conservation: Management for a Sustainable Future, 8th ed.(Prentice Hall)

8.Human Biology: Health, Homeostasis, and the Environment, 4th ed (Jones and Bartlettt)

9.Biology: The Web of Life (West)

10.Study Skills for Science Students (Brookes-Cole)

11.Essential Study Skills (Brookes-Cole)